人工智能开发丛书

HALCON
机器视觉算法及应用

王强 编著

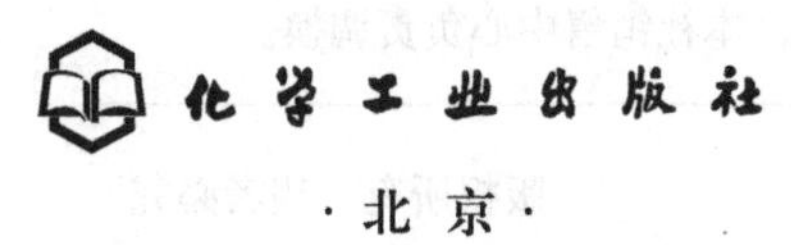

化学工业出版社

·北京·

内容简介

本书主要介绍机器视觉系统的概念、原理、视觉系统组成、数字图像处理算法及视觉应用，共分为三部分：第一部分快速入门，介绍了机器视觉系统的组成、图像采集系统；第二部分图像处理算法，介绍了视觉图像处理相关算法及应用；第三部分机器视觉应用，介绍了机器视觉的典型应用案例。

全书理论联系实际，从图像采集部分开始到数字图像处理部分，除了介绍相关的理论知识外，结合具体的实际案例以及 HALCON 编程，提供了明确的使用方法。对每一种数字图像处理算法在机器视觉系统中的应用，都通过实例说明了具体的应用方法和注意事项，并通过具体案例的学习加深对内容的理解。

本书可作为图像处理、机器视觉或计算机视觉相关科研人员和工程技术人员的参考用书，也可作为高等教育学校相关专业的教材使用，也适用于对图像处理、机器视觉或计算机视觉感兴趣的所有读者。

图书在版编目（CIP）数据

HALCON 机器视觉算法及应用 / 王强编著. —北京：化学工业出版社，2024.5（2025.2 重印）
（人工智能开发丛书）
ISBN 978-7-122-44951-1

Ⅰ. ①H… Ⅱ. ①王… Ⅲ. ①计算机视觉-算法 Ⅳ.①TP302.7

中国国家版本馆 CIP 数据核字（2024）第 054857 号

责任编辑：潘新文　　文字编辑：徐　秀　师明远
责任校对：王鹏飞　　装帧设计：韩　飞

出版发行：化学工业出版社
（北京市东城区青年湖南街 13 号　邮政编码 100011）
印　　装：北京科印技术咨询服务有限公司数码印刷分部
787mm×1092mm　1/16　印张 17　字数 395 千字
2025 年 2 月北京第 1 版第 2 次印刷

购书咨询：010-64518888　　售后服务：010-64518899
网　　址：http://www.cip.com.cn
凡购买本书，如有缺损质量问题，本社销售中心负责调换。

定　　价：89.00 元

前言

机器视觉是人工智能的一个重要分支。随着人工智能技术的发展以及“中国制造 2025”的提出，企业对机器视觉的需求越来越多，并提出了更高的要求。智能制造离不开机器视觉。早些年，由于计算机运算速度及视觉图像处理算法的限制，机器视觉只能完成一些如读条形码等简单的应用。随着计算机性能的大幅提高和图像处理算法的发展，机器视觉已经能够完成很多更加复杂的任务。当前，机器视觉系统已经成为工业自动化和智能化生产的重要组成部分。

尽管机器视觉在各个行业已经开始大量地应用，但是，系统地介绍机器视觉相关理论和应用方面的书籍还比较少。机器视觉的核心是数字图像处理。尽管图像处理方面的书籍已有很多，但是，这些书籍更多是讲解图像处理算法原理，而对算法的应用却很少涉及。此外，机器视觉作为一个完整的工业应用系统，除了图像处理之外，还包括图像采集方法、相机、镜头和光源照明，以及处理结果输出等。这部分知识在现有书籍中少有提及，即使部分书籍涉及该内容，也更多的是关于硬件参数的介绍，没有介绍具体应用方法，导致很多工程应用人员需要花费大量的时间去探索。因此，有必要系统地介绍关于机器视觉的理论知识、图像处理算法基础知识及这些知识的具体应用。

本书作者结合多年的理论研究和实际工程应用经验，并参考了大量文献。首先，系统地介绍了机器视觉系统的概念、机器视觉中的图像采集方法，包括光源及照明方式、镜头与相机主要参数等；接着介绍了机器视觉处理软件 HALCON 的应用方法；然后，详细介绍了数字图像的概念，常用图像处理算法如图像增强、图像几何变换、边缘检测算法、数学形态学算法、图像分割算法、模板匹配算法、机器学习，以及摄像机标定原理和方法，并详细介绍了算法的使用方法，结合 HALCON 软件提供的相关算子，通过实例对算法结果进行了展示；最后，通过具体的应用案例分析，让读者了解完整的视觉图像处理过程，通过 HALCON 与 C#混合编程，让读者了解如何建立一个完整的机器视觉系统。在本书中，除了对基本理论知识进行描述之外，还对知识的应用进行了详细的介绍，结合 HALCON 处理平台，通过具体实例展示应用效果，培养读者独立思考和解决问题的能力，同时培养读者利用 HALCON 进行编程的能力和构建机器视觉系统的能力，从而培养读者的工程应用能力。

本书适用于从事图像处理、机器视觉或计算机视觉相关的科研人员和工程应用技术人员，也可以作为高等学校相关专业的教材。同时，也适用于对数字图像处理和机器视觉或计算机视觉感兴趣的所有读者。

由于作者水平有限，书中难免存在缺点和不足之处，敬请读者给予批评指正。

编著者

2024.1

目录

第一部分　快速入门

第二部分 图像处理算法

第三部分 机器视觉应用

第一部分　快速入门

快速入门部分包括机器视觉相关的概念、作用及机器视觉系统的组成；视觉图像采集设备相关知识，以及数字图像基础知识和 HALCON 软件的认识，这一部分是机器视觉入门的基础。

对于机器视觉而言，首先，需要掌握机器视觉是什么、做什么和怎么做，需要具备哪些知识；其次，需要掌握与机器视觉相关的图像采集设备，好的图像质量是成功实施机器视觉系统的基础和关键，其中包括光源、镜头和相机的选择，对成像起关键作用的光源尤其重要；再次，入门机器视觉，需要掌握数字图像相关的基础知识，机器视觉的核心是数字图像处理，只有在理解数字图像的基础上，才能够深刻理解相关的图像处理算法，才能够应用这些算法实现图像处理；最后，要实现机器视觉系统，需要借助视觉图像处理函数库，因为，如果所有处理算法都全新开发，其开发周期长，实现效率低，而借助于已有的视觉图像处理软件，可以快速实现视觉系统的开发。因此，熟练掌握一种视觉图像处理函数库，是实现视觉系统必备的能力。

第1章　绪论

机器视觉是人工智能的一个分支，目前正在快速发展。机器视觉是以数字图像处理为基础的，包括数字图像处理、光学、控制、传感器、机械、机电及计算机软硬件技术的一门交叉学科。随着我国在 2015 年 5 月提出中国制造 2025 计划，开始全面推进实施智能制造强国，机器视觉发挥着越来越重要的作用。智能制造离不开机器视觉，利用机器视觉技术可以实现如产品缺陷检测、识别、分类、定位以及测量等功能，从而代替传统的人工作业，提升企业的智能化制造水平。

1.1　机器视觉的概念

机器视觉有时也称计算机视觉，只是两者的侧重点略有不同。计算机视觉主要强调利用计算机处理视觉图像，是一个基于视觉图像的计算问题；而机器视觉主要指整个视觉系统，分为视觉图像采集、视觉图像处理及处理结果输出三部分，三者构成一个完整的机器视觉系统，用于处理视觉问题。不管是叫机器视觉或者计算机视觉，其核心都是视觉图像处理。机器视觉是人工智能的一个重要分支，随着视觉图像处理技术的进步，机器视觉技术得到了长足的发展。简单来说，机器视觉是指利用摄像机来代替人眼进行图像采集，利用图像处理技术进行识别或判断，利用控制系统完成机械或机电装置动作执行的一套系统装置。完整的机器视觉系统通常包括光源、镜头、图像传感器（工业相机）、计算机、图像处理系统软件、控制系统、执行机构及相关的辅助设备。机器视觉技术是包括多个学科的一种交叉技术，其中涉及数字图像处理、计算机软件、自动控制、光学、机械设计、机电等多方面的知识。

机器视觉系统通过图像传感器采集目标对象图像，将图像数据传输到图像处理系统，图像处理系统对图像进行分析处理，提取感兴趣的特征并对目标对象的状态进行判断，如测量尺寸、是否存在缺陷、识别产品上的字符等，然后将结果发送给控制系统，控制系统收到指令后，控制执行机构执行相应的动作。机器视觉系统可以完成产品检测、识别、分类、测量、等位等任务，可以避免由于人为因素导致的产品检测误差。机器视觉系统检测速度快，可以实现在线检测，检测准确可靠，自动化程度高，可以极大地提高企业产品质量和生产效率。

1.2 机器视觉系统的组成

当前机器视觉系统的应用更多是在工业检测现场，尤其是在生产线上，通过机器视觉实现在线检测。图 1.1 是典型的机器视觉系统，机器视觉系统一般包括：光源、镜头、工业相机、图像处理软件、传感器、通信设备、输入输出单元等。被检测对象 1 在传送带上运动，通过光源 3 对被检测对象进行照明，通过传感器 4 触发相机 2 进行拍照，镜头与相机 2 连为一体，用于调整拍照的焦距，将得到的图像通过接口 6 传输给计算机得到数字图像 7，接口 6 可以是图像采集卡或者 IEEE1394、USB3.0、网络接口等标准接口。通过图像处理软件 8 对图像进行处理之后，得到结果 9，将结果通过计算机与控制系统接口 10 输出给控制器 11，最后，控制器通过通信接口 12 控制执行机构 13 执行相应的动作。

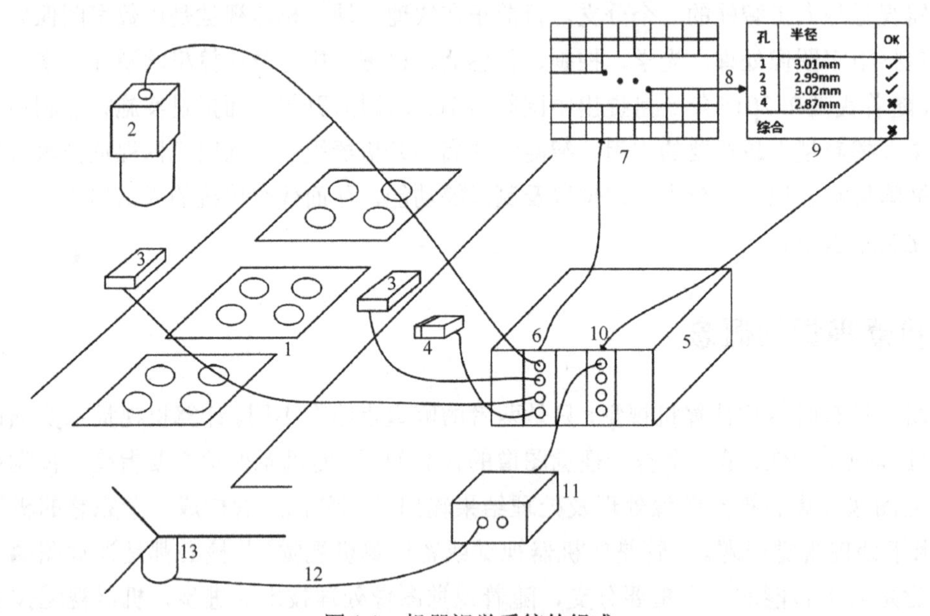

图 1.1　机器视觉系统的组成

机器视觉系统在应用中，从检测形式来分，有在线检测和离线检测两种形式。在线检测是指在生产线上实时检测，而离线检测中，一般图像采集和处理是分开的，不需要实时检测，通常先采集图像，然后将采集的图像统一存储在计算机上，利用图像处理软件进行分析处理，这种检测方式更多应用在如医学图像处理方面。此外，还有一种需要人工辅助的在线检测方式，这种方式主要是因为要采集检测对象的图像比较复杂，当前视觉技术无法完全实现自动化，因此，通过人工辅助采集图像进行检测。随着生产线的改造及在新建的生产线上一般都预留有视觉设备安装位置，这种方式将逐渐被取消。机器视觉技术是一个多学科交叉的技术。一套完整的机器视觉系统并不一定需要包括图 1.1 所提到的所有硬件设备，在实际应用中，需要根据具体的应用对象和应用要求，对硬件设备进行选择和取舍。

1.3 机器视觉系统的特点

机器视觉系统能够实现如机器人视觉引导、产品缺陷检测、产品分类、计数、目标识别、尺寸测量、运动目标跟踪等任务。机器视觉系统检测速度快，避免了人为因素的干扰，检测准确、稳定可靠。机器视觉系统能提高生产的柔性和自动化程度。当前，在企业的自动化生产中，不可避免会涉及产品检测，如零件表面质量检测、装配完整性检测、尺寸测量、形状检测等。例如食品包装的生产日期字符识别；医药生产中的药品包装完整性检测；饮料行业的液位检测；机器人自动抓取的位置检测等。在大批量工业生产过程中，用人工视觉检查产品质量效率低且精度不高，由于人眼疲劳及人为因素可能造成误差，采用人工视觉完成这些重复性并且检测精度要求很高的工作，需要投入更多的人力成本；而用机器视觉检测可以大大提高生产效率和生产的自动化程度，并且，机器视觉易于实现信息集成，是实现计算机集成制造的基础技术。此外，在一些不适合于人工作业的危险工作环境或人工视觉难以满足要求的场合，如高温环境或核工业生产中，它相对于人工作业具有更加明显的优势，常用机器视觉来替代人工视觉。机器视觉系统可以快速获取大量图像信息，并且易于信息加工处理，可以方便与设计信息、生产信息进行集成。在现代智能制造生产中，机器视觉是不可或缺的技术，尤其是随着人工智能的发展，企业为了实现智能化升级改造，融入工业互联网技术，机器视觉在智能制造及人工智能技术中更是具有举足轻重的作用。总结起来，机器视觉系统的主要特点包括：

① 非接触式检测，可以适应各种被测对象，尤其是对柔性产品的检测，对被测对象的质量没有影响。

② 能够适应各种复杂环境和高危环境，尤其是人工不可到达的场合。

③ 可提高产品检测速度和精度，从而提高生成效率和产品质量。

④ 可提高生产的自动化和智能化程度。

⑤ 易于实现信息集成，是实现智能制造和人工智能的基础性技术，是实现计算机集成和工业互联网的关键技术之一。

1.4 机器视觉系统应用领域

机器视觉相对于人工检测具有不可比拟的优势。随着计算机运算性能的提升，视觉图像处理算法的持续改进，新的图像处理算法的开发，传感器技术的发展，摄像设备的不断进步，当前机器视觉系统已经能够适应大部分应用场景。机器视觉系统已逐渐成为现代生产中不可或缺的设备。在我国，机器视觉系统也逐渐得到企业的认可，机器视觉系统的应用在企业自动化生产及智能制造改造中具有至关重要的作用。

在经济发达的国家和地区，机器视觉早已得到广泛应用，其中应用最普遍的是半导体及集成电路制造业，此外，电子生产加工设备也有广泛的应用。当前，机器视觉的应用早已渗透到各个行业，如机械制造加工行业、汽车行业、食品饮料行业、包装行业、制药行业、军工行业等。机器视觉系统在这些行业的应用中占据着举足轻重的地位。

在我国，机器视觉行业还属于新兴的领域，各行各业对采用图像和机器视觉技术的工业自动化、智能化需求开始增加。近年来，国内有关大专院校、研究所和企业在图像和机器视觉技术领域进行了积极的探索和实践，逐步开始了工业现场的应用。机器视觉技术有着良好的发展前景。

1.4.1 在工业中的应用

在工业生产中，利用机器视觉代替人工检测已经成为一种必备手段。机器视觉系统提高了生产的自动化程度，让不适合人工作业的危险工作环境下作业变成了可能，让大批量、持续生产变成了现实，大大提高了生产效率和产品精度。机器视觉快速获取信息并自动处理的能力，也为工业生产的信息集成提供了方便。随着机器视觉技术的成熟与发展，机器视觉已成功地应用于工业生产领域（图 1.2），大幅度提高了产品的质量和可靠性，保证了生产的效率。

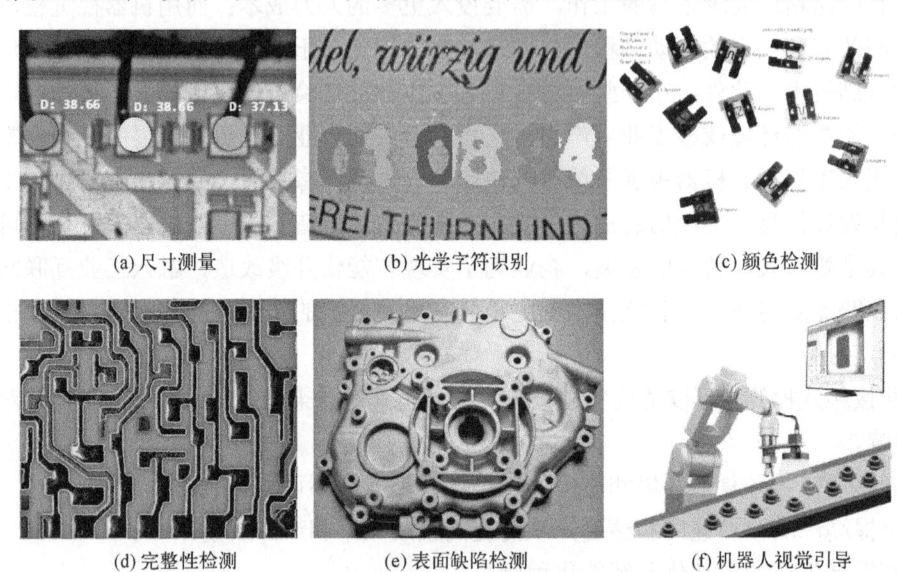

(a) 尺寸测量　(b) 光学字符识别　(c) 颜色检测

(d) 完整性检测　(e) 表面缺陷检测　(f) 机器人视觉引导

图 1.2　机器视觉在工业生产中的应用

在食品饮料包装行业，通过机器视觉进行异物检测，以确保产品质量；在产品表面质量检测中，通过机器视觉实现表面缺陷检测；在有二维码或条形码的产品中，基于机器视觉的图像识别技术，可以快速准确地读取产品中的条形码或二维码信息，为产品追溯提供了可能；在机械加工制造行业，通过机器视觉进行零件表面质量检测和零件尺寸测量，通过机器视觉定位，结合机器人实现自动抓取，从而实现自动装配、自动装箱、自动送料等；在印刷行业，通过机器视觉检测印刷质量；在文本信息检测方面，通过机器视觉实现文本字符自动识别；在医药生产企业，通过机器视觉进行药品包装检测来确定是否装入正确数量的药粒，检测药品质量是否有问题，检测药粒颜色混装；在半导体封装领域，设备根据机器视觉获取芯片位置信息，准确定位芯片，从而进行如点胶等操作；在视觉测量中，机器视觉实现非接触测量，同样具有高精度和高速度的性能，非接触测量消除了接触测量可能造成的损伤隐患；在物体分拣中，通过机器视觉系统对图像进行处理，实现自动分拣。可以说，几乎没有哪一种工业生产中不需要机器视觉。机器视觉正在改变传统的工业生产和检测方式。

1.4.2 在农业中的应用

机器视觉在农业生产中，可以用于监测农作物的生长情况，检测农产品的质量，利用视觉定位实现农产品如水果自动采摘，如图 1.3 所示。我国作为一个农业大国，农业生产极其重要，是关系国计民生的大事。我国的农产品极其丰富，通过将机器视觉技术应用于农业生产和农产品检测中，可以实时监控和指导农业生产，可以实现农产品自动检测分级，实行优质优价，以产生更好的经济效益，其意义十分重大。

(a) 自动采摘水果

(b) 监测农作物生长

(c) 水果缺陷检测

图 1.3 机器视觉应用于农业

在蔬菜和水果等农产品种植过程中，通过视觉检测可以判断蔬菜或水果是否遭受病虫害；在水果采摘中，可以通过视觉识别与定位实现自动采摘；在水果分类中，可以根据颜色、形状、大小等特征参数，实现自动分类；在粮食加工过程中，可以自动检测是否存在杂物；此外，在蔬菜、水果等的分拣过程中，自动判断是否有损坏部分，在养殖业中，自动监测动物的生长情况等，都可以用到机器视觉技术。随着科学技术在农业生产中的应用，机器视觉技术在其中扮演着越来越重要的角色。

1.4.3 在医学中的应用

机器视觉已经成为现代医疗辅助的重要技术手段，利用机器视觉技术辅助医生进行医学影像分析（图 1.4），利用视觉图像处理技术，对 X 射线透视图、核磁共振图像、CT 图像进行分析；利用数字图像的边缘提取与图像分割技术，自动完成细胞个数的计数与统计。近几年，很多科学家利用深度学习技术，对医学影像进行大数据分析，给医生确诊病例提供参考，不仅节省了人力，而且大大提高了准确率和效率。例如深度学习对于脑肿瘤细胞的检测与识别，通过对大量影像的学习，辅助医生对实际病例进行分析，有着很强的应用价值。此外，机器视觉技术还广泛用于医疗自动化系统中，可以直接检测病人的肿瘤细胞，这将大大降低人的操作难度，节省了医疗人员宝贵的时间，所以机器视觉对于医学的发展非常有帮助。机器视觉可以对医学数据，包括影像、传感器数据，做出高准确率的医学判断。

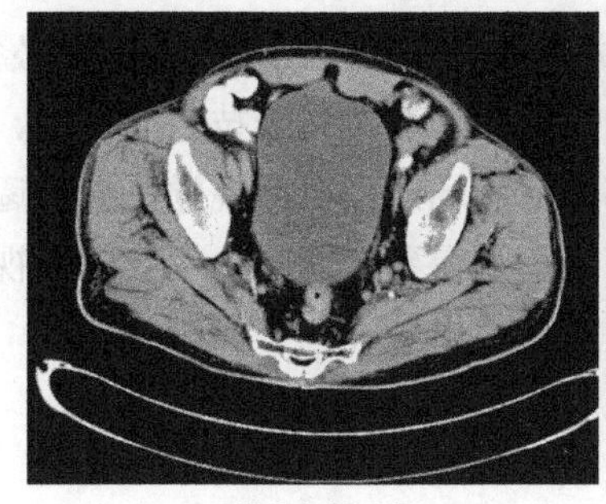
(a) 盆腔病变图像

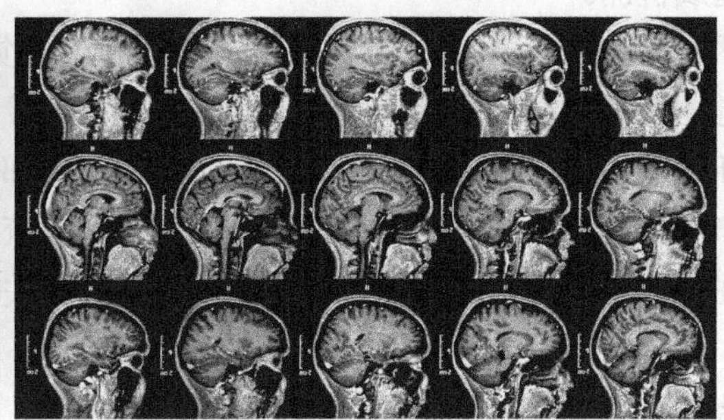
(b) 医学图像深度学习

图 1.4 利用机器视觉进行医学影像分析

1.4.4 在军工及制导方面的应用

机器视觉速度快、精度高、抗干扰能力强，能突破人眼在速度、不可见光范围的极限，提高武器装备信息获取能力的自动化程度，是提高装备智能与自动化水平的关键。在军事领域，机器视觉的应用极为广泛，从遥感测绘、航天航空、武器检测、目标探测到无人机驾驶都有机器视觉技术的身影，如巡航、导弹地形识别、遥控飞行器的引导、目标的识别与制导、地形侦察等（图 1.5）。在遥感测绘中，通过运用机器视觉技术分析各种遥感图像，进行卫星图像与地形图校准、自动测绘地图，实现对地面目标的自动识别；在航空航天领域，机器视觉用于飞行器件的检测和维修等。在无人装备的应用中，应用机器视觉技术实现侦察、自主导航。在武器检测中，运用机器视觉技术进行武器系统瞄准等。

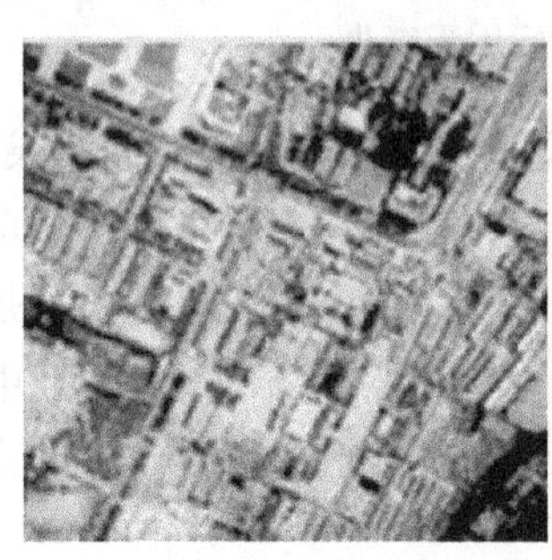

(a) 遥感图像

(b) 制导

图 1.5　机器视觉在军事方面的应用

1.4.5 在其他方面的应用

可以说，机器视觉技术已经渗透到各个行业了。例如生态环境的检测、安全检测、影视制作、虚拟环境等。在人们的生活中，随处可见机器视觉的应用，如利用人脸识别进行移动支付，主要采用视觉图像处理算法；自动停车，也需要采用视觉图像算法对周边环境进行检测；在监控系统中，机器视觉技术用于捕捉突发事件、监控复杂场景、鉴别身份、跟踪可疑目标等；在交通管理系统中，机器视觉技术用于车辆识别、调度，向交通管理与指挥系统提供相关信息。在海关，应用 X 射线机和机器视觉技术的不开箱货物通关检验，大大提高了通关速度，节约了大量的人力和物力。在自动驾驶汽车上，利用机器视觉技术实现周边环境检测和车道线检测。

机器视觉在工业生产中的应用最多，利用机器视觉代替人工检测已经成为一种必备手段。随着视觉图像处理算法的持续改进、新的图像处理算法的开发、传感器技术的发展、摄像设备的不断进步，当前机器视觉系统已经能够适应大部分应用场景。机器视觉系统已逐渐成为现代生产中不可或缺的设备。在我国，机器视觉系统也逐渐得到企业的认可，机器视觉系统的应用在企业自动化生产及智能制造改造中具有至关重要的作用。

1.5 机器视觉相关图像处理库

机器视觉核心是数字图像处理，目前常用的图像处理函数库主要有 OpenCV、VisionPro

和 HACLON。每个图像函数库都有自己的特点。开发机器视觉系统需要注重效率，因此，如果没有必要，一般不会从头开始自己写相关的算法函数，而是借助于已有的图像处理函数库实现快速开发。此外，不管是哪个图像处理函数库，都只是集成了相关的图像处理算法，如果要开发完整的机器视觉系统，还需要借助 QT、C++、C#等编程环境，进行系统框架的开发，最后，需要将使用 OpenCV 或 HALCON 等图像库设计的图像处理算法集成在系统框架中。

1.5.1 OpenCV

OpenCV 是完全开源的，不管是对商业还是个人都是完全免费的。1999 年，英特尔公司（Intel）的一位研究员 Gary Bradski 看到很多大学都有内部公开的视觉开发接口，每个新来的学生不需要从头开始来开发这些视觉函数，直接在已有的接口函数上进行新的工作。因此，开始策划为计算机视觉提供通用性的接口并得到了 Intel 公司性能实验室的帮助。

OpenCV 最开始由 Intel 公司负责开发，俄罗斯的专家负责实现和优化。OpenCV 的目的是为视觉研究者提供开源的基础代码，避免从头开始写代码。OpenCV 建立之初还有个目的，就是传播视觉相关的知识。OpenCV 发展到现在，作为开源代码，得到了很多用户的贡献，研发主力也大部分转移到 Intel 公司之外。现在 OpenCV 主要由基金会及一些上市公司和私人机构负责开发。

OpenCV 是一个开源的跨平台的视觉图像处理函数库。它实现了图像处理方面的很多通用算法。用户只需要进行相应的安装和配置就可以使用。OpenCV 用 C++语言编写，它具有 C++、Python、Java 和 MATLAB 接口，并支持 Windows、Linux、Android 和 Mac OS，OpenCV 主要倾向于视觉应用，OpenCV 拥有包括 500 多个函数的跨平台的中、高层 API。它不依赖于其它的外部库，尽管也可以使用某些外部库。

OpenCV 的开源特性，用户可以看到每个函数内部的实现代码，并可以根据自己的需求对函数进行优化和修改。因此，OpenCV 的使用比较灵活，并且由于 OpenCV 的开源免费特性，使得有大量的视觉开发采用 OpenCV 实现。

1.5.2 VisionPro

VisionPro 是美国康耐视公司（Cognex）开发的商业视觉图像处理软件，里面包含了大量的视觉图像处理算法，因此，也可以认为是一个图像处理函数库。康耐视公司由当时担任麻省理工学院人类视觉感知学科讲师的 Robert J. Shillman 博士于 1981 年创立。Shillman 博士决定用 10 万美元的全部积蓄投资创办康耐视公司。他邀请两个麻省理工学院学生 Marilyn Matz 和 Bill Silver 联手开始商业冒险，三人成为公司的创始人并为公司起名康耐视，意思是“识别专家”。

VisionPro 是领先的视觉软件。它主要用于设置和部署视觉应用，无论是使用相机还是图像采集卡。借助 VisionPro，用户可执行各种功能，包括几何对象定位和检测、识别、测量和对准，以及针对半导体和电子产品应用的专用功能。借助 VisionPro，用户还可以访问图像匹配、斑点检测、卡尺、线位置、图像过滤、OCR（光学字符识别）和 OCV（光学字符验证）视觉工具库，以执行各种功能，如检测、识别和测量，并且，VisionPro 软件可与广泛的.NET 类库和用户控件完全集成。

VisionPro QuickBuild 快速原型设计环境将高级编程的先进性和灵活性与易于开发性相结合。无论使用哪种方式，都可以缩短周期，轻松加载和执行作业，也可选择按代码手动配置工具。借助 VisionPro，用户可以通过任意相机或图像采集卡使用功能较强的视觉软件。

1.5.3 HALCON

HALCON 是德国 MVTec 公司开发的商业机器视觉软件，MVTec 公司位于德国慕尼黑，于 1996 年成立，自成立开始至今，只关注于机器视觉算法与软件的研究与开发，是世界知名的视觉软件开发公司，其发布的 HALCON 软件也是世界知名视觉软件系统。该系统包括了各种图像处理算法。HALCON 具有由一千多个各自独立的函数，以及底层的数据管理核心构成的一套图像处理库，在 HALCON 中这些图像处理函数称为算子，这些算子大部分不是针对特定工作设计的，因此，只要用得到图像处理的地方，就可以用 HALCON 提供的算子进行处理。HALCON 的应用涵盖了几乎所有范围，包括常见的工业应用，也包括医学、遥感探测、监控等各方面的应用。

除了大量的图像处理算子之外，HALCON 还提供了与多种主流相机之间的接口，通过图像获取助手，可以直接从相机获取图像，利用 HALCON 提供的开发环境，快速搭建视觉系统。利用 HALCON 进行视觉系统开发，节约了视觉系统开发成本，缩短了软件开发周期。HALCON 提供的灵活的架构，快速的图像分析处理与应用开发方式，在全球机器视觉领域已经是公认的具有最佳效率的机器视觉软件。

HALCON 支持的操作系统包括 Windows、Linux 和 Mac OS X 等。在 HALCON 中实现的图像处理算法可以方便地导出到多种语言环境中，包括 C、C++、C#、Visual basic 和 Delphi 等。因此，可以快速方便地将图像处理算法集成在各种语言环境中，从而实现整个视觉系统的核心部分。如果按照实现方法分类，HALCON 提供的机器视觉检测方法包括 Blob 分析、边缘提取、定位、条码/二维码识别、字符检测与识别、摄像机标定、手眼标定、二维/三维匹配、几何测量与转换、测量等。如果从算子类型分类，HALCON 提供的算子包括测量、匹配、标定、分类、分割、变换、滤波、形态学、光学字符识别（OCR）、目标检测、三维重构等。在新版本中还加入了深度学习算子。

此外，在 HALCON 中提供了大量的例程供初学者学习使用。这些例程包括了几乎所有机器视觉的应用范围与领域。

1.5.4 其他图像处理库

除了以上三种主流的机器视觉图像处理函数库之外，还有很多其他的图像处理函数库。国外的视觉图像处理相关软件或函数库如 MATLAB、Maxtor Image library、LabVIEW、eVision、HexSight、Adaptive Vision Studi、Sherlock、Microscan、VisionEditor 等。

在国内，也开始出现了相关视觉图像处理软件，如深圳奥普特的 SciSmart、陕西维视的 Visionbank、北京凌云的 VisionWARE 及海康威视的 VisionMaster 等。每一款视觉图像处理库或软件都有自己的特点，但是，不管哪款视觉软件，其核心都是集成的图像处理相关函数。在机器视觉应用领域，OpenCV、VisionPro 和 HALCON 使用范围最广，使用人数最多。

第2章　视觉图像采集设备

在机器视觉系统中，视觉图像采集是第一步。采集的图像质量好坏关系到整个视觉系统能否成功实施。采集图像的主要设备是光源、镜头和摄像机（也称工业相机或相机）。此外，还包括一些辅助设备，如信号触发传感器、图像数据传输设备等。图像质量关系到后期图像处理算法的设计，通常情况下，利用图像算法来修正图像是比较困难的。好的图像质量不仅可以简化算法设计，还能够保证算法的稳定性，从而提高整个视觉系统的运行速度和稳定性。

2.1　光源

在机器视觉中，光源用于对被检测对象进行照明，其作用是突出被检测对象的感兴趣区域的特征，同时抑制不必要的特征。此外，光源还可以克服环境光对成像的影响，提高图像信噪比，降低相机对曝光时间的要求，减少图像采集时间。恰当的光源照明设计，可以使图像中的目标信息与背景信息得到最佳分离，大大降低图像处理的算法难度，并提高系统的精度和可靠性。不适合的照明设计，则会引起很多的问题。针对每个特定的案例，都要设计合适的照明装置，以达到最佳效果。光源及光学系统设计的成败是决定视觉系统成败的首要因素。选择合适的光源需要了解光源和被测物的光谱组成，考虑光源与被检测对象之间的相互作用。

2.1.1　电磁辐射

光是具有一定波长范围的电磁辐射，人眼可见的光称为可见光，其波长范围为380～780nm。更短的波长称为紫外线，比紫外线波长更短的是 X 射线和伽马射线。比可见光波长更长的称为红外线。比红外线更长的是微波和无线电波。图2.1是从紫外线到红外线的电磁波谱。

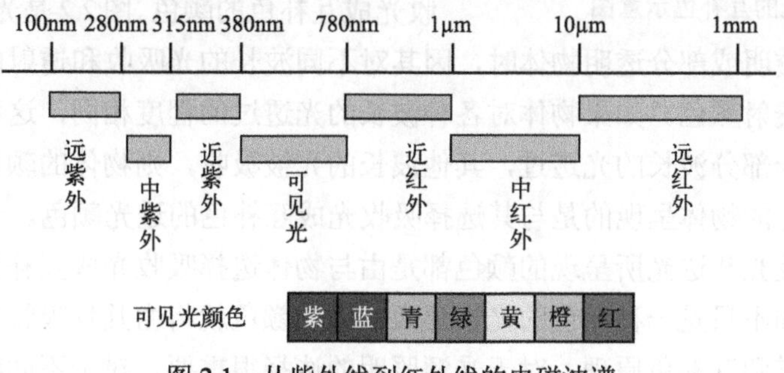

图2.1　从紫外线到红外线的电磁波谱

单色光以其波长表征，对于由多个波长组成的光，通常将其与黑体辐射的光谱进行比较。黑体是指在任何条件下，对任何波长的外来辐射完全吸收而无任何反射的物体，即吸收比为1的物体。黑体可以吸收所有照射其表面的电磁辐射，因此是一种理想的纯热辐射源，黑体的光谱与其温度直接相关。黑体的光谱辐射符合普朗克定律。光谱辐射即为单位面积上的黑体在单位立体角内，单位波长内辐射出的能量。光谱与黑体温度相关，又称作色温。色温是表示光线中包含颜色成分的一个计量单位。从理论上说，黑体温度指绝对黑体从绝对零度（−273℃）开始加温后所呈现的颜色。黑体在受热后，逐渐由黑变红，转黄，发白，最后发出蓝色光。当加热到一定的温度，黑体发出的光所含的光谱成分，就称为这一温度下的色温，计量单位为K（开尔文）。如果某一光源发出的光，与某一温度下黑体发出的光所含的光谱成分相同，就称为某K色温。

2.1.2　光谱特性及与被测物关系

任何物体只有在光照下才呈现一定的颜色。光照射在被测物体上，如果是不透明物体，在被测物上将发生光的反射，如果是透明物体，将发生透射。对于反射而言，有漫反射和镜面反射两种情况，漫反射在各个方向上是比较均匀的，对于镜面反射而言，入射光和反射光在同一个平面上，并且入射角和反射角是相等的。实际上，镜面反射只是一种理想情况，任何物体表面都有细微的不平整，从而导致反射结果成波瓣型形状。在金属或绝缘材料上，表面反射将产生一定的偏振。在两个透明介质分界面上也有反射，这就产生了背反射，从而产生重影。对于透明物体，光到达分界面时，将产生折射现象。

同一物体在颜色不同的光源下呈现着不同的颜色，而在同一光源下的不同物体一般也呈现着不同的颜色。通常物体的颜色是指这种物体在白光下的颜色。白光是由红、橙、黄、绿、蓝、靛、紫七色光组成的。单色光源只有一种颜色，单色光的波长单一。当白光照射不透明物体时，由于物体对不同波长的光吸收和反射的程度不同，而使物体呈现了不同的颜色。黑色物体对各种波长的光都完全吸收，所以呈现黑色；白色物体对各种波长的光完全反射，所以呈现白色。如果物体吸收某些波长的光，那么这种物体的颜色就由它所反射的光的颜色来决定，即反光物体的颜色是与其选择吸收光成互补色的颜色。图2.2是光的互补色示意图。

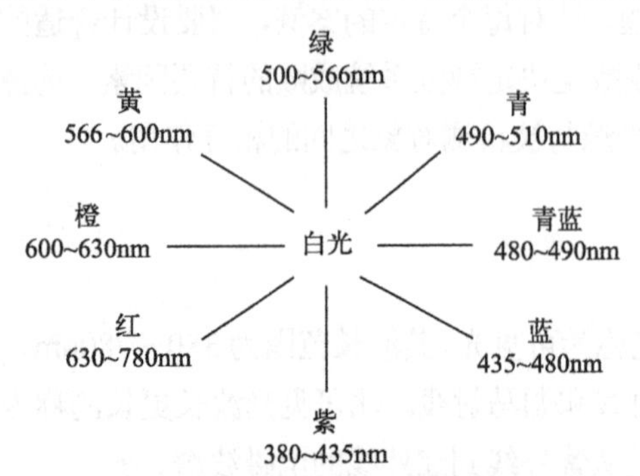

图2.2　光的互补色示意图

当白光照射透明或部分透明物体时，因其对不同波长的光吸收和透射的程度不同而使物体呈现了不同的透射颜色。如果物体对各种波长的光透过的程度相同，这种物体就是无色透明的；如果只有一部分波长的光透过，其他波长的光被吸收，则物体的颜色就由透过光的颜色来决定，即透光的物体呈现的是与其选择吸收光成互补色的透光颜色。

总之，物体反光和透光所呈现的颜色都是由与物体选择吸收光成互补色的光决定的。如果物体选择吸收的不只是一种颜色的光，那么物体的颜色就将由几种吸收光的互补光复合而成。熟悉电磁波谱和互补色原理，对于光源照明的选择很重要，对于不同颜色背景的物体，才能够选择合适的光源。例如，如果物体是红色，采用白光或红光照射物体，有红光返回，黑白相机中物体将呈白色，如果采用蓝光照射，则没有红光可以反射，物体将会是黑色。基于这样的理论，在拍摄物体时，如果要将某种颜色打成白色，那么就需要使用与此颜色相同或相似的光源（光的波长一样或接近），而如果要打成黑色，则需要选择与目标颜色波长差较大的光源。

2.1.3 光源类型

用于机器视觉的光源种类很多，常见的光源有白炽灯、卤钨灯、氙灯、发光二极管（LED）等。

白炽灯内有细细的灯丝，电流通过灯丝产生光，灯丝采用钨丝制作而成。白炽灯的灯丝温度很高，为了防止高温时钨丝氧化，采用耐热玻璃壳进行封装，并将玻璃壳抽成真空，有时也在玻璃壳内充入不与钨丝产生化学反应的惰性气体，以延长钨丝的使用寿命。卤钨灯是一种改进的白炽灯，这种灯在玻璃壳内冲入一些卤族元素，可以提高灯丝的寿命，并且不会使玻璃壳发黑。白炽灯可以工作在低电压下，但是，这种灯发热严重，仅有很少的能量转换为光，而且，其寿命较短，也不能作为闪光灯使用，老化快，现在已经很少用作机器视觉的光源。

氙灯是一种气体放电光源，这种光源利用气体放电原理来发光。氙灯是在密封的玻璃灯泡中充入氙气，氙气被电离产生高亮的光。氙灯又分为长弧灯、短弧灯和闪光灯。氙灯可做成点亮时间很短的闪光灯，可以达到200多次每秒，对于短弧灯，每次点亮时间可以做到1～20μs，在高速摄像中获得广泛应用。氙灯相对于白炽灯发光效率高，使用寿命长，光色可以适应大范围的变化。这种灯的供电比较复杂，而且价格昂贵，在经过几百万次闪光后会出现老化。与此类似的光源有钠灯、汞灯等。

LED是一种通过电致发光的半导体器件，它主要由P型和N型半导体组合而成。LED能产生类似于单色光的、光谱非常窄的光，其亮度与通过二极管的电流有关。光的颜色取决于所使用的半导体材料，因此，LED灯可以制作成各种颜色的光源，除了常见的可见光之外，如红外光、近紫外光也可以通过LED实现。LED光源功率小、发热小、寿命长，可以超过100000h。而且，LED响应速度快，可用作闪光灯，几乎没有老化现象，光源亮度稳定并容易调节。此外，LED可以方便制成各种形状的光源，也可以根据用户需求进行定制。LED光源也有一定的缺点，主要是LED的性能与环境温度有关，环境温度越高，LED的性能越差，寿命越短。相对于LED光源的缺点，其优点更加明显。因此，LED光源是机器视觉中应用最多的一种光源。下面主要以LED光源来介绍光源的形状和打光方式。

2.1.4 光源形状及照明方式

2.1.4.1 光源形状

为了满足不同机器视觉的应用场景，需要将光源制作成各种不同的形状。常见的有环形光源、条形光源、同轴光源、面光源及穹顶光源等。

（1）环形光源

环形光源（图 2.3）的 LED 灯珠排列在一个圆环上，根据 LED 发出的光线与摄像机光轴之间的角度，环形光源又分为低角度环形光源和高角度环形光源。常见的有 0°、20°、30°、45°、60° 和 90° 环形光源等。一般将小于或等于 45° 的称为低角度环形光源，反之称为高角度环形光源，环形光源的角度也可以根据用户需求进行定制。每种角度的照明对不同的目标对象成像效果不同。如 0° 环形光源可以用于检测物体表面划痕的照明，90° 环形光源可以用于电路板上线路检测的照明。

（2）条形光源

条形光源（图 2.4）是由高密度直插式 LED 阵列组成，适合大幅面尺寸检测。通常条形光源成对使用，有时候也单独使用，还可以多个条形光源组合使用。条形光源照射角度也可自由调整，某些情况下可代替环形光源。高亮条形光源优点是光照均匀度高、亮度高、散热好、产品稳定性高、安装简单、角度随意可调、尺寸设计灵活。条形光源可用于表面裂纹检测、包装破损检测、条码检测等多种场合。

图 2.3　环形光源

图 2.4　条形光源

（3）同轴光源

同轴光源（图 2.5）有一块 45° 的半透半反玻璃。LED 发出的光线，先通过全反射垂直照到被测物体，从被测物体上反射的光线垂直向上穿过半透半反玻璃，进入摄像头，这样既消除了反光，又避免了摄像头的倒影。同轴光源可以消除物体表面不平整引起的阴影，从而减少干扰；部分采用分光镜设计，减少光损失，提高成像清晰度，均匀照射物体表面。同轴光源主要用于检测平整光滑表面并且反射度极高的物体的碰伤、划伤、裂纹和异物等。如金属、玻璃、胶片、晶片等表面的划伤检测，芯片和硅晶片的破损检测，MARK 点定位，包装条码识别等。同轴灯只能接收和镜头同轴的光线，因此不能用来检测有弧度的物体。

（4）面光源

面光源（图 2.6）是一种平面光源，多个灯珠均匀布在光源底部，在外面放置一个漫反射板，光线经漫反射后在表面形成一片均匀的照射光。面光源的发热量低，光线均匀柔和无闪烁。面光源一般用于背光照明，可以用于目标对象的外形轮廓检测、尺寸测量、透明物体的缺陷检测等。

图 2.5　同轴光源

图 2.6　面光源

（5）穹顶光源

穹顶光源（图 2.7）也称为球积分碗光源、碗光源或 demo 光源。其形状像一个碗，在顶上开有一个孔，相机通常放置在孔上方，光线照射物体后，反射光经过孔进入镜头，在摄像机芯片上成像。穹顶光源是一种圆顶无影光源，是漫反射的一种，它是通过半球型的内壁多次反射，可以完全消除阴影。穹顶光源主要用于球型或曲面等表面不平物体的检测。例如包装袋表面检测、线缆缺陷检测、电子元件外观检测等。

图 2.7　穹顶光源

除了以上所提到的具有代表性的光源形状之外，还有很多其他种形状，LED 光源可以方便制成各种形状，而且还可以根据客户要求进行定制。各种形状的光源也可以组合使用，以满足特定的视觉检测要求。

2.1.4.2　照明方式

光源是影响机器视觉系统输入的重要因素。照明的目的是使被检测对象的特征凸显出来，抑制非必要的背景。目前还没有一种通用的照明设备，所以，必须针对每个特定的应用来选择相应的照明设备，以达到最佳效果。同时，光源照明的方式不同，得到的图像质量也有很大的区别，即使采用同一种光源，从不同的角度去照射物体，得到的图像也是有很大区别的。为了让目标对象的特征凸显出来，除了考虑光源的形状之外，光源照明的方式也非常重要。从选用的不同类型的光源及光源的放置位置，可以将光源的照明方式分为：直接照明、角度照明、低角度照明、背光照明、散射照明、同轴照明等。

（1）直接照明

直接照明（图 2.8）一般适用于 0° 环形光源、条形光源和面光源，也称为垂直照明。这种照明方式的照射面积大、光照均匀性好、适用于较大面积照明。直接照明的光线直接射向物体，得到清晰的图像。但是，当被检测对象表面有反光的时候，图像上会出现像镜面的反光现象。直接照明当光线反射后进入照相机，在相机内的成像背景通常为明亮背景，因此，有时候也称这种照明为明场照明。

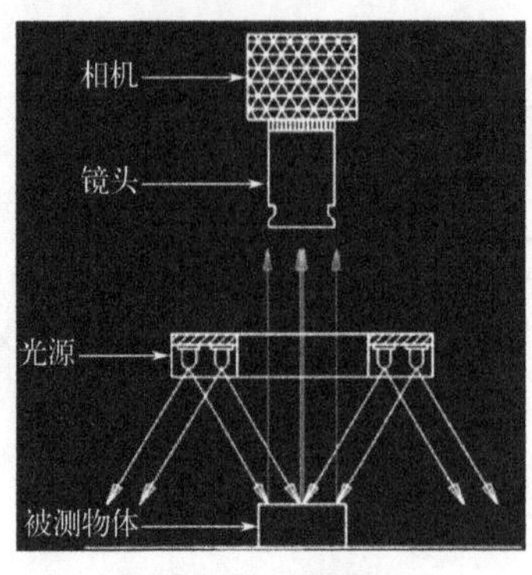

图 2.8　直接照明

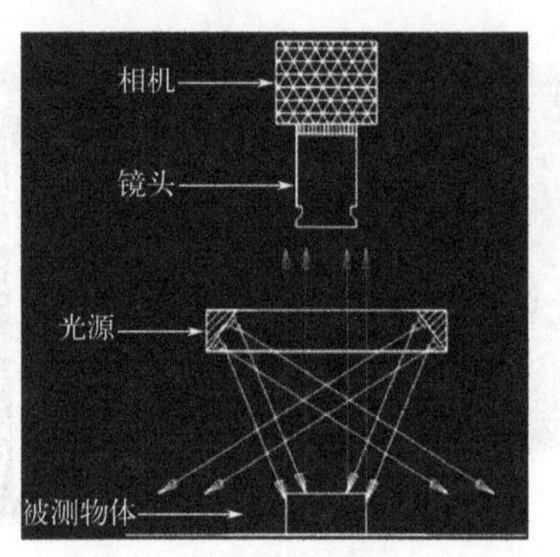

图 2.9　角度照明

（2）角度照明

角度照明（图 2.9）通常采用 30°、45°、60°、75° 等环形光源。这种照明方式的光线按照一定的角度照射在物体上，结果是倾斜的散光通过镜头进入摄像机，而别的光线不进入摄像机，则在图像上呈现的结果是一个比较暗的背景，而特征则呈现出明亮的特点。该照明方式适用于检测表面瑕疵、凹凸不平等特征。由于在摄像机中观察到的图像背景是黑暗背景，有时也称为暗场照明。

（3）低角度照明

低角度照明（图 2.10）方式通常采用光线与被测物体角度呈 0°～30° 的环形光源。其照明方式与角度照明类似，只是这种照明方式的角度更低，因此称为低角度照明。这种照明方式能够更加明显地表现物体表面细节的变化，对表面凹凸特征的表现更强，适用于晶片或玻璃基片上的伤痕检查。同样，这种照明方式呈现出来的图像背景也是暗黑背景，因此，也称这种照明为低角度暗场照明。

（4）背光照明

背光照明（图 2.11）的物体放置在摄像机和光源之间，从光源发出的光被物体遮挡住一部分，没有被遮挡的光线通过镜头进入摄像机。这种照明方式可以突出显示不透明物体的轮廓，常用于物体的形状检测、尺寸测量等方面。对于有一定高度的被测物，当高角度光线从背光源的边缘发射出时，光源会斜射过被测物体的边缘，然后反射进入镜头。这将使物体被照明，降低了图像的对比度，影响检测结果。因此，背光照明主要用于厚度不大或者是完全没有倒角的物体。而且，为了防止光线斜射进入镜头，通常采用平行光线进行照射，有时，在光源前面安装漫反射板以增加光线的均匀性。

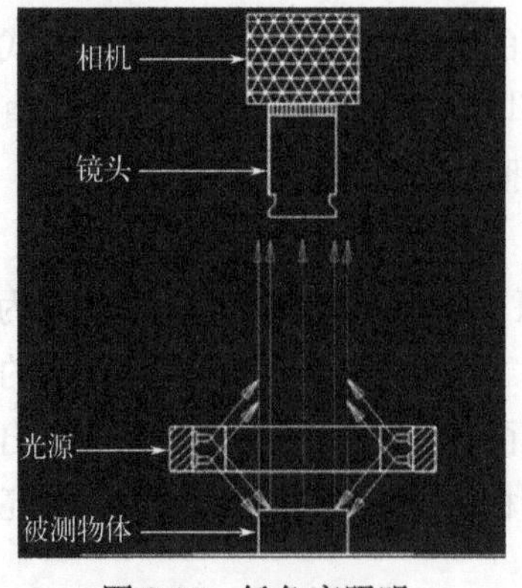

图 2.10　低角度照明

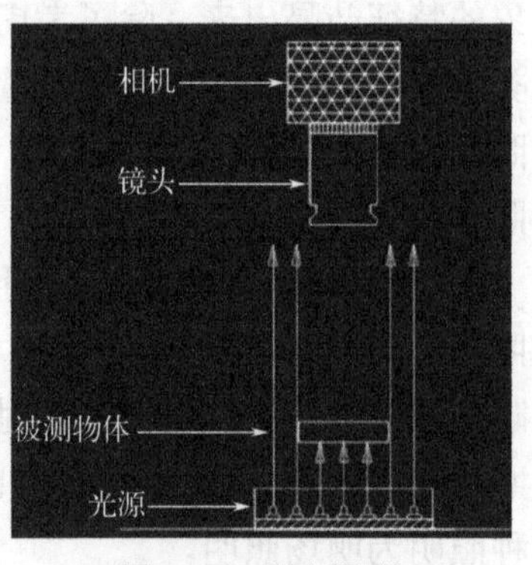

图 2.11　背光照明

（5）散射照明

散射照明（图 2.12）是一种多角度照明，也称为漫散光照明。这种照明方式的光线从各个角度照向物体，进入镜头的光线也是各个方向的，相当于光线在物体表面形成漫反射。这种照明方式可以消除反射光引起的反射斑。常采用穹顶光源作为照射光源。有的穹顶光源的光线从内壁曲面上直接照射物体[图 2.12(a)]，有的 LED 灯珠安装在穹顶光源的底面，光线照射到内壁曲面，再反射到物体上[图 2.12(b)]。

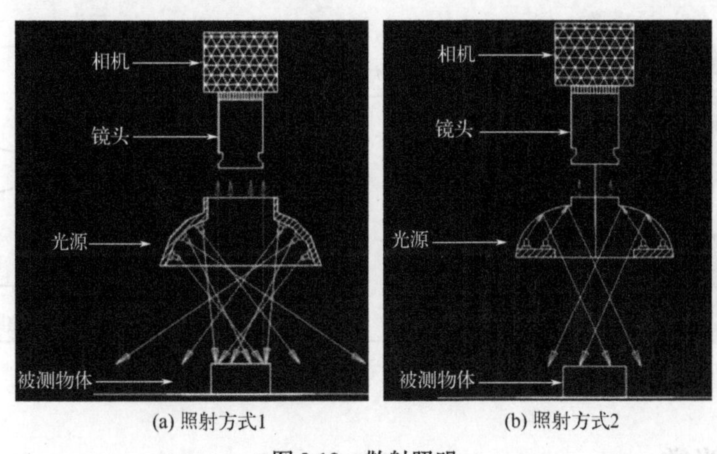

(a) 照射方式1　　(b) 照射方式2

图 2.12　散射照明

（6）同轴照明

同轴照明（图 2.13）类似于平行光的应用，这种照明方式通常采用同轴光源。同轴光源的 LED 灯珠安装在一侧，中间有一块 45° 的半透半反玻璃。LED 发出的光线，先通过全反射垂直照到被测物体，从被测物体上反射的光线垂直向上穿过半透半反玻璃，进入摄像头，这样既消除了反光，又避免了图像中产生摄像头的倒影。这种照明方式主要用于检测如玻璃这种反光程度很高的平面物体。

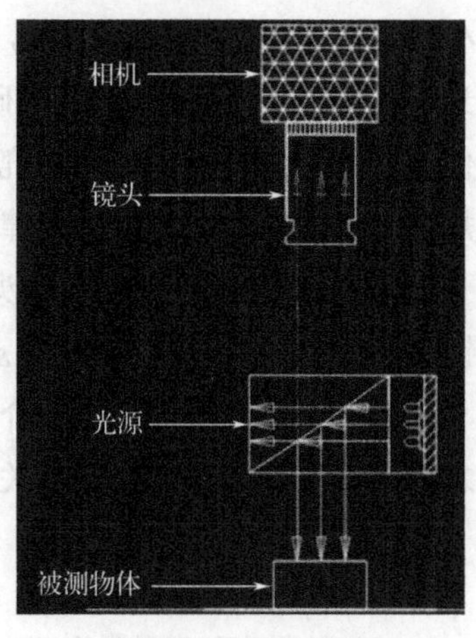

图 2.13　同轴照明

光源在机器视觉中非常重要，好的光源和照明方式是得到清晰特征的图像的基础，是保证机器视觉系统成功实施的基础。除了上面介绍的几种常见照明方式之外，还有其他一些照明方式，如结构光照明、频闪光照明等。在机器视觉中，各种光源类型与照明方式的选择是根据实际检测对象的不同而不同的，有时候可能需要多种光源以及照明方式进行组合。因此，在实际使用过程中，需要根据检测对象进行分析。此外，环境光的改变将影响光源照射到物体上的总光能，令图像质量发生变化，导致图像处理困难，一般可采用加防护罩的方法减少环境光的影响。

2.2　镜头

在物体通过摄像机成像的过程中，镜头的主要作用是收集光线和聚焦。镜头和相机需要组合在一起才能够得到清晰的图像。可以将光看成在同类介质中是直线传播的，镜头是利用凸透镜折射成像，其原理和小孔成像的原理是类似的。镜头是机器视觉中用于成像的重要部件，如果没有镜头，光线不能聚焦，进入摄像机无法成清晰图像。镜头内部由多个透镜组成，其外形见图 2.14，外部有可以调节光源和焦距的调节环。成像原理图如图 2.15 所示。

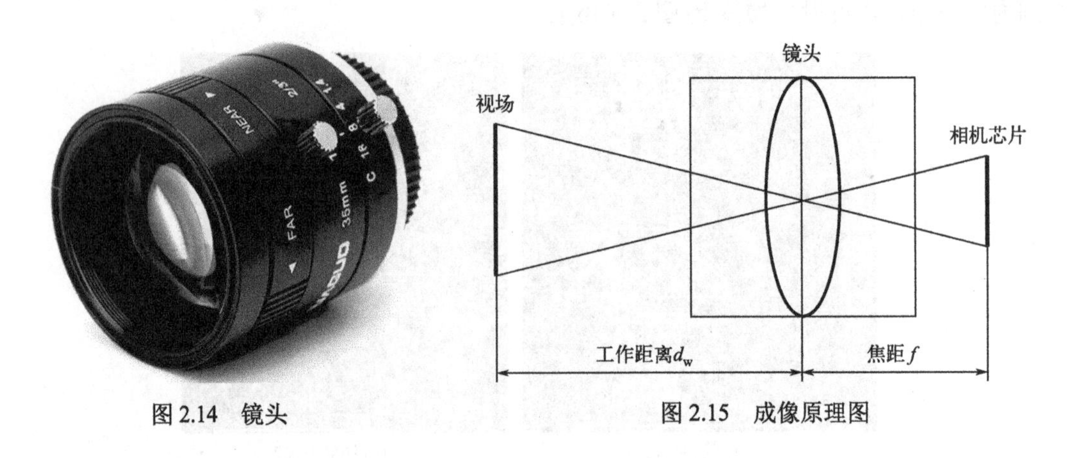

图 2.14　镜头　　图 2.15　成像原理图

2.2.1　高斯光学

镜头由多个球心位于同一光轴上的光学凸镜片组成，每个镜片实际上是一个厚透镜。尽管如此，其厚透镜成像原理和单个凸透镜成像是一样的。所谓厚透镜是一种很厚的透镜，但是它的厚度在计算物距、像距以及放大倍率时是可以忽略不计的。

入射到近轴球面上并与光轴的夹角很小的光线称为近轴光线，设这个夹角为θ，当θ极小时，有$\sin\theta\approx0$，$\cos\theta\approx1$，这称为近轴近似。根据近轴近似系统可以得到高斯光学。高斯光学是指 1841 年高斯建立的研究理想光学系统的几何光学理论，又称近轴光学。它适用于任何结构的光学系统，但所研究的光线必须满足近轴条件。为便于了解光学系统的成像性质和规律，在研究近轴区成像规律的基础上建立了理想光学系统的光学模型。

图 2.16 中，F和F'是镜头的两个焦点，P和P'称为主平面，f和f'为焦距，考虑到厚透镜两边方向相反，有$f=-f'$。s称为物距，s'称为像距。图中的虚线表示光轴，V和V'是球面与光轴的交点，镜头两边的介质相同，N和N'为主平面与两边介质的交点。根据相似三角形之间的关系，可以得到如下关系：

$$\frac{1}{s'}-\frac{1}{s}=\frac{1}{f'} \tag{2-1}$$

式（2-1）需要注意物距、像距和焦距的正负符号，以主平面为基面，向左为负，向右为正，即$s<0$。高斯光学揭示了物距、像距和焦距之间的关系。由此可以确定，当被测物在指定位置，镜头的焦距确定后，物体将在什么位置成像。同时，式（2-1）也表明，当物距变大（变小）时，像距就会变小（变大）。如果物距位于无穷远处，所有光线将变成平行光，此时$s'=f'$。

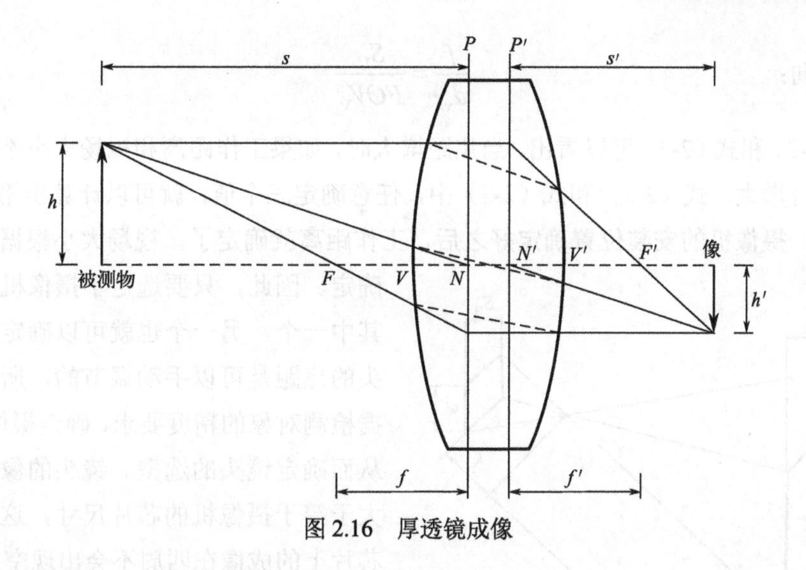

图 2.16 厚透镜成像

2.2.2 远心镜头

远心镜头又分为物方远心镜头、像方远心镜头和双侧远心镜头。对于透视投影的镜头系统，物体所成像的大小与距离镜头的远近有直接的关系，与像平面不平行的物体，所成的像将产生变形。如果需要精确测量被测物的尺寸，则非常不利，由此就要用到远心镜头。

对于图 2.16 所示的厚透镜成像系统，如果在像方焦点位置放置一个小孔，只让平行入射的物方光线到达像平面，则称为物方远心镜头（图 2.17），此时，只接受平行光成像，相当于物体位于无穷远处。反之，如果在物方焦点位置放置一个小孔，此时成像与像距无关，称为像方远心镜头。双远心镜头通过在光学系统的中间位置放置孔径光阑，使主光线一定通过孔径中心点，则物体侧和成像侧的主光线一定平行于光轴进入镜头，此时不管物方和像方在什么距离下，成像都不会发生变化。

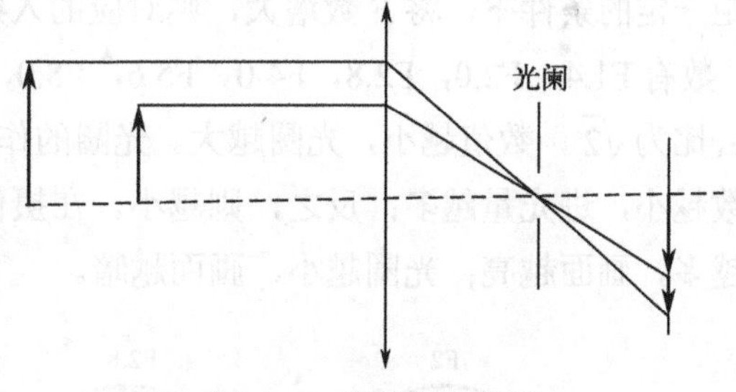

图 2.17 物方远心镜头

使用远心镜头需要注意，由于只允许平行于光轴的光线通过，因此远心镜头一般比较大，至少要与被测物体一样大。

2.2.3 镜头的主要参数

（1）焦距

焦距是透镜中心到像方焦点的距离。镜头的焦距是非常重要的参数，镜头焦距与视场大小和摄像机芯片大小关系如图 2.18 所示，设拍摄的视场大小为 FOV，通常视场和摄像机芯片为一个矩形区域大小，设水平方向视场大小为 FOV_{H}，竖直方向大小为 FOV_{V}，摄像机芯片水平方向为 S_{H}，垂直方向为 S_{V}，工作距离为 d_{w}，焦距为 f。则存在以下等比关系

水平方向：
$$\frac{f}{d_{\mathrm{w}}}=\frac{S_{\mathrm{H}}}{FOV_{\mathrm{H}}} \tag{2-2}$$

垂直方向：
$$\frac{f}{d_\mathrm{w}}=\frac{S_\mathrm{V}}{FOV_\mathrm{V}} \tag{2-3}$$

从式（2-2）和式（2-3）可以看出，当焦距增大时，如果工作距离和视场大小不发生变化，则芯片尺寸将增大。式（2-2）和式（2-3）中，任意确定三个值，就可以计算出第四个值。在实际应用中，摄像机的安装位置确定好之后，工作距离就确定了，视场大小根据检测对象来确定。因此，只要选定了摄像机或镜头中的其中一个，另一个也就可以确定了。通常镜头的焦距是可以手动调节的，所以，可以根据检测对象的精度要求，确定摄像机的选型，从而确定镜头的选型。镜头的像面尺寸需要大于等于摄像机的芯片尺寸，这样可以保证芯片上的成像在四周不会出现空白的情况。

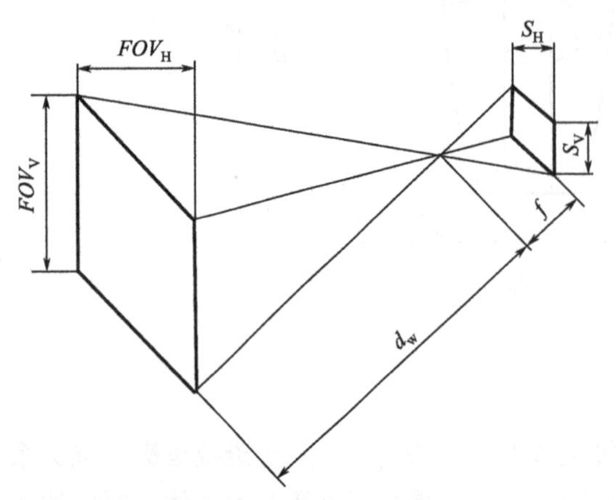

图 2.18　镜头焦距、视场与摄像机芯片大小关系示意图

（2）光圈

光圈（图 2.19）用于调节进入镜头的进光量。光圈大小用 F 数表示，F 数与光圈大小成反比。F 数与镜头的焦距以及入射光瞳直径有关。

$$\mathrm{F}=\frac{f}{D} \tag{2-4}$$

可以简单地将入射光瞳直径理解为光线进入镜头的直径大小，即镜头的有效直径。在焦距一定的条件下，将 F 数增大，则对应的入射光瞳直径变小，进入镜头的光线就变少。常用 F 数有 F1.4，F2.0，F2.8，F4.0，F5.6，F8.0，F11，F16，F22 等。F 数系列是一个等比数列，公比为 $\sqrt{2}$，数值越小，光圈越大。光圈的作用在于决定镜头的进光量，光圈越大，对应的 F 数越小，进光量越多；反之，则越小。在摄像机曝光时间不变的情况下，光圈越大，进光量越多，画面越亮；光圈越小，画面越暗。

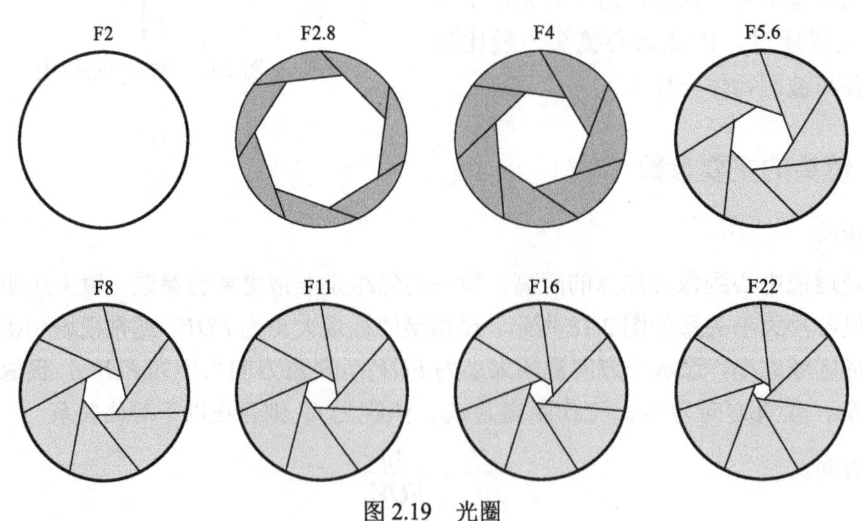

图 2.19　光圈

（3）景深

通常情况下，给定物体的物距只有在镜头的焦平面上成清晰的图像。如果物距增加或减小，得到的将是模糊的图像。如果距离变化不是很大，将在图像上呈现出弥散圆斑。由于物体并不一定完全与像平面平行，希望即使不平行的情况下，也能够得到清晰的图像。由于相机芯片中每个像素尺寸有一定的大小，因此，如果弥散圆斑和像素尺寸的大小接近，也可以认为是聚焦的，即认为也是清晰的图像。能够取得清晰图像的成像所测定的被摄物体前后距离称为景深。景深是一个变化的量，因为弥散圆斑的大小与光束的大小有关，也即与光圈 F 数相关。景深与焦距平方的倒数成正比。光圈越大 F 数越小，对应的景深越小。焦距减少一半，景深将增加 4 倍，F 数减少一半，对应的景深也减少一半。

（4）光学倍率

光学倍率是指成像大小与物体尺寸的比值。此处的物体大小尺寸实际是指视野的大小。成像大小与相机芯片尺寸有关，如芯片长边为 8.8mm，视场大小长边为 10mm，则光学倍率为 8.8/10=0.88。

（5）数值孔径

数值孔径（Numerical Aperture，NA）是透镜与被检物体之间介质的折射率和孔径角一半的正弦之乘积。设物方折射率为n，孔径角为2α，像方折射率为n'，孔径角为2β，则物方数值孔径为$NA = n\sin\alpha$，像方数值孔径为$NA' = n'\sin\beta$。孔径角又称镜口角，是透镜光轴上的物体点与物镜前透镜的有效直径所形成的角度。孔径角越大，进入镜头的光通量就越大，它与镜头的有效直径成正比，与焦点的距离成反比。

2.3　摄像机

摄像机通常也称为工业相机或相机（图 2.20），它是一个光电转换装置，将接收到的光信号转换为计算机能处理的数字信号。光电转换器件是构成相机的核心部件。按照采集图像的方式，可以将相机分为面阵相机和线阵相机。面阵相机每次采集的图像数据为一个矩形平面，而线阵相机每次采集的图像数据为一条直线，线阵相机的采图需要配合运动平台才能完整地采集整个检测对象的图像。两种图像采集方式各自有自己的适应场合。按照采集的图像颜色，可以将相机分为彩色相机和灰度相机。彩色相机采集的图像是彩色图像，而灰度相机也称为黑白相机，采集的图像是灰度图。在工业视觉检测中，如果不是与颜色相关的检测，通常采用灰度相机进行图像采集。按照相机芯片类型，可以将相机分为 CCD 相机和 CMOS 相机。

图 2.20　工业相机

2.3.1 摄像机传感器类型

（1）CCD 传感器

CCD（Chargecoupled Device）是指电荷耦合器件。CCD 是机器视觉常用的图像传感器。它最突出的特点是以电荷为信号，而不同于其他器件是以电流或者电压为信号。它使用一种高感光度的半导体材料制成，能把光转变成电荷，通过模数转换器芯片转换成数字信号，数字信号可以方便地传输给计算机。CCD 芯片由许多感光单位组成。当 CCD 表面受到光线照射时，每个感光单位会将电荷反映在组件上，所有的感光单位所产生的信号加在一起，就构成了一幅完整的画面。CCD 相机受噪声干扰较小，在早期是主要的机器视觉用相机。

（2）CMOS 传感器

CMOS 是互补金属氧化物半导体（Complementary Metal Oxide Semiconductor）的缩写。CMOS 图像传感器的开发最早出现在 20 世纪 70 年代。到了 90 年代初期，随着超大规模集成电路制造工艺技术的发展，CMOS 图像传感器得到迅速的发展。CMOS 图像传感器将光敏元阵列、图像信号放大器、信号读取电路、模数转换电路、图像信号处理器及控制器集成在一块芯片上。CMOS 传感器非常快速，比 CCD 传感器要快 10 倍到 100 倍，因此非常适用于特殊应用，如高帧摄像机。CMOS 传感器可以将所有逻辑和控制环都放在同一个硅芯片块上，可以使摄像机变得简单并易于携带，因此 CMOS 摄像机可以做得非常小。目前，CMOS 图像传感器以其良好的集成性、低功耗、宽动态范围和输出图像几乎无拖影等特点而得到越来越广泛的应用。

2.3.2 摄像机主要参数

（1）芯片尺寸

在机器视觉用相机中，相机芯片的尺寸用英寸来表示。与工业上代表的长度不同，业界通用芯片尺寸的规范为 1in 表示芯片对角线的长度为 16mm 的矩形形状的面积，并且其芯片的长宽与对角线形成的直角三角形的三条边的比例是 4∶3∶5。因此，由勾股定理可知，只要给定该三角形最长一边的长度，就可以计算芯片的长宽尺寸。1in 大小的芯片对应的芯片长宽分别为 12.8mm 和 9.6mm。假设芯片大小为 1/4in，可知对角线长度为 16/4=4mm，同理，按照比例 4∶3∶5，可以计算出其长宽分别为 3.2mm 和 2.4mm。图 2.21 是常用芯片尺寸，计算结果保留一位小数。但是对角线的长度采用向上取整的方式计算，例如：对于 1/3in 的芯片，对角线长度为 16÷3≈5.3mm，采用向上取整，所以对角线长度为 6mm。

图像传感器的单个像素越大，捕捉光线的能力就越好。图像传感器面积越大，能容纳感光元件越多，捕获的光子越多，感光性能越好，从而信噪比越高，成像效果越好，图像细腻、层次丰富、色彩还原就更加真实。在相同条件下，图像传感器面积越大，越能记录更多的图像细节，而且各像素间的干扰也小，可以更加胜任弱光条件下的感光，这在特殊恶劣环境下会有很大用处。图像传感器的面积越大，其成本也就越高。因此，为了获得更好的成像效果，又不想提高太多成本，通常是在芯片尺寸不变甚至减小的前提下，尽量增加像素传感器的数量。尺寸不变，增加像素就意味着单个像素的感光面积要缩小，单个像素捕捉光线能力下降，从而会引发噪声增加、色彩还原不良、动态范围减小等问题。因此，同样是 200 万像素的工业相机，芯片尺寸是 1/2in 的比 1/3in 的成像质量更好。

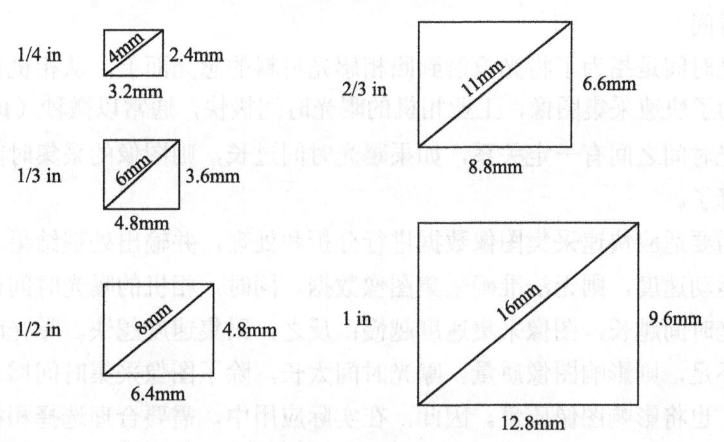

图 2.21 芯片尺寸

（2）分辨率

分辨率是指相机每次采集图像的像素点数（pixels），对于工业数字相机而言，一般是直接与传感器的像元数对应，也是相机的有效像素的数量。分辨率通常用宽×高的方式表示，如 1280×960，表示芯片水平方向有 1280 个像元，垂直方向有 960 个像元，对应采集的图像大小也是 1280×960。单个像元尺寸等于芯片大小除以分辨率的大小。假设对于 1/3in 的芯片尺寸，分辨率或有效像素为 1280×960，则可以计算其芯片长宽及单个像元的尺寸如下：

芯片对角线长度：16÷3=6（mm）(向上取整）

芯片长度方向：6×4÷5=4.8（mm）

芯片宽度方向：6×3÷5=3.6（mm）

水平方向像元尺寸：4.8÷1280=3.75（μm）

垂直方向像元尺寸：3.6÷960=3.75（μm）

单个像元尺寸通常是正方形，所以不管从水平方向还是垂直方向来计算，其结果是一样的。

分辨率的高低也说明了采集的图像像素数量，分辨率越高，得到的图像像素数量越多，越能够反映图像的细节特征。更高的分辨率带来更大的图像处理算法计算量，计算更加耗时。例如，对于 1280×960 大小的分辨率，遍历一遍图像需要约 122 万次计算，如果分辨率提高为 2448×2048，则遍历一次图像需要约 500 万次计算，提高了约三倍计算量。因此，并不是分辨率越高越好，在机器视觉中，应根据实际需求，选择能满足检测要求的最小分辨率的相机是最好的，而不是为了追求更好的图像细节而选择高分辨率的相机。

（3）帧率和行频

帧率是指相机采集传输图像的速率，对于面阵相机，一般为每秒采集的帧数，一帧就是一幅图像，单位是 fps，即每秒传输帧数（frame per second）。而对于线阵相机为每秒采集的行数，称为行频，单位是 kHz，比如 12kHz 表示线阵工业相机在 1s 内最多能采集 12000 行图像数据。相机的帧率或行频决定了相机采集图像的速度，也决定着设备的检测效率。对于在线检测而言，由于产品是运动的，需要在运动中采集图像，因此，相机的帧率必须满足产品运动的要求，通常在同样条件下选择高帧率的相机，从而为后续的图像处理以及结果输出留出足够的时间。

（4）曝光时间

相机的曝光时间是指为了将光投射到照相感光材料的感光面上，从相机快门打开到关闭的时间间隔。为了快速采集图像，工业相机的曝光时间极快，通常以微秒（μs）为单位。相机的帧率和曝光时间之间有一定关系，如果曝光时间过长，则图像的采集时间就会增加，帧率也相应地下降了。

工业相机需要适应快速采集图像数据进行分析和处理，并输出处理结果。如果相机的帧率跟不上线体运动速度，则无法准确采集图像数据。同时，相机的曝光时间也会影响相机的采集速度。曝光时间越长，图像采集速度越慢；反之，采集速度越快。曝光时间太短，图像可能出现曝光不足，则影响图像质量。曝光时间太长，除了图像采集时间增长之外，还可能出现曝光过度，也将影响图像质量。因此，在实际应用中，需要合理选择相机的帧率和设置相机的曝光时间。通常相机的帧率设置尽量大一些，而相机的曝光时间会设置为很短，曝光时间太短可能导致图像曝光不足的情况，可以通过补光来增加光线通过镜头进入摄像机的进光量，这也是为什么要在机器视觉系统中增加光源的一个重要原因。

（5）光谱响应特性

光谱响应特性是指图像传感器对不同光波的敏感特性，表示对各种单色光的响应能力。其中，响应度最大的波长称为峰值响应波长。通常把响应度等于峰值响应的50%所对应的波长范围称为光谱响应范围，一般响应范围是350～1000nm。相机的光谱响应特性与使用的材料有很大关系。

（6）信噪比

在相机的成像过程中，除了真实的信号，还会引入一系列的不确定性，如光信号本身的不确定性、材料热运动、电子学噪声等，这些将给图像带来噪声。信号与噪声的比值被定义为信噪比（Signal-to-NoiseRatio，SNR）。影响信噪比的因素有很多，如曝光时间、像素尺寸大小等。通常曝光时间越长，像素尺寸越大，信噪比越高。曝光时间延长将降低相机采集图像的速度，同样的芯片尺寸下，像素尺寸增大将降低图像的分辨率。

2.3.3 摄像机与计算机的接口

摄像机与计算机的接口主要用于将图像数据传输给计算机。常用的接口有USB接口、Camera Link接口、IEEE1394接口、GigE千兆网接口、CoaXPress接口等。

（1）USB接口

USB接口中，USB2.0接口是最早的数字接口之一，几乎所有的电脑主机都配置有USB接口，无需额外增加采集卡。USB2.0的带宽为480Mb/s，支持热插拔，使用便捷，相机可通过USB线缆供电，但USB2.0没有标准的协议，主从结构导致CPU占用率高，带宽无法得到保证。单根最长传输距离为5m，加中继可达30m，传输距离近，信号衰减比较严重。USB3.0接口是在USB2.0接口的基础上增加了两组数据总线，新增了USB Attached SCSI Protocol（USAP）协议，USB3.0的传输带宽可以到达5Gb/s，采用了全双工传输方式，支持同时双向数据传输；主机主导的异步方式的传输流量控制，使得设备在数据传输准备就绪时可以通知主机；突出的实时兼容性，高可靠性。但 USB3.0 在传输距离上并没有得到改进。

（2）Camera Link 接口

Camera Link 接口是由 AIA 协会推出的数字图像信号通信接口协议。Camera Link 接口使用 LVDS（Low-voltage differential signaling，低压差分信号）接口标准，该标准速度快、抗干扰能力强、功耗低，是在美国国家半导体制造商的接口协议 Channel Link 基础上发展而来的。Camera Link 使用 28 位 Channel Link 芯片，4 个数据流、1 个时钟信号，通过 5 组 LVDS 线对传输。传输 24 位图像数据和 4 位同步视频信号，包括：Frame Valid、Line Valid 、Data Valid、Spare。Camera Link 接口分为了 3 种结构配置，分别为 Base 接口、Medium 接口和 Full 接口。Base 接口的 Channel Link 芯片数量为 1，线缆数量为 1，数据带宽为 2.04Gb/s。Medium 接口的 Channel Link 芯片数量为 2，线缆数量为 2，数据带宽为 4.08Gb/s。Full 接口的 Channel Link 芯片数量为 3，线缆数量为 2，数据带宽为 5.44Gb/s。对于采用 Camera Link 接口的相机来说，它需要配合 Camera Link 采集卡来使用，Camera Link 采集卡一般通过 PCI-E 接口安装在控制计算机上。

（3）IEEE1394 接口

1394 接口也称为火线（FireWire）接口，是美国电气和电子工程师学会制定的一个标准工业串行接口，在工业领域应用非常广泛，其协议和编码都很不错，传输比较稳定。1394 接口的传输距离为 4.5m，单根线缆最长可达到 17.5m；加中继可达 70m，光纤传输则可达 100m。1394 接口有标准的 DCAM 协议，CPU 占用低，支持热插拔，可通过 1394 总线供电。1394 接口主要分为速率 400Mb/s 的 1394A 接口和 800Mb/s 的 1394B 接口。由于早期 1394 接口并没有得到很好的普及，所以现有 PC 机端并没有相应的接口存在，如果想要连接对应的相机时，需要配合 1394 接口的采集卡。目前 1394 接口已逐渐被市场所淘汰。

（4）GigE 千兆网接口

在带宽、线缆长度和多相机功能方面，GigE 是最具技术灵活性的接口。它可以大大简化多相机系统安装的复杂程度。GigE 相机还支持借助以太网供电（PoE）技术来通过数据线供电。由于 GigE 千兆网协议稳定，是目前比较主推的相机接口。信号可以通过网络进行长距离传输，即使是不同厂家的硬件和软件，只要符合 GigE Vision 标准，也可以实现无缝的千兆网连接。GigE 千兆网接口单根网线传输 100m 的距离，有效带宽为 800Mb/s。目前 GigE 千兆网接口逐渐成为快速连接的主流接口。目前 GigE 是工业数字相机中使用最广泛的接口技术。

（5）CoaXPress 接口

CoaXPress 是一种非对称的高速点对点串行通信数字接口标准。该标准容许相机通过单根同轴电缆连接到主机。CoaXPress（CXP）标准原本是由工业图像处理领域的多家公司共同推出的，目的是开发一种快速的数据接口，并实现对大量数据进行更长距离的传输。CXP 1.0 在 2011 年以新接口标准的身份正式发布。后来更进一步发展成为 CoaXPress2.0。采用 CoaXPress 1.0/1.1 标准的接口所支持的数据率最高可达 6.25Gb/s，而 CoaXPress 2.0 标准的传输速度比它快 2 倍，最高可达 12.5Gb/s。相比其他的接口标准，CoaXPress 2.0 的分辨率和帧速率更胜一筹。CoaXPress 标准需要依赖于插入 PC 中的相应拓展卡来进行数据传输。

2.3.4 摄像机与镜头的接口

工业摄像机需要与镜头连接才能完成图像采集。为了让摄像机适用各种应用场合，可以根据不同的需求更换不同的镜头。摄像机和镜头之间的连接需要一定的标准。常用的连接接口类型有C接口、CS接口、M接口、F接口。其接口形式可以分为螺纹接口和卡接口两种。

C接口和CS接口都是螺纹接口，它们的接口直径、螺纹间距都是一样的，只是法兰焦距不同。法兰焦距也称为像场定位距离，是指机身上镜头卡口平面与机身曝光窗平面之间的距离，即镜头卡口到感光元件之间的距离。C接口的法兰焦距是17.5mm，而CS接口是12.5mm。C接口镜头接入CS接口相机时，需要在两者之间连接一个转接环。C接口和CS接口是工业相机最常见的国际标准接口。

M接口也是螺纹接口，只是螺纹接口直径不一致。M接口对应有多种直径的螺纹接口，如M42×1、M58×0.75、M72×0.75、M90×1、M95×1等。F接口是卡口类型，该接口是尼康的接口标准，所以又称尼康口，也是工业相机中常用的类型。在镜头和摄像机选型时，需要考虑镜头与相机的接口是否匹配。

第3章 数字图像基础

机器视觉的核心是数字图像处理。图像处理即利用相关的计算方法提取图像中的特征，进而根据特征判断目标对象的状态，最后根据判断结果向控制系统发出相应的指令。要理解和应用图像处理算法，首先需要理解什么是数字图像。

3.1 数字图像的产生

光线照射被检测对象，出现反射或透射，反射或透射的光线通过镜头进入相机，在相机传感器上记录不同的光照强度，根据记录结果，将接收到的信号进行数字化，得到计算机可以处理的数字图像。

3.1.1 图像数字化

根据记录方式不同，可以将图像分为模拟图像和数字图像两类。模拟信号是直接输入系统，没有经过采样和量化的图像，模拟图像在空间分布和亮度幅值上是连续的。为了使用计算机来处理图像信息，需要将模拟信号进行数字化处理，变成计算机能够处理的信息，这就是数字图像，数字化过程一般通过采样和量化实现。

数字图像一般经过采样和量化得到。在采样和量化过程中，采样间隔的大小、量化的等级决定了数字图像所保留的信息数量。采样和量化的过程也是得到离散的数字图像的过程。正常情况下，工业相机进行数字图像量化的等级为 256 种，所以我们看到的数字图像像素值是从 0 到 255，共 256 种像素值，这也是计算机能够显示的图像像素值范围。当然，在一些特殊的应用中，也可以将图像的采样间隔和量化等级设置为别的数字。但是，如果量化等级超过了 255，即图像数字大于 255，这时候得到的图像数据计算机是不能直接显示的，只有将数据处理到 0 和 255 之间才可以显示。间隔越小，量化等级越大，图像保留的信息越丰富，但是图像处理需要的时间开销也越大。

3.1.2 数字图像的表示

数字图像是通过采样和量化后，每个像素值对应一个或多个具体的数字。由于是二维图像，这些数字按照二维矩阵的样式进行排列。因此，可以定义为一个离散二维函数 $f(x,y)$ 来表示数字图像。其中，x 和 y 表示图像的空间坐标，左上角是原点，坐标 (x,y) 对应的值 $f(x,y)$ 称为该点的像素值。x 和 y 以及 $f(x,y)$ 都是有限的、离散的数值。也可以采用矩阵的方式表示二维图像，设图像大小为 $R\times C$，其中 R 表示图像的行，C 表示图像的列。式（3-1）是图像的矩阵表示：

$$f(x,y)=\begin{bmatrix} f_{0,0} & f_{0,1} & \cdots & f_{0,C-1} \\ f_{1,0} & f_{1,1} & \cdots & f_{1,C-1} \\ \vdots & \vdots & & \vdots \\ f_{R-1,1} & f_{R-1,1} & \cdots & f_{R-1,C-1} \end{bmatrix} \tag{3-1}$$

式（3-1）中，矩阵中的每一个值表示在坐标位置 (x,y) 处的像素值。如 $f_{1,1}$ 表示坐标 $(x,y)=(1,1)$ 处的像素值为 $f_{1,1}$。因此，也可以直接用像素坐标 x-y 的方式表示一幅图像，如图 3.1 所示。如果图像的行数用 h 表示，代表图像的高度，图像的列数用 w 表示，代表图像的宽度，一幅图像的大小也可以表示为 $w\times h$。图 3.1 中，左上角表示图像的原点，每一个小黑点代表图像的像素值，x 表示图像的列坐标，y 表示图像的行坐标。例如，通常说图像大小1280×960，即表示图像的宽度 w=1280，高度 h=960，也表示图像的列 C=1280，行 R=960，有时也称为图像的分辨率。同时也说明了图像的像素数量为1280×960=1228800。

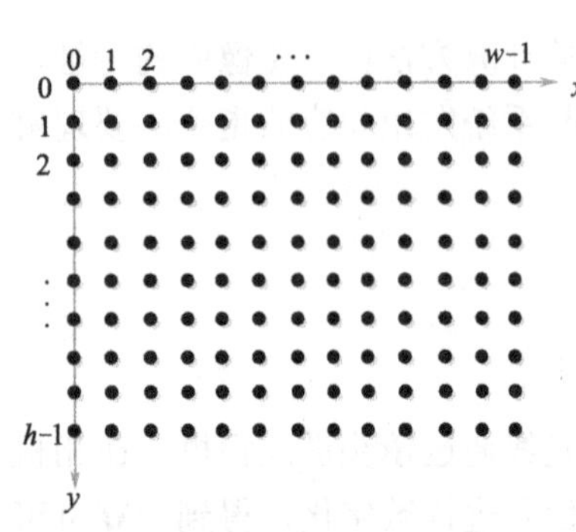

图 3.1　图像的像素表示

3.1.3　图像文件格式

数字图像格式指图像存储文件的格式。不同格式的数字图像，其压缩方式、存储容量及色彩也有所差异。同一幅图像可以用不同的格式存储，但不同格式所包含的图像信息不完全相同，图像质量和文件大小也不相同。图像文件存储格式有很多种，常见的如 BMP、JPEG、PNG、TIFF、GIF 等。尽管如此，在机器视觉中，了解图像格式更多的意义在于测试图像处理算法时可能会用到不同格式的图像，在实际视觉系统中，更多的是直接从相机中得到图像数据流并处理，而不需要将图像保存为文件再进行处理。

（1）BMP

BMP 格式是一种与硬件设备无关的图像文件格式，使用非常广。它采用位映射存储格式，除了图像深度可选以外，不采用其他任何压缩，因此文件所占用的空间很大。BMP 是 Windows 及 OS/2 中的标准图像文件格式，已成为 PC 机 Windows 系统中事实上的工业标准。在 Windows 环境中运行的图形图像软件都支持 BMP 图像格式。BMP 图像格式被机器视觉广泛使用。

（2）JPEG

JPEG 格式是面向连续色调静止图像的一种压缩标准，也是一种常见的图像文件格式，它是有损压缩格式，能够将图像压缩在很小的储存空间，占用磁盘空间少，有损压缩容易造成图像数据的损伤。如果追求高品质图像，不宜采用过高压缩比。JPEG 用有损压缩方式去除冗余的图像数据，在获得极高的压缩率的同时也能展现丰富的图像，而且具有调节图像质量的功能。JPEG 适合于互联网，可减少图像的传输时间。JPEG 格式是目前网络最为适行的图像格式。

（3）PNG

PNG 原名为“可移植性网络图像”，是网上接受的最新图像文件格式。PNG 能够提供长度比 GIF 小 30%的无损压缩图像文件。其设计目的是试图替代 GIF 和 TIFF 文件格式，同时增加一些 GIF 文件格式所不具备的特性。PNG 同时还支持真彩色和灰度级图像的 Alpha 通道透明度，支持图像亮度的 Gamma 校准信息，支持存储附加文本信息，以保留图像名称、作者、版权、创作时间、注释等信息。

（4）TIFF

TIFF 格式是由 Aldus 为 Macintosh 机开发的一种图像文件格式，最早流行于 Macintosh，现在 Windows 上主流的图像应用程序都支持该格式。目前，它是 PC 机上使用最广泛的图像格式之一，大多数扫描仪也都可以输出 TIFF 格式的图像文件。该格式的特点是存储的图像质量高，但占用的存储空间也非常大；TIFF 表现图像细微层次的信息较多，有利于原稿阶调与色彩的复制。该格式有压缩和非压缩两种形式，由于 TIFF 独特的可变结构，对 TIFF 文件解压缩非常困难。TIFF 文件常被用来存储一些色彩绚丽、构思奇妙的贴图文件。

（5）GIF

该格式由 Compuserver 公司创建，存储色彩最高只能达到 256 种，仅支持 8 位图像文件。目前几乎所有相关软件都支持它，它可以同时存储若干幅静止图像进而形成连续的动画。公共领域有大量的软件在使用 GIF 图像文件。GIF 图像文件格式已经成为网络图像传输的通用格式，速度要比传输其他图像文件格式快得多，所以经常用于动画、透明图像等。它的最大缺点是最多只能处理 256 种色彩，故不能用于存储真彩色的图像文件。

3.2 数字图像分类

数字图像中，每一个像素采用量化的具体数字进行表示，数字范围从 0～255。按照图像每个像素在计算机中存储所占的二进制位数可以分为 1 位图像、8 位图像、16 位图像、24 位图像和 32 位图像。通常 1 位图像是单色黑白图像，8 位图像是灰度图像或索引图像，其他的都是彩色图像，只是颜色的数量不同，其中 32 位与 24 位图像的颜色数量一样，多的 8 位用来表示图像的透明度信息。按照图像的强度或颜色等级分类，图像可分为彩色图像、二值图像、灰度图像和索引图像。

3.2.1 彩色图像

彩色图像有多种彩色模式，常见的如 RGB、HSI、HSV、CMY 等，这里只介绍 RGB 模式。根据光的三基色原理，光谱上的大多数颜色都可以用红、绿、蓝三种单色加权混合产生。因此，在数字图像中，彩色图像每个像素采用三个数字矩阵来表示。每个数字矩阵分别表示红、绿、蓝三种颜色，数字范围从 0～255。三种数字的不同组合表示不同的颜色。对 16 位图像而言，每个像素占 2 个字节，即 16 位二进制。16 位图像表示图像最多有 2 的 16 次方种颜色。RGB 每个颜色分量所占的位数为 5 位，有一位为空。目前 16 位的彩色图像在机器视觉中已经很少使用。24 位和 32 位彩色图像的颜色数量一样，都是 2 的 24 次方种颜色。在此以 24 位彩色图像进行说明。这种图像每个像素占 3 个字节，即 24 位二进制。每个 RGB 分量分别占 8 位，数字范围从 0～255。每幅图像用 RGB 三个数字矩阵表示，如图 3.2 所示。每个像素的颜色由三个数字组成，不同的组合即不同的颜色。

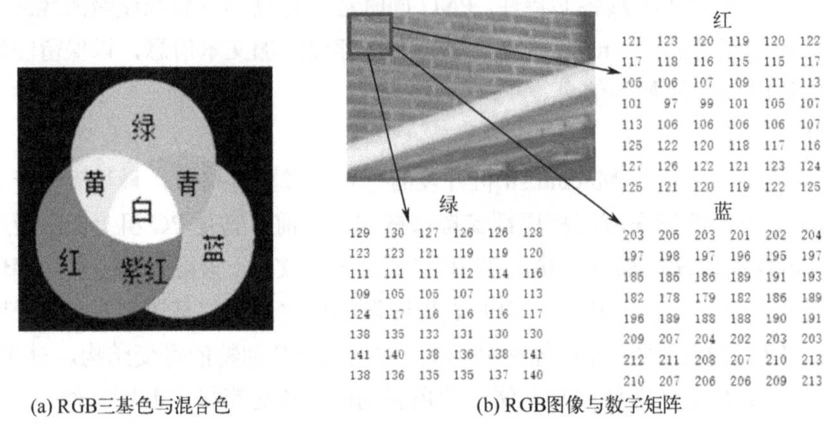

(a) RGB三基色与混合色　　(b) RGB图像与数字矩阵

图 3.2　三基色与数字矩阵

3.2.2　二值图像

二值图像中，图像的每个像素只能是黑或白，没有中间的过渡，故又称为黑白图像。二值图像的像素值为 0 或 1。二值图像中，每个像素在计算机中采用 1 位二进制进行存储。如图 3.3（a）表示的图像，如果在 Windows 系统中查看其图像属性，可以看到该图像的位深度为 1，如图 3.3（b）所示。二值图像也是单色图像，这种图像所占的计算机存储空间最小。

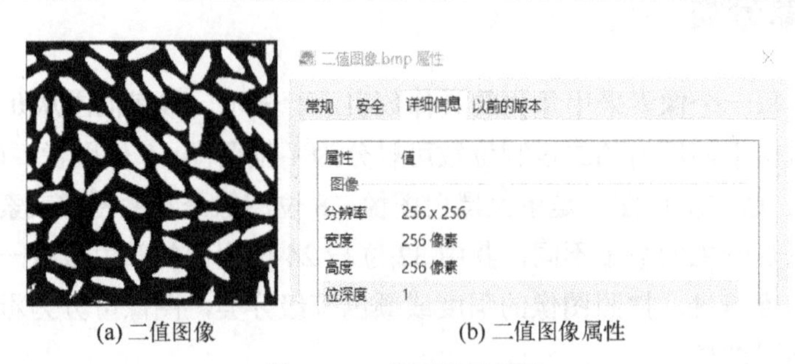

(a) 二值图像　　(b) 二值图像属性

图 3.3　二值图像及属性

3.2.3　灰度图像

灰度图像的每个像素由一个量化的灰度值来描述，它不包含彩色信息，其灰度值范围从 0～255。图像在计算机中存储的是一个二维矩阵数据，灰度图像只有亮度信息，每个像素值采用 8 位二进制（一个字节）进行存储，亮度级有 256 种，其中，0 表示黑色，255 表示白色，中间的值从小到大是从黑色到白色的过渡。图 3.4（a）显示了一个灰度值为 100 的像素的存储过程。图 3.4（b）是灰度图像在计算机中对应的存储数字示例。

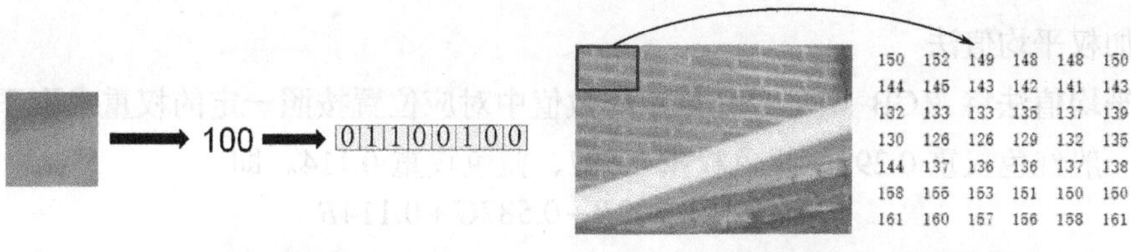

(a) 灰度图存储方式　　(b) 灰度图对应的二维矩阵数据

图 3.4 灰度图存储及对应的二维矩阵数据

在 RGB 三种颜色数字矩阵组成的图像中，如果 RGB 三个分量的值都是 0，图像颜色为黑色，如果都是 255，颜色为白色，如果三个分量的值相等，图像就是灰度图像。因此，灰度图像其实是 RGB 三个颜色分量数字的一种特殊形式。由于数字相等，所以计算机只需要存储其中一个分量的数字就可以了。因此，每个像素只需要 8 位二进制进行存储，这样可以节约图像的存储空间。

灰度图像有很多优点，因为亮度是目前最重要的区别不同对象的视觉特征，利用灰度图像的亮度信息就可以很方便找出不同对象；此外，灰度图像的数据量相对于彩色图像很少，可以加快图像处理算法的运行速度。因此，目前对于大多数机器视觉所处理的图像都是以灰度图像为主。

彩色图像可以转换成灰度图像，对于 RGB 图像，一般有三种方式将 RGB 图像转换成灰度图像：最大值法、平均值法和加权平均值法。

（1）最大值法

最大值法将 RGB 三个分量中每个分量矩阵数值中对应位置的最大值作为灰度值。即

$$\text{Gray} = \max(R, G, B) \tag{3-2}$$

式（3-2）中，Gray 为灰度图，R、G、B 为 RGB 彩色图像的三个分量。如图 3.5 所示，图 3.5 是一幅 3×3 的 RGB 彩色图像，采用最大值法进行灰度化的结果。

（2）平均值法

平均值法将 RGB 每个分量矩阵数值中对应位置的平均值作为灰度值，即式（3-3）所示。

$$\text{Gray} = (R + G + B)/3 \tag{3-3}$$

图 3.6 是与图 3.5 相同的 RGB 彩色图像，采用平均值法进行灰度化的结果。

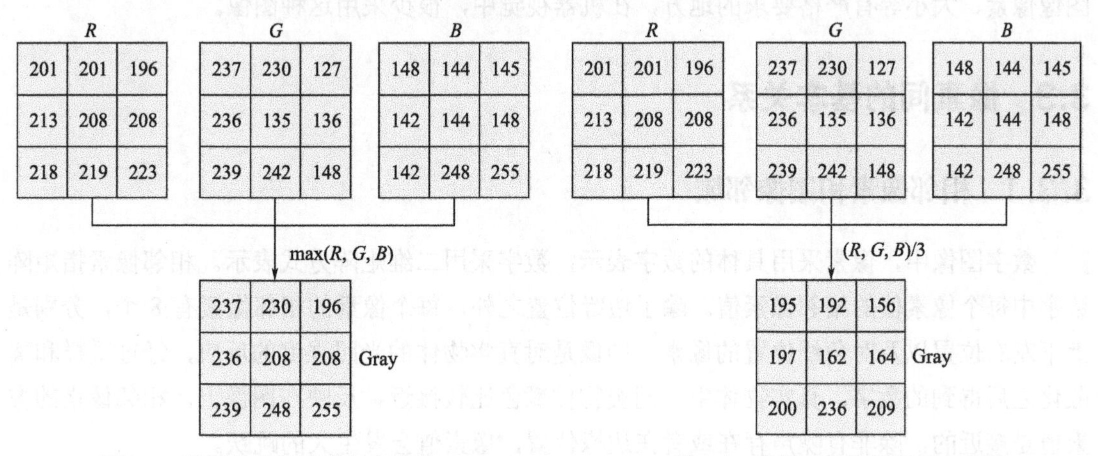

图 3.5 采用最大值法进行灰度化　　图 3.6 采用平均值法进行灰度化

（3）加权平均值法

加权平均值法将 RGB 中每个分量矩阵数值中对应位置按照一定的权重求取平均值作为灰度值，一般红色权重 0.299、绿色权重 0.587、蓝色权重 0.114。即

$$\text{Gray} = 0.299R + 0.587G + 0.114B \tag{3-4}$$

图 3.7 是与图 3.5 相同的 RGB 彩色图像，采用加权平均值法进行灰度化的结果。加权平均值法进行灰度化的结果更加符合人眼对颜色的敏感度，在实际中采用最多。

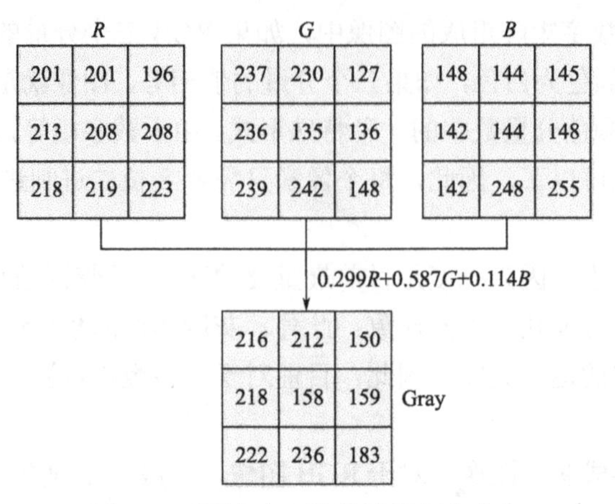

图 3.7　采用加权平均值法进行灰度化

3.2.4　索引图像

索引图像是一种把像素值直接作为 RGB 调色板下标的图像。索引图像可把像素值直接映射为调色板数值。一幅索引图包含一个数据矩阵和一个调色板矩阵。索引图像和灰度图像较类似，它也可以有 256 种颜色，但它可以是彩色的，而且最多只能有 256 种颜色。当图像转换成索引图像时，系统会自动根据图像上的颜色归纳出能代表大多数的 256 种颜色，然后用这 256 种颜色来代替整个图像上所有的颜色信息。索引图像只有一个索引彩色通道，所以它所形成的图像相对其它彩色图像要小得多。索引图像主要用于网络上的图片传输和一些对图像像素、大小等有严格要求的地方，在机器视觉中，很少采用这种图像。

3.3　像素间的基本关系

3.3.1　相邻像素和图像邻域

数字图像中，像素采用具体的数字表示，数字采用二维矩阵方式表示。相邻像素指矩阵数字中每个像素值的相邻像素值。除了边缘位置之外，每个像素的相邻像素有 8 个，分别是上下左右位置以及对角线位置的像素。图像是对真实物体的光照强度的反应，经过采样和离散化之后得到的数字，真实物体中，同类物体颜色比较接近，反映在图像上，相邻像素的像素值是接近的，除非有噪声存在或者在边缘位置，像素值会发生大的跳跃。

图像邻域与相邻像素的概念比较接近，有时候指图像中某一小块图像区域，有时候也直

接指相邻像素。比如，4 邻域是指以某个像素值为中心的上下左右四个相邻像素值，8 邻域在上下左右以及对角线上四个像素值。如果是图像中的某一小块图像区域，通常用3×3、5×5邻域等方式表示。图 3.8 展示了图像 $f(x,y)$ 的相邻像素及图像邻域表示方式。像素之间的关系通常与邻域紧密相关。

3.3.2　连通域

图像中的连通域主要针对二值图像。连通域是相互连通的一块图像区域，在二值图像中，这个区域的值都为“0”或“1”。如图 3.9 所示，图中每一块白色区域就是一个连通域。连通域通常是对图像进行一系列图像处理的结果，得到连通域之后，对后续的图像分析比较有利。可以对连通域进行分析，或者提取连通域中的某些特征，实现图像分类、识别、缺陷检测等任务。

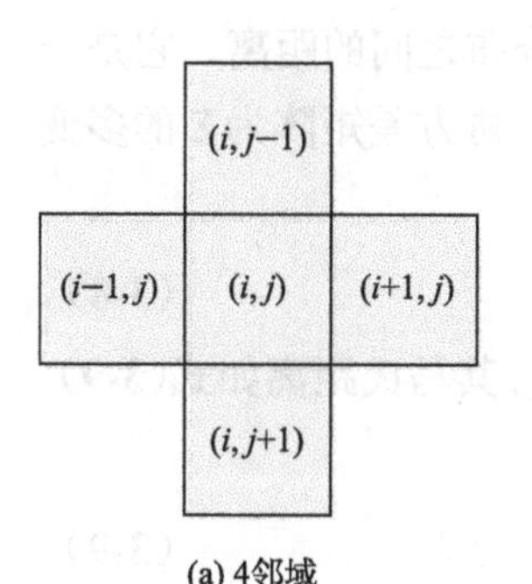

(a) 4邻域

(i−1, j−1)	(i, j−1)	(i+1, j−1)
(i−1, j)	(i, j)	(i+1, j)
(i−1, j+1)	(i, j+1)	(i+1, j+1)

(b) 8邻域

图 3.8　图像的相邻像素及邻域

图 3.9　图像中的连通域

3.3.3　图像中的距离度量方法

图像中的距离度量方法有很多，距离度量可以用于评估两幅图像的相似性。图像中的距离可以是两个像素点坐标之间的距离，也可以是两个向量之间的距离。并且，向量之间的距离应用更加广泛，比如提取图像的特征，得到特征的向量表示，通过计算向量之间的距离判断图像的相似度。最常见的如欧氏距离，此外，还有曼哈顿距离、汉明距离、切比雪夫距离、马氏距离、闵可夫斯基距离等。

（1）欧氏距离

欧式距离即欧几里得距离，是两点之间的直线距离。图像上两点的欧氏距离就是像素点的二维坐标点之间的直线距离。设图像上两点的坐标分别为 $P_1(x_1,y_1)$ 和 $P_2(x_2,y_2)$，则欧式距离的计算如式（3-5）所示。

$$D(P_1,P_2)=\sqrt{(x_1-x_2)^2+(y_1-y_2)^2} \tag{3-5}$$

（2）曼哈顿距离

曼哈顿距离也称为城市街区距离。假想在一个城市中，从一个路口走向另一个路口，街道都是直线，街道两旁都是建筑物，因此，只能沿着街道从一个路口走向另一个路口，走过的距离就称为曼哈顿距离。因此，曼哈顿距离的计算如式（3-6）所示。

$$D(P_1,P_2)=|x_1-x_2|+|y_1-y_2| \tag{3-6}$$

（3）切比雪夫距离

切比雪夫距离的定义如式（3-7）。切比雪夫距离定义是两个点坐标数值差绝对值的最大值。以数学的观点来看，切比雪夫距离是由一致范数所衍生的度量，也是超凸度量的一种。

$$D(P_1,P_2)=\max\left(|x_1-x_2|,|y_1-y_2|\right) \tag{3-7}$$

（4）汉明距离

图像像素值在计算机中是以二进制方式存储的。汉明距离是以理查德·卫斯里·汉明的名字命名的。两个等长二进制串之间的汉明距离是两个二进制串中对应位置的不同二进制的个数。换句话说，它就是将一个二进制串变换成另外一个二进制串所需要替换的二进制个数。例如 10011011 与 10010001 之间的汉明距离是 2，因为在二进制串中，对应位置不相同的数字有两个。

（5）马氏距离

马氏距离是由印度统计学家马哈拉诺比斯提出，表示点与一个分布之间的距离。它是一种有效的计算两个未知样本集的相似度的方法。对于一个均值为μ，协方差矩阵为Σ的多变量矢量x，其马氏距离定义如式（3-8）所示。

$$D(x)=\sqrt{(x-\mu)^{\mathrm{T}}\Sigma^{-1}(x-\mu)} \tag{3-8}$$

如果是两个服从同一分布并且协方差矩阵为Σ的随机变量x与y，其马氏距离如式(3-9)所示。

$$D(x,y)=\sqrt{(x-y)^{\mathrm{T}}\Sigma^{-1}(x-y)} \tag{3-9}$$

（6）闵可夫斯基距离

闵可夫斯基距离是衡量数值点之间距离的一种非常常见的方法，设两个点数值$P_1(x_1,x_2,\cdots,x_n)$和$P_2(y_1,y_2,\cdots,y_n)$，闵可夫斯基距离定义为式（3-10）所示。

$$D(P_1,P_2)=\left(\sum_{i=1}^{n}|x_i-y_i|^p\right)^{1/p} \tag{3-10}$$

从式（3-10）可以看出，当p等于 2 时，就是欧氏距离，当p等于 1 时，就是曼哈顿距离。

3.4 数字图像基本性质

（1）图像的通道数

图像通道数是指每个像素用几个数字来表示。灰度图像每个像素点只需要一个数字表示，因此是单通道图像。当然，灰度图像每个像素点也可以采用三个数字表示，只是这三个数字是相等的，称为三通道灰度图像，一般不采用三通道来表示灰度图像。如果不考虑透明度，彩色图像由三个数字矩阵构成，也就是说，每个像素点由三个数字组成，因此是三通道图像。如果加上透明度，则是四通道图像。

（2）图像位深

图像位深也称为图像深度。位深是指图像中每个像素所占的二进制位的数量。单通道灰度图像每个像素占 8 位二进制串，因此位深为 8；三通道图像中，每个通道的每个像素占 8 位，共 24 位，因此位深是 24 位。位深等于图像通道数与每个像素所占位数的乘积。

（3）图像分辨率

图像分辨率有几种表示方式，其中一种图像分辨率是指每英寸上的像素点数量，单位是 PPI（Pixels Per Inch），这种主要是针对平面设计采用的分辨率；另一种是指图像的像素数量，通常采用水平和垂直方向的像素数量表示分辨率，例如1280×960，表示图像的分辨率为水平方向 1280 个像素，垂直方向 960 个像素，这也是图像传感器的像元数。如果图像的像素数量不发生变化，即使 PPI 发生了变化，也只是影响图像打印出来的效果，而对于计算机处理的像素并没有改变。数字图像处理通常不关心打印效果，因此，常采用图像的大小来表示分辨率，如1280×960形式。如果没有特别说明，本书以后都采用这种表示方式。

（4）图像的数据类型

图像的数据类型是指像素值采用哪种数据格式表示，可以采用 byte、int、float、double 等表示。每种数据类型占用的数据位有区别，也表示图像表示的数据精度不同。数字图像是用数字矩阵表示的，因此，可以采用任何表示矩阵的数据类型来表示图像数据。计算机显示图像时，其数值范围只能是 0 到 255 之间，即 8 位无符号整数类型。如果图像经过数据处理之后，像素值范围不在 0 到 255 之间，需要归一化到此区间才可以显示为图像，但是显示结果并不影响图像处理结果。

3.5 图像的基本特征

3.5.1 直方图

图像直方图用于统计图像中每个像素值出现的频率。直方图统计的是每个通道上每个像素值出现的频率，因此，三通道将出现三个直方图。以灰度图像为例，灰度图的像素值为 0～255，直方图即每个灰度级像素值出现的频率。直方图有绝对直方图和相对直方图两种，绝对直方图统计每个灰度级在图像中的像素数量，相对直方图统计每个灰度级的像素数量占图像总像素数量的百分比。图 3.10（b）即为图 3.10（a）图像的绝对直方图。直方图在二维坐标系中进行绘制，其中，横坐标表示图像的灰度级，纵坐标表示每种灰度级出现的频率。

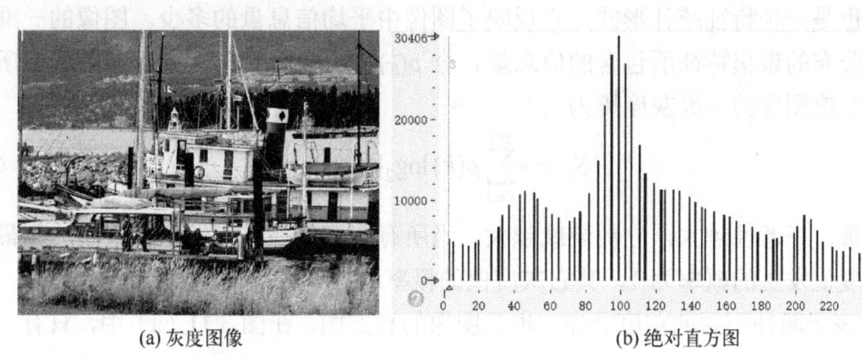

(a) 灰度图像　　(b) 绝对直方图

图 3.10　图像直方图

设图像中的总像素数量为n，像素值为k的数量为n_k，对图像中的任意一个通道，k的取值范围是[0,255]。因此，绝对直方图可以表示为包含256个元素的向量：

$$H_a = [n_0, n_1, n_2, \cdots, n_{255}] \tag{3-11}$$

如果采用相对直方图表示，每个像素值的数量表示出现的概率：

$$p_k = \frac{n_k}{n} \tag{3-12}$$

同样，相对直方图也是一个包含256个元素的向量，如式（3-13）所示，并且满足式（3-14）的关系。

$$H_r = [p_0, p_1, p_2, \cdots, p_{255}] \tag{3-13}$$

$$\sum_{k=1}^{255} p_k = 1 \tag{3-14}$$

直方图具有以下性质：

① 直方图只包含图像各灰度值像素出现的概率，而无位置信息。

② 图像与直方图之间是多对一的映射关系。

③ 图像各子区域的直方图之和就等于该图像全图的直方图。

直方图是图像中的一种统计信息，可以作为一种特征用来表示原始图像，从而利用直方图特征实现图像分类。例如，对于人脸识别，可以将每张人脸图像表示为一个直方图，即一个包含256个元素的向量。通过计算两个向量之间的距离来判断是否是同一张人脸图像。但是，一幅图像对应唯一的直方图，而同一个直方图可能对应不同的图像。因此，采用这种方式进行识别的准确率往往很低，通常需要再辅以其它处理方法才能够提高准确率。此外，直方图也可以作为图像分割的依据，比如，对于某些二值化阈值分割算法，通过判断直方图中波峰波谷的位置，来计算自动分割阈值。

3.5.2 图像的熵

熵是热力学中表征物质状态的参量之一，一般用符号S表示，其物理意义是体现混乱程度的度量。它在控制论、概率论、数论、天体物理、生命科学等领域都有重要应用，在不同的学科中也有引申出更为具体的定义，是各领域十分重要的参量。克劳德·艾尔伍德·香农（Claude Elwood Shannon）第一次将熵的概念引入信息论中来。

图像熵也是一种特征统计形式，它反映了图像中平均信息量的多少。图像的一维熵表示图像中灰度分布的聚集特征所包含的信息量。令$p(k)$表示图像中灰度值为k的像素所占的比例，则定义灰度图像的一维灰度熵为

$$S_E = -\sum_{k=0}^{255} p(k)\log_2[p(k)] \tag{3-15}$$

一个变量，任意性越大，它的熵就越大。当所有灰度值等概率发生时，熵达到最大值；而当一个灰度值发生的概率为1，其它灰度值的概率均为0时，熵达到最小值0。

图3.11表示两种不同的灰度分布，也是图像的直方图。在图3.11（a）中，只有一种灰度级，在图3.11（b）中，表示各种灰度级的分布是均等的。根据式（3-15）可以计算得出，图

3.11（a）中的熵等于0，而图3.11（b）中的熵达到最大值。因此图像灰度熵大小也表示图像像素点灰度分布的离散程度。

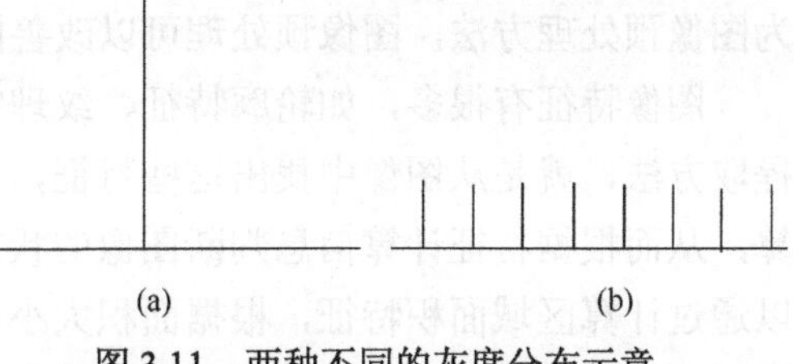

图3.11 两种不同的灰度分布示意

图像的熵反映了图像包含的信息量，当图像只包含一个灰度值，此时熵最小且为0。也说明图像不包含任何目标，信息量为0，类似于一张空白图。当图像包含多个灰度值时，并且每个灰度值的数量均等，此时熵最大，图像的信息量最大。图像的熵越大，包含的像素灰度越丰富，灰度分布越均匀，图像目标越多，图像信息量越大，反之则反。

图像的一维熵不能反映图像灰度分布的空间特征。为了表征图像的空间特征，可以在一维熵的基础上，进一步引入能够反映灰度分布空间特征的特征量来组成图像的二维熵。

3.5.3 其他统计特征

除了上面的直方图以及熵信息之外，图像中还有很多其他统计信息，图像数据可以看作是一个二维矩阵。因此，所有与矩阵相关的特征以及计算方法都适用于图像处理。常用的图像统计特征有均值、方差、能量、倾斜度、自相关、协方差、惯性矩等。可以通过图像中的统计特征信息，实现对图像的另一种表达方式，如上面提到的用直方图向量表示原始图像，利用新的表达方式实现对图像的分类、缺陷检测等任务。

3.6 图像处理方法

相对于人眼的分辨率，工业相机的分辨率非常低。而且，人类从小开始，眼睛和大脑接收与处理的图像信息非常庞大。人类接收的信息约70%通过视觉接收，在此过程中，人类通过学习，已经具备了识别各种类型的图像信息的能力。因此，在人眼看来可能很简单的图像，对计算机而言，要提取图像特征信息可能非常困难，如字符识别，由于每种字符都有不同的特点，同一种字符又有不同的书写形式，每个人书写的同一个字符还有不同的形状，而图像中接收到的信息只有二维矩阵数据。因此，需要通过各种图像处理方法，让计算机能够识别各种图像信息，这个过程是非常复杂的。

在机器视觉中，图像处理的最终目的是提取图像中的感兴趣的特征，从而为下一步的判断做出决定。在提取图像感兴趣的特征之前，需要对图像进行一系列的处理。因为，从摄像机采集得到的图像，总是与理想的图像有一定的差别，如灰度分布不均、光照不均、存在噪声等。此外，图像特征在很多时候也不是很明显，需要通过一定的图像处理方法凸显特征，比如边缘检测、形态学处理、轮廓处理等。

图像处理方法有很多，到目前为止，还在继续开发新的图像处理算法。总的来说，可以将这些方法分为两种，一种是图像预处理方法，另一种是图像特征提取方法。

图像预处理方法是为特征提取服务的，预处理的目的是更方便且稳定地提取图像中的特征。图像增强、平滑滤波、数学形态学处理、图像分割、几何变换、模板匹配等，都可以归为图像预处理方法，图像预处理可以改善图像质量，为图像特征提取做准备。

图像特征有很多，如轮廓特征、纹理特征、梯度特征、点特征、几何特征等。采用特征提取方法，就是从图像中找出这些特征，并将特征用数学的方式表达出来，然后进行特征计算，从而根据特征计算信息判断图像的状态。例如缺陷检测，首先提取出缺陷区域，然后可以通过计算区域面积特征，根据面积大小判断是否为缺陷。划痕检测中，在提取了划痕区域后，通过计算划痕长度来判断产品是否合格。

需要明确的是，每一种图像都有其特殊性，都需要根据实际图像来选择相应的方法，即使同一类产品，如果在不同的产线上，由于光照条件不一样，得到的图像质量也不一样，也有可能需要采用不同的处理方法。也就是说，没有哪一个图像处理算法，或者哪一类算法，能够适应所有场景，都需要针对具体的现场应用场景来设计对应的处理算法。

第4章　HALCON入门

HALCON是德国MVTec公司开发的一套视觉图像处理软件。HALCON并不是一个完善的机器视觉系统，它是由视觉图像算法组成的函数库，在HALCON中设计图像处理算法之后，需要借助其他开发语言，如C#、QT、C++等，搭建视觉处理系统，完成一套完整的视觉系统开发任务。HALCON提供了大量的例程供初学者学习使用。这些例程包括了几乎所有机器视觉的应用范围与领域。

4.1　认识HALCON

4.1.1　HALCON界面

HALCON提供了交互式编程界面HDevelop。安装完HALCON之后，单击图标运行HALCON软件，出现HDevelop界面。界面上各个组成部分如图4.1所示，整个HDevelop界

图4.1　HALCON运行界面

面主要由菜单栏、工具栏、图形窗口、变量窗口、算子窗口、程序窗口以及信息栏组成。其中，菜单栏提供了HDevelop所有的功能命令；工具栏包括常用的快捷命令；图形窗口用于显示程序运行过程中的图像；变量窗口分为两部分，上面部分为程序运行中的图像变量，下面部分为控制变量；算子窗口用于输入算子及相关的算子参数；程序窗口用于输入程序代码，其中，程序代码用户可以手动输入，也可以通过算子窗口生成；最下面是信息栏，包含如算子运行时间、鼠标在图形窗口上时对应的图像像素值等。

4.1.2 菜单栏

菜单栏如图4.2所示。菜单栏中包括了HDevelop所有的功能命令。

文件(F)　编辑(E)　执行(x)　可视化(V)　函数(P)　算子(O)　建议(S)　助手(A)　窗口(W)　帮助(H)

图4.2　HDevelop菜单栏

①“文件”菜单提供了新建程序、打开程序、浏览例程、保存程序以及程序导出等功能。

②“编辑”菜单提供了程序编辑功能，包括复制、粘贴、删除、参数选择的功能。其中，参数选择包括了用户接口、函数、与程序相关的输入设置、可视化设置及运行时设置等功能。

③“执行”菜单用于执行程序中的一些设置，包括单步执行、运行、断点设置等常用程序执行功能。

④“可视化”菜单主要用于图形窗口的可视化显示设置。包括窗体大小、图形尺寸、颜色、线宽、填充方式等。

⑤“函数”菜单可以用于创建自定义的函数及函数管理等。

⑥“算子”菜单包括了HALCON中所有的图像处理算子，同时，也包括了与程序流程控制、窗体显示设置相关的所有算子。“算子”菜单也是HALCON最核心的功能所在，熟练掌握该菜单下的各种算子的使用和功能，是应用HALCON进行机器视觉系统开发的基础。

⑦“建议”菜单可以针对用户上一次的输入算子自动建议下一次应该调用哪一个算子，但是该建议并不是必需的，只是作为输入参考使用。

⑧“助手”菜单包括了图像获取、标定、匹配等功能助手，通过该助手，可以快速实现对应的功能。例如，通过图像获取助手，可以快速设置直接从相机获取图像以及相机相关参数的设置，然后直接生成对应的代码。

⑨“窗口”菜单主要用于管理界面上的子窗口。包括窗口的打开以及窗口排列布局等功能。

⑩“帮助”菜单提供了完整的帮助文档，用户可以通过帮助文档对具体的算子使用方法进行查询。

4.1.3 工具栏

工具栏提供了常用命令的快捷访问方式。工具栏如图4.3所示。

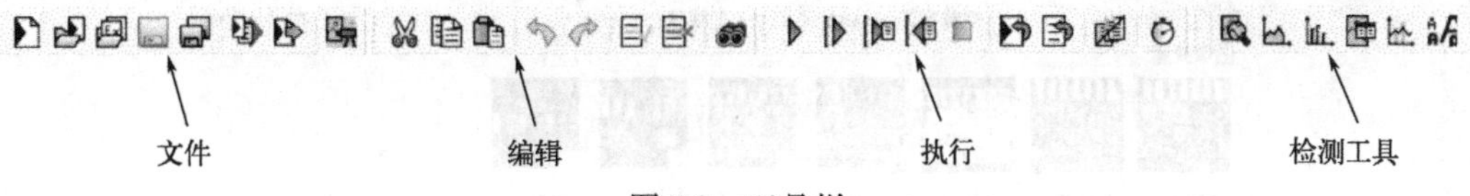

图 4.3 工具栏

工具栏提供了四个子工具栏，分别是文件、编辑、执行以及检测工具。其中每个子工具栏包括采用菜单中的主要功能命令。可以用鼠标拖动每个子工具栏进行移动并重新布局，也可以将鼠标放在工具栏上单击鼠标右键关闭或打开每个子工具栏。

4.1.4 子窗口

在 HDevelop 主界面上，有四个活动的子窗口，分别是图形窗口、变量窗口、算子窗口和程序窗口，这四个子窗口构成了 HDevelop 主界面的主要操作和观察窗口。

（1）图形窗口

图形窗口如图 4.4 所示。图形窗口用于图像的显示。图形窗口的最上面有唯一的窗口句柄号，代表唯一的图形窗口，然后是一排操作按钮，可以设置图像的放大、缩小、平移等显示方式，还可以直接在图像上绘制 ROI 区域。可以通过鼠标滚轮对图像进行放大、缩小操作。鼠标放在图像上并单击鼠标右键，出现与图像操作相关的右键菜单。

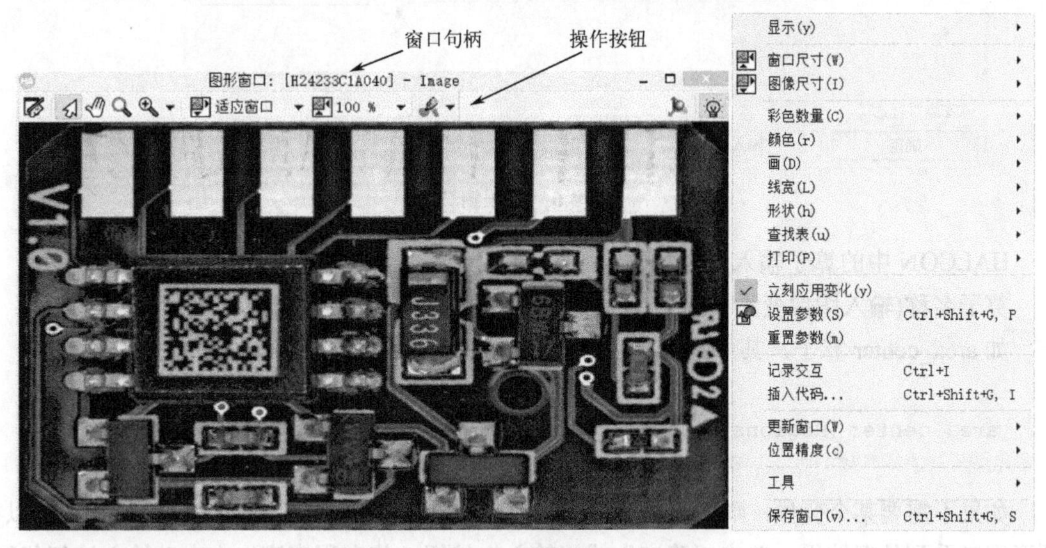

图 4.4 图形窗口

（2）变量窗口

变量窗口如图 4.5 所示，变量窗口分为两部分，上面是与图像有关的变量，下面是与控制有关的变量。用鼠标双击图像变量，将在图形窗口上显示对应的图像；双击控制变量窗口对应的变量行，会弹出针对该变量的监视对话框。

（3）算子窗口

算子窗口如图 4.6 所示。在算子窗口中可以输入算子名称，单击回车键之后弹出该算子需要输入的和输出的变量名。

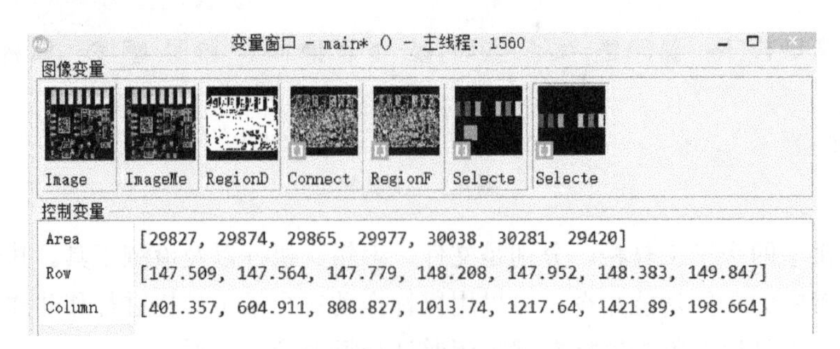

图 4.5　变量窗口

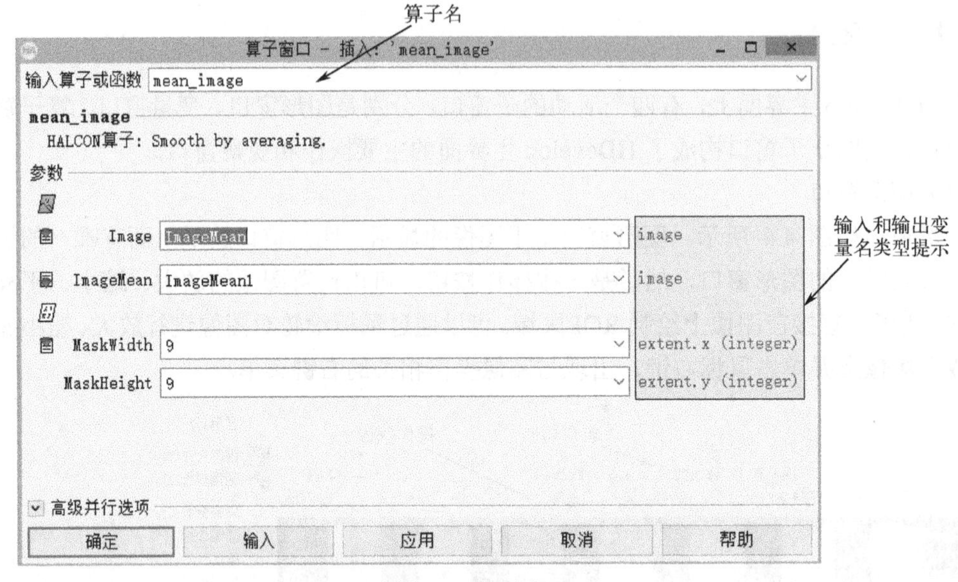

图 4.6　算子窗口

HALCON 中的算子输入形式如下：

算子名称(输入图像变量：输出图像变量：输入控制变量：输出控制变量)。

如 area_center 算子，其形式为：

```
area_center (Regions:::Area, Row, Column)
```

如果不需要某个变量，则在两个冒号之间为空。单击算子窗口中的“应用”按钮，可以在图形窗口看到处理结果，单击“确定”或“输入”按钮，将在程序窗口中自动输入该行代码。

（4）程序窗口

程序窗口如图 4.7 所示。程序窗口中的代码可以通过算子窗口生成，也可以直接在程序窗口手动输入。在程序窗口中，绿色的箭头指示输入程序的位置。可以在程序中设置断点，程序在执行到断点的时候会自动停止，单击“运行”按钮后，继续从断点开始执行。

程序窗口中的每个程序都有一个函数名。可以通过菜单命令“函数”创建新函数，将新函数插入到当前程序中。在 HDevelop 中，函数有几种类型。可以通过菜单“编辑”→“参数选择”弹出对话框，在对话框中选择左边的“用户接口”，然后选择右边的“程序窗口”，在出现 HALCON 代码中对每种算子、函数或控制语句的颜色设置，从而在程序窗口中根据颜色就可以知道是什么类型的代码。如图 4.8 所示。

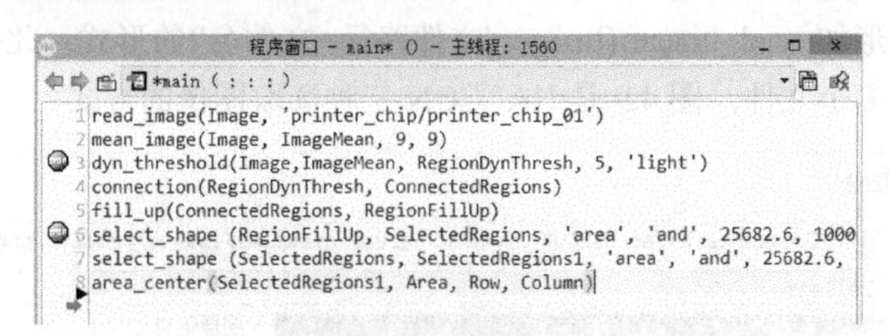

图 4.7 程序窗口

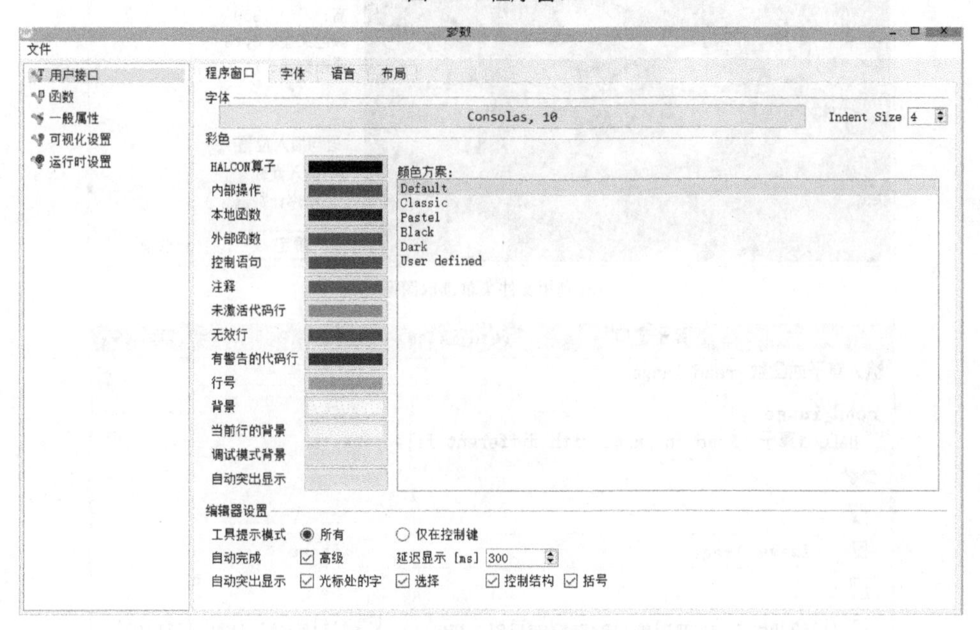

图 4.8 程序窗口中的代码颜色设置

4.2 HALCON 编程入门

在 HALCON 中进行编程，可以直接通过编写代码的方式实现，也可以通过 HALCON 软件提供的算子窗口自动生成。要使用 HALCON 软件编程，首先需要了解 HALCON 中的数据类型以及程序控制语句。HALCON 的数据类型可以分为两类，一类是与图像有关的数据类型，包括 Image、Region、XLD；另一类称为控制变量，包括 Tuple 元组、Handle 句柄及常规的字符串类型和数值类型。熟悉数据类型之后，结合程序控制语句，即可设计出完整的视觉图像处理流程和算法。

4.2.1 图像相关变量

（1）Image

Image 是 HALCON 中用于表示图像的数据类型。Image 对应各种格式的图像，如 BMP、JPG、PNG、TIFF 等，也可以直接从相机获取图像数据。如果从文件中打开图像，有三种方式。第一种，选择“文件”菜单的“读取图像”菜单；第二种，在程序窗口输入算子 read_image

读取图像；第三种，利用图像获取助手打开图像。不管采用哪种方式，最后都是在程序窗口中生成一行代码，形如 read_image (Image, '文件路径+文件名')的形式。此外，还可以通过文件助手一次性打开多个文件。图 4.9 是 HALCON 三种读取图像的方式。

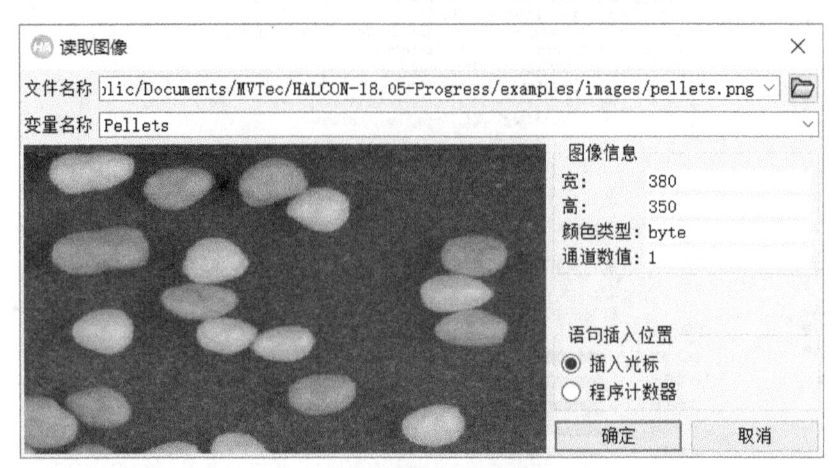

(a) 利用文件菜单读取图像

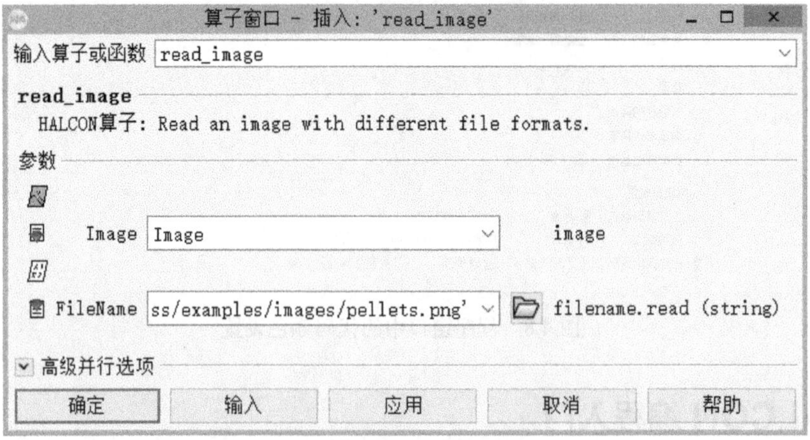

(b) 利用算子窗口读取图像

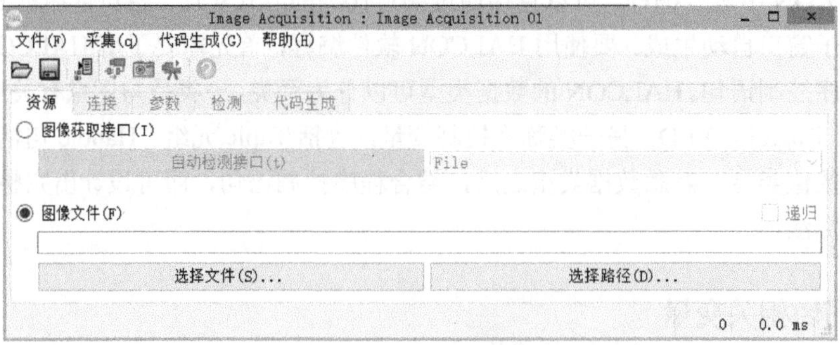

(c) 利用图像获取助手读取图像

图 4.9　HALCON 读取图像方式

Image 是 HALCON 中最基本的数据类型，所有的图像处理操作都依赖于 Image 数据。除了通过读取图像得到 Image 数据之外，所有图像处理算子的处理结果也可能是 Image 数据类型。注意，在使用图像获取助手读取图像时，需要点击代码生成页面的“插入代码”按钮，才会在程序窗口生成读取图像的代码。

（2）Region

一幅图像中包含某个检测对象的部分往往只占整幅图像的一部分。如果将整幅图像用于计算，除了比较耗时之外，一个更重要的原因是，其它部分可能会干扰检测结果。因此，常用的方法是先提取图像中需要检测的某个区域，这个区域称为感兴趣区域。如果能够提取感兴趣的部分，在简化计算时间的同时，图像特征提取与特征计算将更加稳健。在 HALCON 中，用 Region 来表示图像中的某个区域。Region 可以通过交互式绘制得到，也可以通过图像处理算法自动生成。如二值化算法、区域分割算法等。图像生成 Region 之后，可以只对 Region 部分包含的图像数据进行处理。在 HALCON 中，采用类似于游程编码的方式来表示 Region。

Region 是一个几何形状，如点、直线、矩形、圆、椭圆及任意形状等，而且，绘制的 Region 几何形状的边界可以超越图像边界，但是生成Region之后超过图像边界部分自动忽略。Region 之间可以进行交集、并集、补集等操作，每个 Region 区域是用户自定义的或算法自动生成的图像中的连通域。每个 Region 代表一幅图像中的某块子图像。

Region 附带多种图像特征信息，可以通过统计每个 Region 特征信息实现对不同 Region 的区分。在缺陷检测、图像识别等应用中，通过对 Region 的特征进行区分，可以将感兴趣的 Region 提取出来。在 HALCON 中，可以通过特征检测查看 Region 的特征。Region 对应的特征类型如图 4.10 所示。在 HALCON 中，将 Region 的特征分为三类：基本特征、形状特征和矩特征。利用这些特征信息可以快速过滤掉无用信息，从而准确提取感兴趣区域。

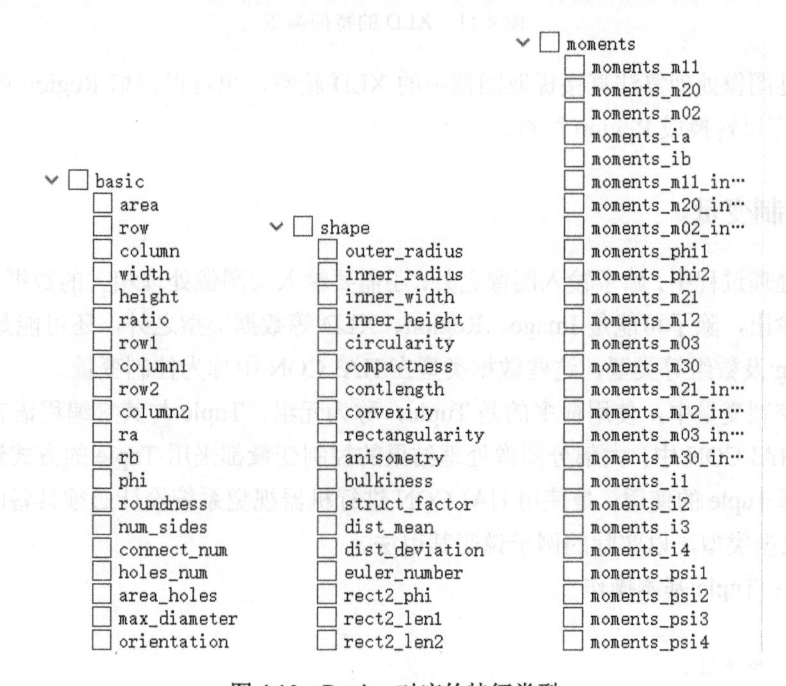

图 4.10 Region 对应的特征类型

Region 本身并不是一幅独立的图像，通过查看 Region 的大小，可以发现 Region 的大小与原图像一样。但是，可以对 Region 进行操作生成一幅独立的图像。

（3）XLD

可以将 XLD 理解为图像中某个区域的轮廓。在图像处理中，轮廓特征是一个重要特征，轮廓是不同目标对象之间的边界，通过对轮廓不同特征的统计，可以区分图像中不同的区域。在 HALCON 中，XLD 代表亚像素精度的轮廓，亚像素精度是指相邻两像素之间的细分情况，通常为$\frac{1}{2}$、$\frac{1}{3}$或$\frac{1}{4}$，这意味着每个像素将被分为更小的单元，从而对这些更小的单元实施插值算法。因此，XLD 代表的不是图像中每个像素点，而是亚像素精度的点集。采用亚像素精度这种表示方式提高了轮廓表达的精度。

与 Region 类似，XLD 也附带了多种特征，可以利用这些特征信息实现对图像中不同区域的分割。XLD 的特征分为四类：基本特征、形状特征、点特征和矩特征。如图 4.11 所示。

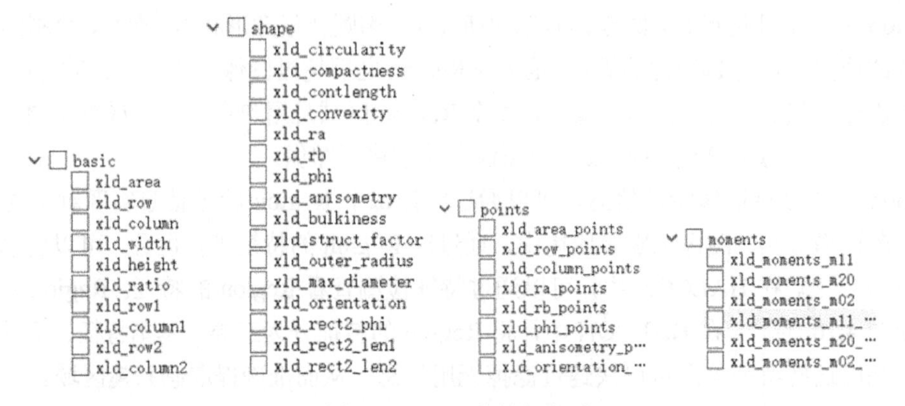

图 4.11　XLD 的特征类型

可以通过图像处理算法直接提取图像中的 XLD 轮廓，也可以提取 Region 的 XLD 轮廓，XLD 轮廓也可以转换成 Region 区域。

4.2.2　控制变量

在图像处理过程中，除了输入图像之外，还需要输入与图像处理相关的数据参数，同时，处理结果的输出，除了可能是 Image、Region、XLD 等数据类型之外，还可能是 int、float、double、string 及数组等类型，这些数据类型在 HALCON 中称为控制变量。

在这些控制变量中，使用最多的是 Tuple，称为元组，Tuple 与其它编程语言中的数组是类似的。在 HALCON 中，大部分图像处理结果的控制变量都采用 Tuple 的方式进行存储。因此，熟练掌握 Tuple 的使用，是使用 HALCON 进行机器视觉系统设计必须具备的能力。下面针对 Tuple 数据类型，以实际的例子说明其用法。

实例 4-1：Tuple 基本操作

```
*定义一个空元组
Tuple1 :=[]
* 对 Tuple 元组进行赋值
Tuple1 := [1,2,3,4,5,6,7,8,9]
*给 Tuple 元组指定元素赋值
```

```
Tuple1[1] := 0
* 批量改变元组元素的值
Tuple1[1,3,5] := 'hello'
* 批量给 Tuple 元组赋值,其值为 0 到 100 连续数值
Tuple2 := [0:100]
* 批量给 Tuple 元组赋值,其值为 1 到 100 连续数值,步长为 2
Tuple3 := [1: 2: 100]
* 批量给 Tuple 元组赋值,其值为 100 到-100 连续数值,步长为-10
Tuple4 := [100: -10: -100]
* 对两个 Tuple 元组进行合并操作
TupleInt1 := [1,2,3,4,5]
TupleInt2 := [6,7,8,9,10]
tuple_union (TupleInt1, TupleInt2, UnionInt)
* 对两个 Tuple 元组进行交集操作
TupleInt3 := [1,2,3,4,5]
TupleInt4 := [3,4,5,6,7]
tuple_intersection (TupleInt3, TupleInt4, IntersectionInt)
* 对 Tuple 元组元素进行替换
OriginalTuple := [0,1,2,3,4,5]
tuple_replace (OriginalTuple, [0, 1], ['x', 'y'], Replaced)
* 向 Tuple 元组插入数值
OriginalTuple := [0,1,2,3,4,5]
tuple_insert (OriginalTuple, 3, 'x', InsertSingleValueA)
```

在 HALCON 中，用“*”开始的行表示注释行，图 4.12 是对元组操作的结果。

控制变量

Tuple1	[1, 'hello', 3, 'hello', 5, 'hello', 7, 8, 9]
Tuple2	[0, 1, 2, 3, 4, 5, 6, 7, 8, 9, 10, 11, 12, 13, 14, 15, 16, 17, …
Tuple3	[1, 3, 5, 7, 9, 11, 13, 15, 17, 19, 21, 23, 25, 27, 29, 31, 33,…
Tuple4	[100, 90, 80, 70, 60, 50, 40, 30, 20, 10, 0, -10, -20, -30, -40…
TupleInt1	[1, 2, 3, 4, 5]
TupleInt2	[6, 7, 8, 9, 10]
UnionInt	[1, 2, 3, 4, 5, 6, 7, 8, 9, 10]
TupleInt3	[1, 2, 3, 4, 5]
TupleInt4	[3, 4, 5, 6, 7]
IntersectionInt	[3, 4, 5]
OriginalTuple	[0, 1, 2, 3, 4, 5]
Replaced	['x', 'y', 2, 3, 4, 5]
InsertSingleValueA	[0, 1, 2, 'x', 3, 4, 5]

图 4.12 Tuple 对元组操作结果

除了基本操作之外，可以对 Tuple 元组进行加减乘除、取相反数、取绝对值、取整、取余数、乘方、取最大值、最小值等数学运算。

实例 4-2：Tuple 的数学运算

```
* 元组加、减、乘、除
tuple_add  ([1, 2, 3, '1.2'], [4, 5, 6.0, 2.3], Sum1)
tuple_add  ([1,2], 5, Sum2)
tuple_sub  ([5, 4], 2, Diff)
tuple_mult (2, 3, Prod)
```

```
tuple_div (7, 3, Quot)
* 取相反数
tuple_neg  (-5,Neg)
* 取绝对值
tuple_abs  (-5.1, Abs)
tuple_fabs (-5.2, Abs)
* 取整
tuple_ceil (3.3, Ceil)
tuple_floor (1.59, Floor)
* 取余数
tuple_mod  (7, 3, Mod)
* 取整数
tuple_fmod (5.5, 6.1, Fmod)
* 取两个元组对应元素的最大值、最小值
tuple_max2 ([5,6,'13'], [3,2,'15'], Max)
tuple_min2 ([5,6,'13'], [3,2,'15'], Min)
* 返回第一个元素到每个索引的累加和
tuple_cumul ([1, 2, 3, 4], Cumul)
* 乘方、均方根
tuple_pow (2, 3, Pow)
tuple_sqrt (9, Sqrt)
* 符号函数
tuple_sgn (4, Sgn)
```

图 4.13 是数学运算的结果。

控制变量

Sum1	[5, 7, 9.0, '1.22.3']
Sum2	[6, 7]
Diff	[3, 2]
Prod	6
Quot	2
Neg	5
Abs	5.2
Ceil	4.0
Floor	1.0
Mod	1
Fmod	5.5
Max	[5, 6, '15']
Min	[3, 2, '13']
Cumul	[1, 3, 6, 10]
Pow	8.0
Sqrt	3.0
Sgn	1

图 4.13　Tuple 数学运算结果

Tuple 还可以进行字符串操作，字符串操作可以将数字按照指定格式转换成字符串，可以按照一定格式指定字符串的长度，还可以合并字符串等。

实例 4-3：Tuple 字符串操作

```
* 数值格式化成字符串
tuple_string (-2, 'd', String1)
```

```
tuple_string (2, '-10.2f', String2)
tuple_string (2, '.7f', String3)
* 字符串格式化，长度10，不足部分前面为空
tuple_string ('hello', '10s', String4)
*得到字符串长度
tuple_length (String4, Length)
* 字符串格式化，长度10，不足部分前后面补空
tuple_string ('world', '-10s', String5)
*合并字符串
tuple_union (String4, String5, Union)
*字符串格式化，长度10，取前面三个字符，不足部分后面为空
tuple_string ('hello', '-10.3s', String6)
```

图4.14是对字符串操作的结果。

控制变量

String1	'-2'
String2	'2.00 '
String3	'2.0000000'
String4	' hello'
Length	1
String5	'world '
Union	[' hello', 'world ']
String6	'hel '

图4.14 对Tuple字符串操作结果

Tuple也可以实现三角函数的运算，下面是Tuple进行三角函数运算的示例。

实例4-4：Tuple的三角函数运算

```
* 角度和弧度相互转换
tuple_rad (30, Rad)
tuple_deg (Rad, Deg)
*正弦、余弦、正切
tuple_sin (rad(30), Sin)
tuple_cos (rad(30), Cos)
tuple_tan (rad(45), Tan)
*反正弦、反余弦、反正切
tuple_asin (0.5, ASin)
tuple_acos (0.5, ACos)
tuple_atan (1, ATan)
* 先计算Y/X的值，然后计算反正切
tuple_atan2 ([1,2],[3,4], ATan)
* 双曲正弦、双曲余弦、双曲正切
tuple_sinh (rad(30), Sinh)
tuple_cosh (rad(30), Cosh)
tuple_tanh (rad(30), Tanh)
```

图4.15是运算结果。

以上只是部分Tuple数据类型操作示例，控制变量更多是对图像处理结果的表示。比如，

得到图像中某些区域之后，可以计算每个区域的面积，计算结果就用控制变量来表示，通过对控制变量的阈值设置，可以过滤掉不必要的区域，得到感兴趣的区域。

控制变量

Rad	0.523599
Deg	30.0
Sin	0.5
Cos	0.866025
Tan	1.0
ASin	0.523599
ACos	1.0472
ATan	[0.321751, 0.463648]
Sinh	0.547853
Cosh	1.14024
Tanh	0.480473

图 4.15　Tuple 三角函数运算结果

4.2.3　程序控制语句

HALCON 是一套完整的编程语言，与其它编程语言类似，HALCON 中也提供了用于控制程序执行的控制语句。HALCON 中的控制语句包括 if 条件语句、while 循环语句、for 循环语句、switch 分支条件语句以及中断语句。

（1）if 条件语句

if 条件语句有三种形式：

```
① if （表达式）
     满足 if 条件后执行的语句
   endif
② if （表达式）
     满足 if 条件后执行的语句
   else
     不满足 if 条件后执行的语句
   endif
③ if （表达式）
     满足 if 条件后执行的语句
   elseif
     不满足 if 条件后执行的语句
   else
     不满足以上条件后执行的语句
   endif
```

if 语句根据判断表达式的值来确定具体执行哪一个分支。

（2）while 循环语句

while 语句是循环语句，当 while 语句的条件满足时，执行 while 循环。while 的形式如下：

```
while（条件）
    循环语句
endwhile
```

（3）for 循环语句

for 循环语句是另一种循环语句，通过控制变量的开始值和结束值来实现循环。形式如下：

```
for (index := start to end by step)
    循环体
endfor
```

（4）switch 分支条件语句

switch 分支条件语句与 if 条件语句类似，当存在多个分支时，可以用 switch 代替 if 语句。switch 分支语句的形式如下：

```
switch (条件)
   case 常量表达式 1:
         执行语句 1
         break
case 常量表达式 2:
         执行语句 2
         break
         …
case 常量表达式 n:
         执行语句 n
         break
default:
         执行语句
endswitch
```

（5）中断语句

在 HALCON 中，中断语句有两种，一种是 continue，另一种是 break。continue 用于跳出当前循环体余下的语句，然后执行下一次循环；而 break 用于跳出当前循环或 switch 分支。

4.3 浏览 HALCON 例程及第一个 HALCON 程序

HALCON 提供了大量例程供学习者使用，在文件菜单点击“浏览 HDevelop 示例程序”，或者单击工具条上按钮图标可以打开示例程序，如图 4.16 所示。打开之后，出现图 4.17 所示示例程序界面。

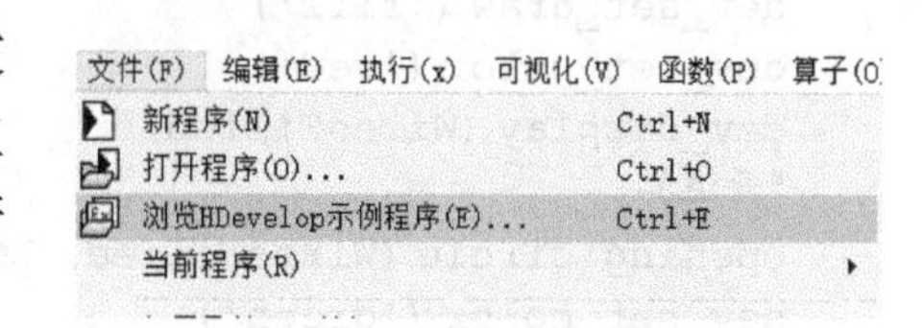

图 4.16 打开示例程序菜单

HALCON 提供的大量实例程序都来自实际的应用案例，读者通过对这些案例的学习，结合理解相关图像处理算子的作用，从而在掌握 HALCON 应用的基础上，学习如何进行机器视觉算法设计。

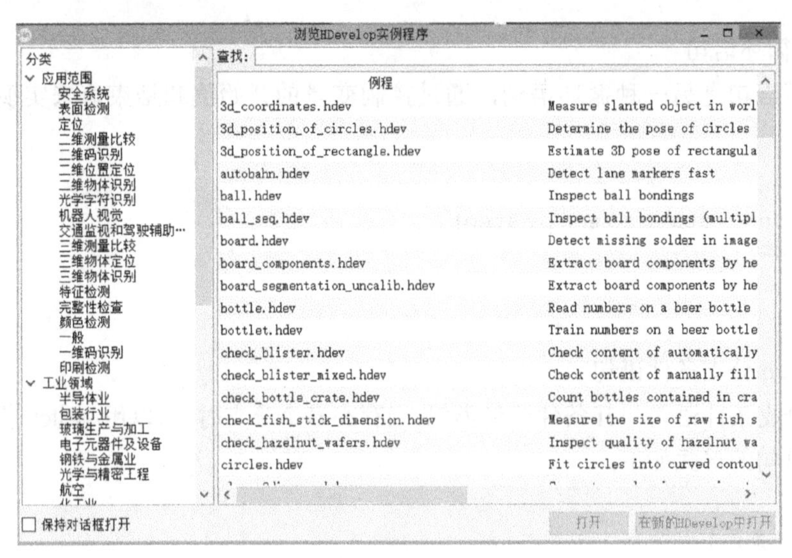

图 4.17　示例程序界面

下面以 HALCON 自带的一个例程演示 HALCON 进行视觉检测过程。为了简化，去掉了一些不必要的代码。

实例 4-5： 检测 PCB 板上的圆形接线

```
read_image (Bond, 'die/die_03')
dev_display (Bond)
*二值化
threshold (Bond, Bright, 100, 255)
*变换区域的形状为矩形
shape_trans (Bright, Die, 'rectangle2')
dev_set_color ('green')
dev_set_line_width (3)
dev_set_draw ('margin')
dev_display (Die)
*缩小图像区域
reduce_domain (Bond, Die, DieGrey)
threshold (DieGrey, Wires, 0, 50)
*填充孔洞
fill_up_shape (Wires, WiresFilled, 'area', 1, 100)
dev_display (Bond)
*设置显示方式、颜色等
dev_set_draw ('fill')
dev_set_color ('red')
dev_display (WiresFilled)
*开运算
opening_circle (WiresFilled, Balls, 15.5)
dev_set_color ('green')
dev_display (Balls)
*得到每个连通域
connection (Balls, SingleBalls)
*根据圆度选择区域
```

```
    select_shape (SingleBalls, IntermediateBalls, 'circularity', 'and', 0.85, 1.0)
    *排序
    sort_region (IntermediateBalls, FinalBalls, 'first_point', 'true', 'column')
    dev_display (Bond)
    dev_set_colored (12)
    dev_display (FinalBalls)
    *区域的最小包围圆
    smallest_circle (FinalBalls, Row, Column, Radius)
    NumBalls := |Radius|
    Diameter := 2 * Radius
    meanDiameter := mean (Diameter)
    minDiameter := min (Diameter)
    *得到窗口句柄
    dev_get_window (WindowHandle)
    *显示圆
    disp_circle (WindowHandle, Row, Column, Radius)
    dev_set_color ('white')
    *显示检测结果
    disp_message (WindowHandle, 'D: ' +Diameter$'.4', 'image', Row -2 * Radius,
Column, 'white', 'false')
    dev_update_window ('on')
```

该示例是进行 PCB 板上圆形接线检测。主要用到的算法有二值化算法、孔洞填充算法、连通域检测算法、形态学开运算及最小包围圆等。首先通过二值化算法提取包含圆形接线部分的区域；然后进行孔洞填充，由于灰度值有一定的变化，二值化之后的圆形接线部分有可能在中间部分出现孔洞，经过孔洞填充之后，圆形区域为一个整体；再次，提取二值化之后的图像中连通域将每个连通域分离为单个区域，再通过形状或面积过滤，排除干扰，只保留圆形接线区域；最后，通过形态学开运算，选择圆形结构元素，在过滤掉一些小的区域的同时，保留圆形区域，通过查找区域的最小包围圆，得到圆形接线区域的位置和大小，从而判断接线是否合格。检测结果如图 4.18 所示。通过对此例子的解读，读者可以了解机器视觉是如何通过图像处理算法实现的视觉检测。

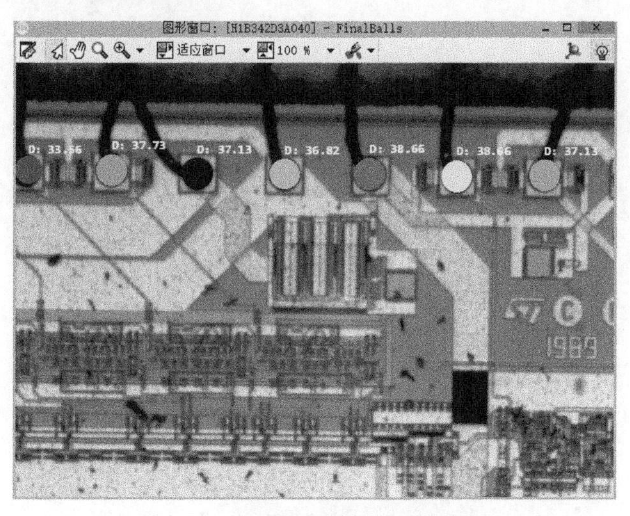

图 4.18　PCB 板圆形接线检测结果

第二部分 图像处理算法

整个视觉系统中，视觉图像处理算法是核心，熟练掌握图像处理算法的应用是开发视觉系统的基础。此部分通过讲解图像处理算法的原理，结合具体的例子，让读者在掌握相关算法原理的基础上，了解每种算法的应用和使用方法。

该部分涉及的图像处理算法包括图像基本运算相关算法、图像增强算法、平滑滤波算法、边缘提取算法、数学形态学算法、图像分割算法、模板匹配、图像特征提取以及机器学习算法等，基本覆盖了现有机器视觉应用中的所有算法。只有熟练掌握这些算法的应用，才能够实现机器视觉系统的开发。

第5章 图像常用数学运算

图像常用数学运算包括代数运算、三角函数运算、逻辑运算及图像的几何变换等。此外，指数运算、对数运算、幂运算等，也属于常用的数学运算，这几种运算将放在图像增强算法中。常用数学运算是图像中像素点之间的计算，图像的常用数学运算是其它图像算法的基础，理解常用数学运算对于理解其它图像处理算法有很大的帮助。

5.1 代数运算

5.1.1 加法运算：add_image

（1）原理与作用

图像可以表示为二维离散矩阵，设两幅图像分别用 $g_1(x,y)$ 和 $g_2(x,y)$ 表示，结果图像用 $g(x,y)$ 表示，图像相加即对应位置的矩阵数字相加。图像相加需要满足两幅图像大小、通道及数据类型一致。由于图像像素值在0到255范围内，相加之后有可能不在此范围内。通常有几种处理方式，一种是在图像相加之前乘上一个系数，设系数分别为 α 和 β，如果满足 $\alpha+\beta=1$，其结果将保证在0到255范围内；另一种更简单直接的处理方法是不在该范围内的值直接截断，该方法将丢失部分信息。有时也在相加结果上乘上一个系数 λ，同时加上一个偏移量 $\varDelta$，此时相当于对结果进行了线性拉伸，有增强图像的效果。式（5-1）是图像相加的通用表示方法。

$$g(x,y)=\lambda\left(\alpha g_1(x,y)+\beta g_2(x,y)\right)+\varDelta \tag{5-1}$$

图像相加可以实现两幅图像融合，如果多幅图像相加再取其平均值，可以实现去掉高频噪声的效果。此外，相加也有图像增强的效果。

（2）算子说明

add_image 算子实现两图像相加。算子原型如下：

```
add_image(Image1, Image2:ImageResult:Mult, Add:)
```

参数说明：

Image1：输入图像1。

Image2：输入图像 2。

ImageResult：输出相加结果。

Mult：相加结果乘上一个系数。

Add：相加结果再加上一个偏移量。

HALCON 中对于图像相加不在 0 到 255 范围内的值直接进行截断，即大于 255 时，直接取 255。

5.1.2 减法运算：sub_image、abs_diff_image

（1）原理和作用

图像减法运算是两个相同大小、通道以及数据类型的图像对应位置像素值相减。由于相减之后的结果有可能为负数，为了保证在 0 到 255 之间，有两种处理方式，一种是在结果上加上偏移量；另一种是直接对相减结果取绝对值。与加法运算类似，也可以在结果上乘上一个系数 λ 后再加上偏移量 Δ。因此，减法运算可以用式（5-2）和式（5-3）表示。

$$g(x,y)=\lambda\big(g_1(x,y)-g_2(x,y)\big)+\Delta \tag{5-2}$$

$$g(x,y)=\text{abs}\big(g_1(x,y)-g_2(x,y)\big) \tag{5-3}$$

式（5-2）表示上面的第一种处理方式，式（5-3）表示取绝对值的处理方式。

减法运算可以实现图像去背景的效果，可以实现动态跟踪。比如，如果对原图进行均值模糊，然后再与原图进行减法运算，可以达到去背景的效果；如果对于同一目标对象在不同时间采集的图像进行减法运算，则可以实现动态跟踪的效果。

（2）算子说明

```
sub_image(ImageMinuend, ImageSubtrahend:ImageSub:Mult, Add:)
```

参数说明：

ImageMinuend：输入图像 1。

ImageSubtrahend：输入图像 2。

ImageSub：相减结果。

Mult：相减结果乘上一个系数。

Add：结果加上一个偏移量。

该算子实现图像减法运算，如果结果为负数，则直接赋值为 0。其结果乘上系数再加上偏移量有线性增强的效果。

```
abs_diff_image(Image1, Image2:ImageAbsDiff:Mult:)
```

参数说明：

Image1：输入图像 1。

Image2 ：输入图像 2。

ImageAbsDiff：相减结果。

Mult：结果乘上一个系数。

该算子实现相减后取绝对值的情况，不存在越界的情况。其与 sub_image 算子有一定区别。结果乘上系数可以扩大像素值的范围，有一定图像增强效果。

5.1.3　乘法运算：mult_image

（1）原理与作用

乘法运算实现两幅完全相同的图像对应位置数字相乘。通常相乘的结果数字比较大。因此，一般将结果再乘上一个小于 1 的正系数，也可以对不在 0 到 255 范围内的值直接进行截断处理。此外，与相加和相减类似，也可以在结果上乘上一个系数 λ 后再加上偏移量 Δ，实现图像线性增强的效果。乘法运算通常用于提取图像感兴趣区域。比如，将原图像与掩码图像相乘，由于掩码图像对应位置像素值为 1，其它位置像素值为 0，则相乘之后只有掩码图像对应位置有不为 0 的像素值，其它位置则为 0，可以认为是背景，从而提取出感兴趣区域。式（5-4）是乘法运算的通用公式。

$$g(x,y)=\lambda\big(g_1(x,y)\cdot g_2(x,y)\big)+\Delta \tag{5-4}$$

（2）算子说明

```
mult_image(Image1, Image2:ImageResult:Mult, Add:)
```

参数说明：

Image1：输入图像 1。

Image2：输入图像 2。

ImageResult：相乘结果。

Mult：相减结果乘上一个系数。

Add：结果加上一个偏移量。

算子 mult_image 实现两幅图像的乘法运算。在 HALCON 中，如果相乘的结果不在 0 到 255 范围内，则直接截断。

5.1.4　除法运算：div_image

（1）原理与作用

两幅同样大小、通道以及数据类型的图像进行除法运算，其运算结果通常为浮点数。由于除数不能为 0，因此，需要对除数做一些处理，可以先对除数整体加 1，然后再进行除法运算；另一种处理方式是，如果除数为 0，则相除结果直接赋值为 0。在 HALCON 中采用第二种方式进行处理。除法运算可以校正成像设备的非线性影响，与其它代数运算一样，可以在结果上乘上一个系数 λ 后再加上偏移量 Δ，实现图像线性增强的效果。式（5-5）是除法运算的公式。

$$g(x,y)=\lambda\big(g_1(x,y)/g_2(x,y)\big)+\Delta \tag{5-5}$$

（2）算子说明

```
div_image(Image1, Image2:ImageResult:Mult, Add:)
```

参数说明：

Image1：输入图像 1。

Image2：输入图像 2。

ImageResult：相除结果。

Mult：相减结果乘上一个系数。

Add：结果加上一个偏移量。

算子 div_image 实现两幅图像的除法运算。如果除数为 0，则相除的结果直接赋值为 0。

5.1.5 应用实例

实例 5-1：利用图像代数运算实现图像增强

```
*读取图像
read_image (Image, 'angio-part')
*导向滤波
guided_filter (Image, Image, ImageSmooth, 5, 10)
*图像相减
sub_image (Image, ImageSmooth, ImageDetail, 5, 0)
*图像相加
add_image (ImageDetail, Image, ImageDetailEnhanced, 1, 0)
```

实例 5-1 中，利用减法运算和加法运算实现了图像增强处理，在此之前，先对图像进行了导向滤波，导向滤波可以让图像去掉噪声的同时保持边界不被模糊；然后通过原图与滤波结果相减得到细节图像，最后细节图像与原图相加，得到增强结果。导向滤波将在后面进行介绍。图 5.1 是运行结果。

从图 5.1 可以看出，虽然代数运算的方法比较简单，但是可以得到比较好的效果。即使是加减法运算，也可以实现图像增强。

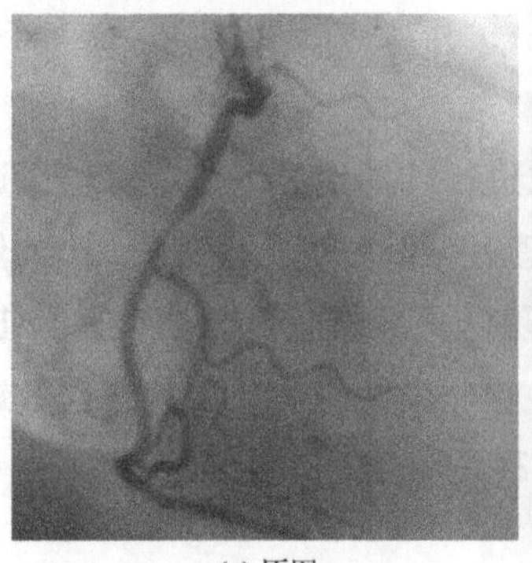

(a) 原图

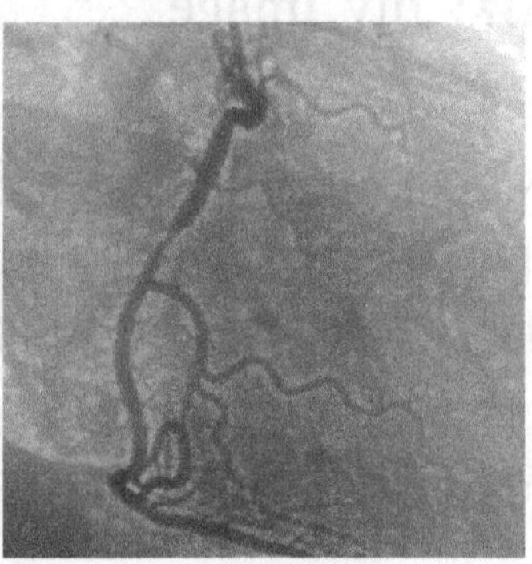

(b) 增强结果

图 5.1 利用图像代数运算实现图像增强

实例 5-2：利用图像代数运算去光照不均

```
*读取图像
read_image (ImageBraille, 'photometric_stereo/embossed_01')
*中值滤波
median_rect (ImageBraille, ImageBrailleMedian, 55, 55)
*查找区域中的最小和最大灰度值
min_max_gray (ImageBrailleMedian, ImageBrailleMedian, 0, Min, Max, Range)
sub_image (ImageBraille, ImageBrailleMedian, ImageBrailleCorrected, 1, Min)
```

实例 5-2 中，先对图像进行了中值模糊处理，然后寻找区域中的最小和最大灰度值，最后通过图像相减，去掉了背景的影响，而背景也是导致图像光照不均的因素，因此，最后得到的图像是光照均匀的，从而有利于后续的处理，如图 5.2 所示。

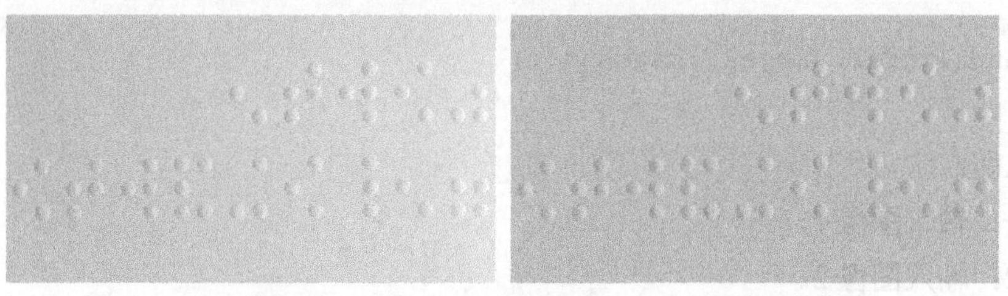

(a) 原图　　(b) 去光照不均结果

图 5.2　利用图像代数运算去光照不均

实例 5-3：利用图像乘法提取感兴趣区域

```
*读取图像
read_image(Image,'butterfly1.png')
*读取掩码图像
read_image(Image1,'mask.png')
*相乘结果
mult_image(Image,Image1,ImageResult, 0.005, 0)
```

运行结果见图 5.3。

(a) 原图

(b) 掩码图像

(c) 结果

图 5.3　利用图像乘法提取感兴趣区域

由于掩码图像除了掩码区域之外，其它位置的像素值为 0，因此，通过掩码图像与原图像相乘，只剩下掩码覆盖区域，从而提取出原图像中感兴趣区域。

5.2 位运算

5.2.1 “与”运算：bit_and

（1）原理和作用

数字图像在计算机中存储的是二进制，只有 0 和 1 两种数值。位运算是将图像数字看成二进制后，二进制位之间的运算。“与”运算是两幅图像之间的运算，需要保证两幅图像大小、通道和数据类型一致。两幅图像对应位置中，如果二进制位同为 1，结果为 1，否则结果为 0。

图像“与”运算可以用于提取图像中的子区域，可以实现图像中两个区域的相交子集提取，该操作可以实现和图像乘法类似的结果。

（2）算子说明

```
bit_and(Image1, Image2:ImageAnd::)
```

参数说明：

Image1：输入图像 1。

Image2：输入图像 2。

ImageAnd：输出“与”运算结果。

算子 bit_and 实现图像的“与”运算。输入图像需要保证大小、通道及数据类型一致，否则将出现异常。

5.2.2 “或”运算：bit_or

（1）原理和作用

图像“或”运算是两幅图像之间的运算。需要保证两幅图像大小、通道和数据类型一致。两幅图像对应位置中，如果二进制位有一个为 1，结果为 1，否则结果为 0。

图像“或”运算可以实现两幅图像的并集，对于同一图像中的不同连通域，可以使用该操作实现区域合并。比如绘制的多个 ROI 区域，可以通过该运算实现 ROI 区域合并处理。

（2）算子说明

```
bit_or(Image1, Image2:ImageOr::)
```

参数说明：

Image1：输入图像 1。

Image2：输入图像 2。

ImageOr：输出“或”运算结果。

算子 bit_or 实现图像的“或”运算，输入图像需要保证大小、通道以及数据类型一致，否则将出现异常。

5.2.3 “非”运算：bit_not

（1）原理和作用

图像“非”运算是对单幅图像进行的运算，当对应位置二进制位为1时，运算结果为0，反之，运算结果为1。该运算可以得到图像取反的效果。因此，如果需要对图像进行灰度值翻转操作，可以使用该方法。例如，当感兴趣区域的灰度值比较小时，可以通过该方法得到更大的灰度值，而且，相对于其它类似的方法，位运算的优势在于速度更快。

（2）算子说明

```
bit_not(Image:ImageNot::)
```

参数说明：

Image：输入图像。

ImageNot：输出“非”运算结果。

算子 bit_not 实现图像的“非”运算操作。对于同一幅图像中多个区域子集的情况，也可以通过该算子实现反转选择 ROI 区域。

5.2.4 “异或”运算：bit_ xor

（1）原理和作用

图像“异或”运算是两幅图像之间的运算，需要保证两幅图像大小、通道以及数据类型一致。当两幅图像对应位置的二进制串位同时为 0 或 1 时，则结果为 0，如果不相同，则结果为 1。图像“异或”运算可以得到两幅图像中的差异部分。图像位运算对于 ROI 区域的操作尤其有用，可以快速实现图像中子区域的交集、并集以及相减等操作。

（2）算子说明

```
bit_xor(Image1, Image2:ImageXor::)
```

参数说明：

Image1：输入图像 1。

Image2：输入图像 2。

ImageXor：输出“异或”运算结果。

算子 bit_xor 实现图像的“异或”运算，需要保证图像的大小、通道以及数据类型一致，否则将出现异常。

5.2.5 切片运算：bit_ slice

（1）原理和作用

数字图像是由二维矩阵数据构成的，其中每个数字都在 0 到 255 范围内，每个数字可以用一个8位二进制来表示。切片运算即将每个数字的8位二进制分离开来，由此可以得到8副图像。图像切片运算可以实现图像类似分割的效果。对于图像而言，同一个区域的灰度值差别比较小，由此对应的二进制位会出现相同的情况，尤其是图像中灰度值比较大的区域。通过切片运算，高位的二进制位将为1，而灰度值比较小的区域，对应的高位二进制位为0，从而实现图像分割。

（2）算子说明

```
bit_slice(Image:ImageSlice:Bit:)
```

参数说明：

Image：输入图像。

ImageSlice：输出切片结果。

Bit：需要保留的位。

算子 bit_slice 可以实现图像切片操作。通过设置参数 Bit，可以得到不同位的切片图像。

5.2.6 其它位运算

（1）bit_lshift

算子 bit_lshift 实现位左移运算，位左移运算将增大图像灰度值。左移一位相当于原灰度值乘以2，如果结果超过了255，将进行截断，直接取255，因此，左移操作有增强图像对比度的效果。对于图像整体灰度比较暗的情况，可以通过左移运算快速增加图像对比度。

（2）bit_rshift

算子 bit_rshift 实现位右移运算，位右移运算将减小图像灰度值。右移一位相当于原灰度值除以2，因此，右移操作将降低图像对比度。如果图像整体灰度比较亮，可以通过右移运算降低图像对比度。

（3）bit_mask

算子 bit_mask 实现位掩码运算，位掩码运算实现图像掩码位置的“与”运算。掩码运算的一个好处是只会运算掩码所覆盖的位置。

5.2.7 应用实例

实例 5-4：利用“与”运算实现图像感兴趣区域提取

```
*读取原图像和掩码图像
read_image(Image,'butterfly1.png')
read_image(Image1,'mask.png')
bit_and(Image,mask, ImageAnd)
```

可以看出，该实例与实例5-3实现了相同的效果。由于掩码图像除了前景白色区域之外，其它位置都是0，进行“与”运算后，只有掩码所覆盖的区域被保留了下来，而其它位置像素值设置为 0。图 5.4 是实例 5-4 运行结果。

(a) 原图

(b) 掩码图像

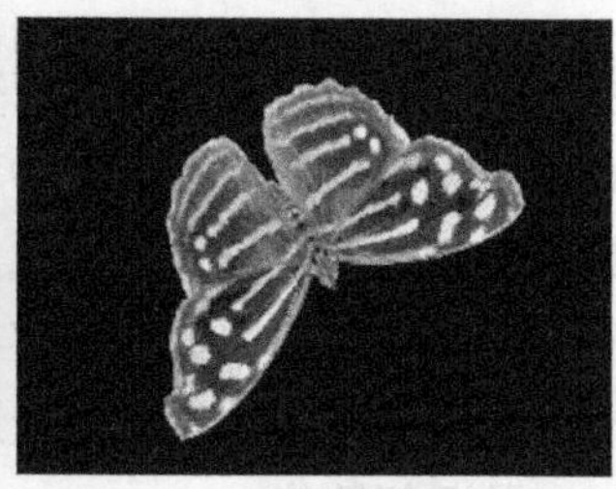
(c) 结果

图 5.4 利用“与”运算提取感兴趣区域

实例 5-5：利用图像切片实现图像分割

```
    read_image(Image, 'printer_chip/printer_chip_01')
    *切片
    bit_slice(Image, ImageSlice, 8)
    *二值化
    threshold(ImageSlice, Region, 128, 255)
    *得到连通域
    connection(Region, ConnectedRegions)
    *根据面积过滤连通域，得到感兴趣区域
    select_shape (ConnectedRegions, SelectedRegions, 'area', 'and', 28940,
50000)
```

该实例中，首先对图像进行切片处理，选择第 8 位作为保留图像；然后对图像进行二值化，提取连通域；最后根据连通域面积过滤得到感兴趣区域。当对图像进行切片运算后，每个区域的灰度值变成了一致。再进行二值化运算及连通域提取，将得到更好的效果。图 5.5 是实例 5-5 运行结果。

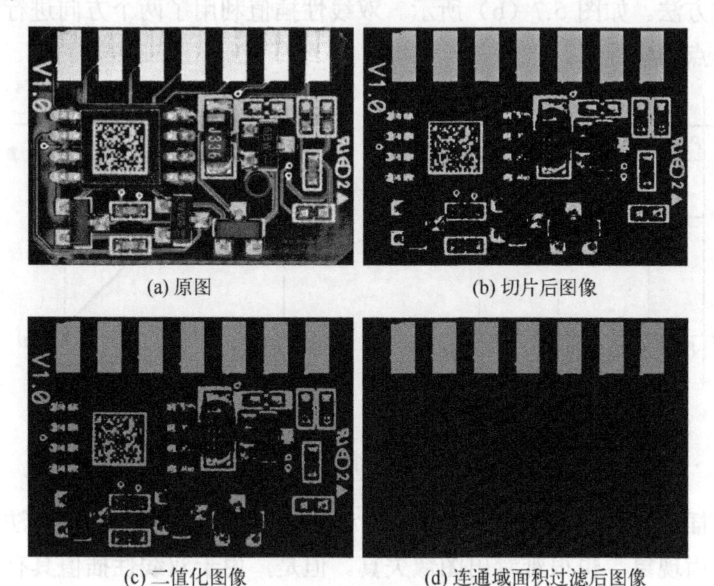
(a) 原图　(b) 切片后图像

(c) 二值化图像　(d) 连通域面积过滤后图像

图 5.5 图像切片运算实例应用

5.3 图像插值方法

图像插值主要用于图像几何变换之后。当图像进行平移、旋转、缩放等变换之后，新的图像对应的像素坐标位置可能并不存在，或者为浮点数，比如，图像旋转之后的位置可能是浮点数。但是，图像位置是整式，因此，需要通过插值计算新的位置。另外，如果图像进行了缩放处理，则新的位置是不存在的，也需要通过插值来计算新的位置对应的图像像素值。图像插值常用的有三种方式：最近邻插值、双线性插值和双三次插值。

（1）最近邻插值

最近邻插值就是选取离目标点最近的点的值作为新的插入点的值。如图 5.6 所示，如果将3×3大小的图像放大为4×4，则最后一行和一列的像素值取与其最近邻位置的值。

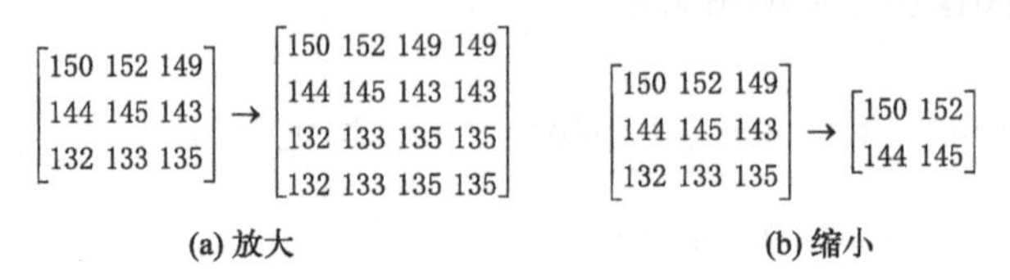

(a) 放大　　(b) 缩小

图 5.6　最近邻插值示意图

最近邻插值直接用最近邻的原像素值代替新位置的像素值，原有位置的像素值保持不变。该插值算法简单，计算速度快。但是，这种插值方法导致像素的变化不连续，在新图中会产生锯齿现象。尽管如此，在一些对图像质量要求不高而对速度要求高的情况下，该算法有一定速度优势。

（2）双线性插值

双线性插值是在图像的 x 和 y 两个方向进行线性插值。如图 5.7（a）所示，利用双线性插值求解 $Q(x,y)$。首先，利用线性插值求解 $Q_1(x_1,y_1)$和 $Q_2(x_2,y_2)$，然后，根据得到的 $Q_1(x_1,y_1)$和 $Q_2(x_2,y_2)$，再次利用线性插值即可得到 $Q(x,y)$。线性插值即利用直线上已知的两个点求解直线上另一点的方法。如图 5.7（b）所示。双线性插值利用了两个方向进行线性插值计算。因此，需要四个点的坐标。

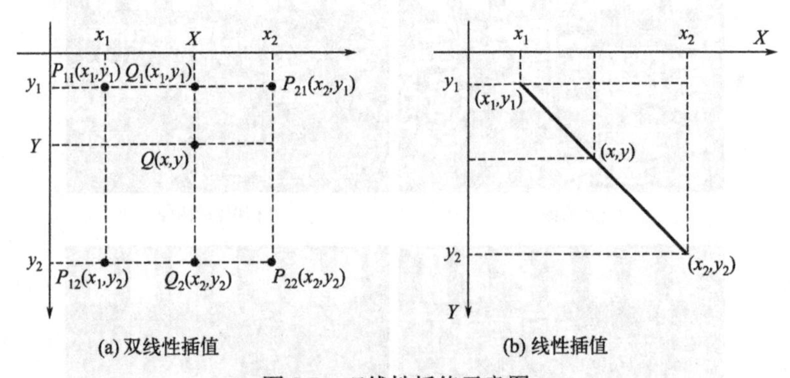

(a) 双线性插值　　(b) 线性插值

图 5.7　双线性插值示意图

采用双线性插值考虑了邻域内四个像素对新像素的影响。因此，该算法插值结果比较理想，不会出现锯齿现象，也很难看出图像失真。但是，由于双线性插值具有低通滤波器的性质，使高频分量受损，所以可能会使图像轮廓在一定程度上变得模糊。

（3）双三次插值

双三次插值采用最近的十六个采样点加权平均得到。双三次插值法首先需要计算每个点的权重。权重计算公式如式（5-6）所示。

$$w(x)=\begin{cases}(a+2)|x|^3-(a+3)|x|^2+1 & |x|\leqslant 1\\ a|x|^3-5a|x|^2+8a|x|-4a & 1<|x|<2\\ 0 & |x|>2\end{cases} \tag{5-6}$$

然后，通过式（5-7）所示计算插值结果。

$$f(x,y)=\sum_{i=0}^{3}\sum_{j=0}^{3}f\left(x_i,y_j\right)W\left(x-x_i\right)W\left(y-y_j\right) \tag{5-7}$$

双三次插值结果较好，但是，计算时间较长，通常对于有打印图像需求的时候，如果涉及将图像放大等操作，采用该算法实现。而对于机器视觉而言，如果对图像缩放之后的要求不是很高，一般不采用该算法，常用双线性插值算法已经能够满足要求。

在图像变换时，都需要图像插值，如 HALCON 算子中的旋转算子 rotate_image，缩放算子 zoom_image_size、zoom_image_factor 以及仿射变换算子等。图像插值也是一种常用的数学运算方法，有必要了解图像常用插值方法。

5.4　几何变换

图像的几何变换指图像的平移、旋转、缩放、错切、极坐标变换等。由于图像在采集过程中，不可避免会出现各种变形，因此，需要通过几何变换将图像变换到一个理想的位置，从而有利于后续的图像处理。比如，原始采集的图像需要检测的目标对象不在水平位置，需要通过旋转进行校正，如果原图像的检测对象在圆周上，需要通过极坐标变换，将其变换到水平位置等。

5.4.1　仿射变换原理

仿射变换即图像的平移、旋转、缩放、错切变换。仿射变换是一种二维坐标（u,v）到二维坐标（x,y）的线性变换，仿射变换是可以用矩阵乘法和矢量加法形式表示的变换。图像几何变换的一般形式的数学表达如下：

$$\begin{cases}x=a_1u+b_1v\\ y=a_2u+b_2v\end{cases} \tag{5-8}$$

将其写成矩阵形式如下：

$$\begin{bmatrix}x\\ y\end{bmatrix}=T\begin{bmatrix}u\\ V\end{bmatrix}=\begin{bmatrix}a_1 & b_1\\ a_2 & b_2\end{bmatrix}\begin{bmatrix}u\\ V\end{bmatrix} \tag{5-9}$$

上述变换矩阵 T 不能实现图像的平移变换。为了能够实现平移变换，需要在式（5-9）上单独加上平移变量，即：

$$\begin{bmatrix}x\\ y\end{bmatrix}=\begin{bmatrix}a_1 & b_1\\ a_2 & b_2\end{bmatrix}\begin{bmatrix}u\\ v\end{bmatrix}+\begin{bmatrix}\Delta u\\ \Delta v\end{bmatrix} \tag{5-10}$$

为了用统一的矩阵表示图像几何变换，引入齐次坐标来表示该变换。为此，将平移分量放在变换矩阵 T 的最后一列，并在 T 的矩阵最后加上一行。矩阵扩展为如下 3×3 变换矩阵：

$$T=\begin{bmatrix} a_1 & b_1 & \Delta u \\ a_2 & b_2 & \Delta v \\ 0 & 0 & 1 \end{bmatrix} \tag{5-11}$$

同时，根据矩阵相乘的规律，需要在坐标列矩阵$[u \quad v]^T$中引入第三个元素，扩展为 3×1 的列矩阵$[u \quad v \quad 1]^T$。因此，最终的仿射变换矩阵如式（5-12）所示。

$$\begin{bmatrix} x \\ y \\ 1 \end{bmatrix}=\begin{bmatrix} a_1 & b_1 & \Delta u \\ a_2 & b_2 & \Delta v \\ 0 & 0 & 1 \end{bmatrix}\begin{bmatrix} u \\ v \\ 1 \end{bmatrix} \tag{5-12}$$

式（5-12）即图像平移、缩放、错切和旋转变换通用表示方法。系数 a_1、b_1、a_2、b_2、Δu、Δv 取不同的值，即得到不同的变换结果。仿射变换本质是二维平面变换，对应的变换矩阵是 2×3 的矩阵，为了变换矩阵运算方便，在 2×3 的矩阵最下面加上一行[0 0 1]，将其扩展为 3×3 的矩阵。图像经过仿射变换之后，坐标位置发生了变换，需要通过图像插值算法重新进行计算。

5.4.2 仿射变换相关算子

（1）hom_mat2d_identity 算子

hom_mat2d_identity 算子只有一个参数 HomMat2DIdentity，用于生成 3×3 的单位矩阵。其它仿射变换算子可以通过该单位矩阵得到。

（2）hom_mat2d_scale 算子

hom_mat2d_scale 算子实现图像缩放，原型如下：

```
hom_mat2d_scale(::HomMat2D, Sx, Sy, Px, Py:HomMat2DScale)。
```

参数说明：

HomMat2D：输入原变换矩阵，最开始通常为 hom_mat2d_identity 算子生成的单位矩阵，也可以是经过其它变换后生成的矩阵。

Sx：x 方向的缩放因子。

Sy：y 方向的缩放因子。

Px：x 方向的平移因子，如果只是缩放，该值为 0。

Py：y 方向的平移因子，如果只是缩放，该值为 0。

HomMat2DScale：输出缩放变换矩阵。

（3）hom_mat2d_translate 算子

hom_mat2d_translate 实现图像平移变换，原型如下：

```
hom_mat2d_translate(::HomMat2D, Tx, Ty:HomMat2DTranslate)。
```

参数说明：

HomMat2D：输入原变换矩阵，最开始通常为 hom_mat2d_identity 算子生成的单位矩阵，也可以是经过其它变换后生成的矩阵。

Tx：x 方向的平移增量。

Ty：y 方向的平移增量。

HomMat2DTranslate：输出平移变换矩阵。

（4）hom_mat2d_rotate 算子

hom_mat2d_rotate 算子实现图像旋转，原型如下：

```
hom_mat2d_rotate(::HomMat2D, Phi, Px, Py:HomMat2DRotate)
```

参数说明：

HomMat2D：输入原变换矩阵，最开始通常为 hom_mat2d_identity 算子生成的单位矩阵，也可以是经过其它变换后生成的矩阵。

Phi：用弧度表示的旋转角度。

Px：x 方向的平移因子，如果只是旋转，该值为 0。

Py：y 方向的平移因子，如果只是旋转，该值为 0。

HomMat2DRotate：输出旋转变换矩阵。

（5）affine_trans_image 算子

affine_trans_image 算子执行图像仿射变换，原型如下：

```
   affine_trans_image(Image : ImageAffineTrans : HomMat2D, Interpolation,
AdaptImageSize:)。
```

参数说明：

Image：输入要变换的图像。

ImageAffineTrans：输出变换结果图像。

HomMat2D：输入变换矩阵，即生成的平移、缩放、旋转等变换矩阵。

Interpolation：插值方法。

AdaptImageSize：自适应变换后的图像大小。

5.4.3　投影变换原理

投影变换是一种从二维坐标（u,v）到三维坐标（x,y,z）的变换。图像投影变换的一般形式的数学表达如下：

$$\begin{cases} x = a_1 u + b_1 v + c_1 \\ y = a_2 u + b_2 v + c_2 \\ z = a_3 u + b_3 v + c_3 \end{cases} \tag{5-13}$$

将其写成矩阵形式如下：

$$\begin{bmatrix} x \\ y \\ z \end{bmatrix} = T\begin{bmatrix} u \\ v \\ 1 \end{bmatrix} = \begin{bmatrix} a_1 & b_1 & c_1 \\ a_2 & b_2 & c_2 \\ a_3 & b_3 & c_3 \end{bmatrix}\begin{bmatrix} u \\ v \\ 1 \end{bmatrix} \tag{5-14}$$

投影变换是仿射变换的延续，仿射变换是投影变换的一种特殊形式。投影变换是三维空间上的变换。对于二维图像，最后一个原坐标恒为1，变换矩阵的最后一个参数也恒为1。所以，投影变换的矩阵有8个未知数，求解需要找到4组映射点，不在同一个平面的4个点确定了一个三维空间。图像经过投影变换后通常不是平行四边形。

与仿射变换类似，在经过变换之后，图像的灰度值也要经过图像插值计算，得到变换后的图像。

5.4.4 投影变换算子：projective_trans_image

HALCON算子projective_trans_image实现图像的投影变换。算子原型如下：

```
   projective_trans_image(Image:TransImage:HomMat2D, Interpolation, AdaptImageSize,
TransformDomain:)。
```

参数说明：

Image：输入要变换的图像。

TransImage：输出变换结果图像。

HomMat2D：输入投影变换矩阵。

Interpolation：插值方法。

AdaptImageSize：自适应图像大小。

TransformDomain：图像的域是否也被变换。

在使用projective_trans_image算子之前，投影变换矩阵HomMat2D需要先生成，可以通过算子hom_vector_to_proj_hom_mat2d生成投影变换矩阵。

5.4.5 极坐标变换：polar_trans_image_ext

（1）原理和作用

极坐标变换用于将图像从笛卡尔坐标转换为极坐标表示。给定变换中心位置点p_c，将图像上任一点p_i的坐标变换成极坐标(r,θ)，则点p_i的极坐标表示如下：

$$\begin{cases} r = \sqrt{(p_{ix} - p_{cx})^2 + (p_{iy} - p_{cy})^2} \\ \theta = \arctan(-\dfrac{p_{iy} - p_{cy}}{p_{ix} - p_{cx}}) \end{cases} \tag{5-15}$$

式（5-15）中，p_{ix}，p_{iy}，p_{cx}，p_{cy}分别表示任一点的x，y坐标和变换中心位置的x，y坐标。

在计算反正切函数时，需要注意像素点落在正确的象限。此外，式（5-15）中的计算由于需要进行开方运算和反正切运算，计算比较耗时，可以采用极坐标逆变换的形式来减少这种运算。极坐标逆变换如下：

$$\begin{cases} p_{ix} = p_{cx} + r\cos\theta \\ p_{iy} = p_{cy} - r\sin\theta \end{cases} \tag{5-16}$$

由于θ的值是有限的离散数值，其正弦和余弦值可以事先计算出来，只需要计算一次，所以，对图像进行极坐标变换的速度非常快。

（2）算子说明

polar_trans_image_ext 用于实现图像极坐标变换，算子原型如下：

```
polar_trans_image_ext(Image:PolarTransImage:Row, Column, AngleStart,
AngleEnd, RadiusStart, RadiusEnd,Width, Height, Interpolation:)
```

参数说明：

Image：输入图像。

PolarTransImage：输出极坐标变换图像。

Row：变换中心 x 坐标。

Column：变换中心 y 坐标。

AngleStart：起始角度。

AngleEnd：终止角度。

RadiusStart：起始半径。

RadiusEnd：终止半径。

Width：变换后的宽度。

Height：变换后的高度。

Interpolation：插值方法。

当图像中需要检测的对象位于圆周上时，通过极坐标变换，可以将检测对象变换到水平位置。在进行极坐标变换时，为了保证变换后的目标对象处于水平位置并没有太多的变形，需要先找到变换的中心点，即原图上的圆心位置。

5.4.6　应用实例

实例 5-6：利用仿射变换进行倾斜文字矫正

```
read_image (Imagetextr, 'imageTextR.png')
*二值化
threshold(Imagetextr, Region, 0, 128)
*生成膨胀运算结构元素
gen_rectangle1(Rectangle, 30, 30, 50, 50)
*膨胀运算
dilation1(Region,Rectangle, RegionDilation, 1)
*得到最小包围矩形
smallest_rectangle2(RegionDilation, Row, Column, Phi, Length1, Length2)
*生成仿射变换单位矩阵
hom_mat2d_identity(HomMat2DIdentity)
```

```
*根据最小包围矩形得到的角度和单位矩阵生成旋转变换矩阵
hom_mat2d_rotate(HomMat2DIdentity, -Phi, Column, Row, HomMat2DRotate)
*仿射变换，进行倾斜矫正
affine_trans_image(Imagetextr,ImageAffineTrans, HomMat2DRotate, 'bilinear',
'false')
```

实例 5-6 中，用到了目前还没有介绍的图像处理算法，将在后面进行介绍。该实例先提取文字区域，然后找出倾斜的角度，最后利用仿射变换对文字进行倾斜矫正。虽然找出倾斜角度之后，也可以直接对图像进行旋转矫正，但是两者的原理是一样的，旋转变换的原理也就是仿射变换矩阵。运行结果如图 5.8 所示。

(a) 原图　　(b) 倾斜矫正后

图 5.8　仿射变换进行倾斜文字矫正

实例 5-7：利用投影变换进行二维码变形矫正

```
read_image(Image, 'ecc200_to_preprocess_001.png')
*定义坐标变量
XCoordCorners := [130, 225, 290, 63]
YCoordCorners := [101, 96, 289, 269]
*生成透视变换矩阵
hom_vector_to_proj_hom_mat2d(XCoordCorners, YCoordCorners, [1, 1, 1, 1],
[70, 270, 270, 70], [100, 100, 300, 300], [1, 1, 1, 1], 'normalized_dlt', HomMat2D)
*对图像进行投影变换
projective_trans_image(Image, Image_rectified, HomMat2D, 'bilinear', 'false',
'true')
```

(a) 原图　　(b) 变换结果图

图 5.9　投影变换结果

实例 5-7 中，原图二维码处于变形状态，看起来像是在三维空间。通过定义四个角点的坐标，利用 hom_vector_to_proj_hom_mat2d 算子生成投影变换矩阵，最后通过 projective_trans_image 进行投影变换，得到矫正后的二维码图像，从而方便后续的二维码识别，如图 5.9 所示。

实例 5-8：利用极坐标变换实现环形目标到水平位置变换

```
*定义输出图像宽度和高度
WidthP := 900
HeightP := 20
*读取图像
read_image (Image, ' cd_print.png ')
*经过图像预处理，提取包含字符和条码区域的圆环形区域
mean_image (Image, ImageMean, 211, 211)
dyn_threshold (Image, ImageMean, RegionDynThresh, 15, 'dark')
connection (RegionDynThresh, ConnectedRegions)
select_shape_std (ConnectedRegions, SelectedRegions, 'max_area', 0)
gen_contour_region_xld (SelectedRegions, Contours, 'border')
fit_circle_contour_xld (Contours, 'ahuber', -1, 0, 0, 3, 2, Row, Column,
Radius, StartPhi, EndPhi, PointOrder)
*采用极坐标变换将圆环形区域展开
polar_trans_image_ext (Image, ImagePolar, Row, Column, 0, rad(360), Radius
-30, Radius -5, WidthP, HeightP, 'bilinear')
*将变换展开后的图像旋转 180°，方便观察
rotate_image (ImagePolar, ImageRotate, 180, 'constant')
```

为了将环形检测目标变换到水平位置，首先提取圆环形区域，然后对其进行极坐标变换，即可将其展开为水平位置，从而方便后续处理，此即为极坐标变换的重要应用。如图 5.10 所示。

(a) 原图

(b) 极坐标变换结果

图 5.10 极坐标变换结果

第6章 图像预处理方法

机器视觉是通过分析视觉图像，提取相关特征并进行判断，如缺陷检测、识别、定位等，从而将判断结果传输给执行机构，让执行机构完成相应的动作。由于图像在采集过程中，不可避免地存在噪声、光照等变化，导致直接提取感兴趣区域比较困难。因此，需要先对图像进行预处理，包括图像增强、滤波去噪、边缘提取、形态学运算以及图像分割等处理。

6.1 图像增强

图像增强的目的是改善图像质量，增强的结果是让图像更方便提取特征。图像增强算法通过对图像整体或局部灰度值进行调整，起到提高图像对比度作用，突出特征与背景之间的差异化。增强的目标是让图像更加适合于特定应用，因此，不同的应用场景、不同的图像，采用的增强方法是不一样的。换言之，没有针对图像增强的通用理论或算法。

6.1.1 线性变换：scale_image

（1）原理

设图像为 $f(x,y)$，变换结果为 $g(x,y)$，线性变换定义为式（6-1）所示。

$$g(x,y)=af(x,y)+b \tag{6-1}$$

线性变换的输入和输出是一种线性关系，式（6-1）是直线方程。由直线方程可以知道，变换结果与直线方程的系数 a 以及截距 b 有关。其中，a 决定图像变换后的对比度，b 决定图像变换后的亮度。如果 a 等于 1，在截距 b 增加的情况下，变换后的灰度值统一增加 b，变换后的图像只是看起来比原图像更亮，但是图像的对比度没有发生变化。通过调节 a 的大小，可以控制图像的对比度变化。

当图像比较暗或者比较亮时，通过线性变换可以整体调节图像的对比度和亮度。但是，如果只需要改变图像局部的对比度和亮度，则不能直接采用该方法。此时，可以先提取出需要改变对比度和亮度的区域，再利用线性变换对其进行增强处理。此时，相当于对图像进行了分段线性变换。

（2）算子说明及作用

```
scale_image(Image:ImageScaled:Mult, Add:)
```

参数说明：

Image：输入图像。

ImageScaled：变换后结果。

Mult：改变对比度参数。

Add：改变亮度参数。

作用：算子 scale_image 用于实现图像线性变换。其变换结果有可能超过 0 到 255 范围，HALCON 中的处理方式是不在该范围内的值直接截断。

6.1.2　最大值范围线性变换：scale_image_max

（1）原理

如果图像整体灰度值都处于某个小范围内，如整体比较暗或比较亮，此时，很容易想到的方法是将图像灰度值范围扩大，拉伸到 0 到 255 范围内。最大值范围线性变换即根据此思想而来。以字节类型图像为例，该类图像的灰度值范围是 0 到 255。该方法需要首先统计图像灰度值的最小值和最大值，如果图像的整体灰度值在 0 到 100 之间，则利用线性变换，将灰度值从最小值到最大值范围拉伸到 0 到 255 范围内。

（2）算子说明及作用

```
scale_image_max(Image:ImageScaleMax::)
```

参数说明：

Image：输入图像。

ImageScaleMax：输入变换结果图像。

作用：该算子不需要自己确定变换范围，算子自己会计算图像的最小值和最大值，然后自动拉伸到 0 到 255 范围之间。该算子对于图像灰度整体范围比较集中的图像比较有效。

6.1.3　分段线性变换：scale_image_range

（1）原理

分段线性变换是线性变换的一种扩展。如果图像中只是某些感兴趣的局部区域对比度比较差，一个很自然的想法是能够对这些区域进行增强而抑制其它区域。分段线性变换即为实现这种效果。为了凸显感兴趣区域并且抑制其它区域，可以将图像灰度进行分段，对每一段分别进行线性变换。式（6-2）是经典的采用三段线性函数进行变换。

$$g(x,y)=\begin{cases}\dfrac{c}{a}f(x,y) & 0\leqslant f(x,y)\leqslant a\\ \dfrac{d-c}{b-a}[f(x,y)-a]+c & a\leqslant f(x,y)\leqslant b\\ \dfrac{M_g-d}{M_f-b}[f(x,y)-b]+d & b\leqslant f(x,y)\leqslant M_f\end{cases} \tag{6-2}$$

图 6.1 是分段线性变换的图示。从图 6.1 可以看出，输入灰度图像 $f(x,y)$ 的灰度级被分为了三个区间，每个区间分别采用了不同的线性变换，在[0,a]区间，输入灰度被抑制，在[a,b]区间，输入灰度对比度增大，在[b,M_f]区间，输入灰度再次被抑制。通过该分段线性变换，原图像变换为 $g(x,y)$，感兴趣区域的对比度得到了增强。

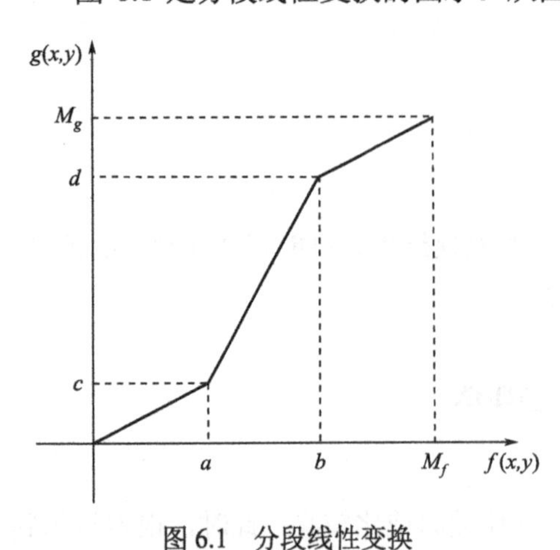

图 6.1　分段线性变换

相对于线性变换而言，分段线性变换可以任意组合，在调整图像对比度方面，分段线性变换的效果更好。但是，分段线性变换的参数较多，需要更多的输入。分段线性变换主要用在对比度拉伸方面，通过控制不同灰度级的不同变换函数，达到增强感兴趣区域并且抑制背景区域的目的。

（2）算子说明及作用

```
scale_image_range(Image:ImageScaled:Min, Max:)
```

参数说明：

Image：输入图像。

ImageScaled：输出变换结果图像。

Min：分段的最小值。

Max：分段的最大值。

作用：在 HALCON 中，并没有图 6.1 所示的分段线性变换函数，但是提供了 scale_image_range 算子用于指定范围的灰度线性变换，该算子可以实现分段线性变换的效果。分段线性变换主要用于图像中某些局部区域需要增强的地方。

6.1.4　对数变换：log_image

（1）原理

对数变换是非线性变换，其一般表达式如式（6-3）所示：

$$g(x,y)=c\log[1+f(x,y)] \qquad (6\text{-}3)$$

数学中的对数变换函数曲线如图 6.2 所示。图像的对数变换与此一样。从图 6.2 以及对数函数可知，对数变换可以将图像的低灰度值部分进行扩展，显示出低灰度部分更多的细节，将其高灰度值部分压缩，减少高灰度值部分的细节，从而达到强调图像低灰度部分，增强图像的暗部细节的目的。

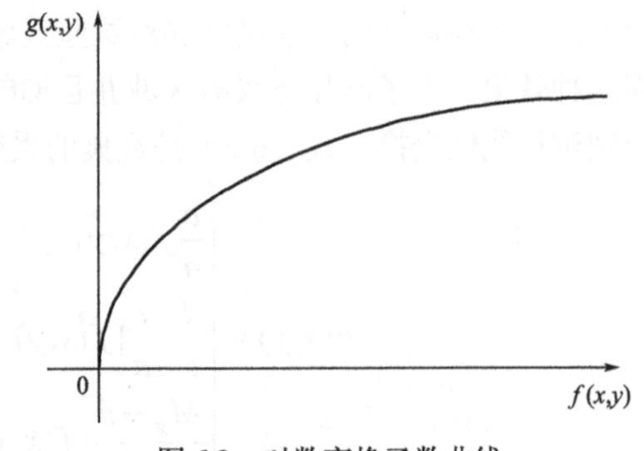

图 6.2　对数变换函数曲线

由于对数变换的自变量不能为 0，对应在图像中的像素值不能为 0。一种处理方法是先对图像像素值整体加上 1，然后再进行对数变换，另一种处理方法是当图像像素值为 0 时，直接将变换结果赋值为 0。

（2）算子说明及作用

```
log_image(Image:LogImage:Base:)
```

参数说明：

Image：输入图像。

LogImage：对数变换结果。

Base：对数变换的底数。

作用：HALCON 中 log_image 算子实现图像对数变换，对数变换的底数通常取自然对数 e、2 或 10。如果图像像素值为 0，在 HALCON 中将对变换结果直接赋值 0。如果图像需要扩大低灰度值区域，抑制高灰度值部分，则可以采用对数变换实现。

6.1.5 图像开方：sqrt_image

（1）原理

图像开方变换是一种非线性的变换。与数学上的开方运算一样，图像开方运算是对图像中的每个像素值进行开方运算。由开方运算的原理可知，当图像像素值差别比较大时，通过开方运算可以减少像素值之间的差异，从而起到增强图像的目的。

该运算原理简单，但是对图像的增强效果还是比较好，尤其是当图像的像素值差别比较大时，可以通过该算子调节像素值之间的差距。该算子可以抑制像素值比较大的部分，开方运算之后，将图像像素值拉伸到 0 到 255 范围内，可以提高图像暗区域的灰度值。

（2）算子说明及作用

```
sqrt_image(Image:SqrtImage::)
```

参数说明：

Image：输入图像。

SqrtImage：输出开方结果图像。

作用：sqrt_image 算子实现图像开方运算。算子只有一个输入图像参数，该算子比较简单，可以实现对数变换类似的效果。但是，由开方运算可知，灰度值最大为 255，开方运算后图像的灰度范围在 0 到 16 之间。得到的结果是灰度区间一般要大于自然对数运算结果。

6.1.6 幂次变换：pow_image

（1）原理

幂次变换是一种非线性变换，它的一般形式如式（6-4）所示：

$$g(x,y)=cf(x,y)^{\gamma} \tag{6-4}$$

式（6-4）中，c 和γ是正常数。对于幂次变换，当$\gamma=1$ 时，幂次变换退变成线性变换。由幂函数的性质可以知道，幂次变换与对数变换类似，当$\gamma>1$时，将灰度值比较大的像素值进行拉伸，当$\gamma<1$时，将灰度值比较小的像素值进行拉伸。图 6.3 是来自冈萨雷斯《数字图像处理》一书，由图中幂次变换曲线可以看出，γ取不同的值，得到的幂次变换结果。针对不同的增强要求，选择不同的γ值，可以得到对应的效果。

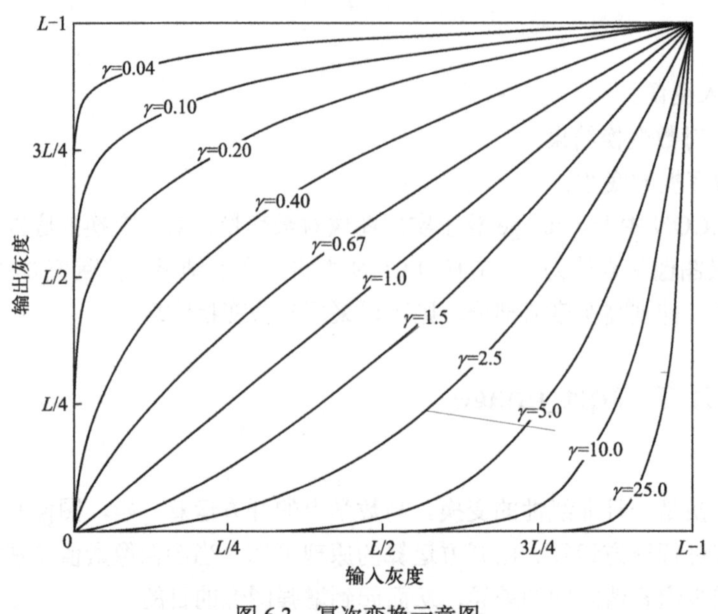

图 6.3　幂次变换示意图

（2）算子说明及作用

```
pow_image(Image:PowImage:Exponent:)
```

参数说明：

Image：输入图像。

PowImage：输出变换图像。

Exponent：幂指数。

作用：pow_image 算子实现幂次变换。如果指数太大，则变换结果设置为 PowImage 可表示的最大值。如果灰度值为负值且指数不是整数，则结果中的相应灰度值将设置为 0。习惯上，将幂次变换中的指数γ称为伽马值幂次变换，也称为伽马变换。在 CRT 显示器中，常采用伽马校正让输出图像接近于原图像。在扫描仪以及打印机中也是类似，唯一不同的地方是采用了不同的γ值。采用幂次变换来修正图像的对比度也是常用的方法。

6.1.7　直方图均衡化：equ_histo_image

（1）原理

直方图均衡化通过直方图来修正原图像，达到图像增强的目的。图像的相对直方图是图像灰度的概率分布，所有灰度的概率之和为 1。设灰度级为 k 的像素点数量为 n_k，图像中所有像素数量为 n，p_k 代表 n_k 在图像中所占有的比例，也就是 n_k 出现的概率。因此有

$$p_k(n_k) = \frac{n_k}{n} \qquad (k = 0,1,2,\cdots,255) \tag{6-5}$$

直方图均衡化采用原始图的累计分布函数作为变换函数。假设灰度级归一化至范围[0,1]内，p_k 表示给定图像中的灰度级的概率密度函数，对于离散的灰度级，均衡化变换为

$$s_k = T(n_k) = \sum_{j=1}^{k} p_k(n_j) = \sum_{j=1}^{k} \frac{n_j}{n} \tag{6-6}$$

式（6-6）中，s_k 表示变换之后的值，其范围为归一化的范围，即[0,1]范围。如果需要将图像的灰度范围扩展到[0，255]，只需要对[0，1]进行线性拉伸即可。通过上述变换，每个原始图像的像素灰度级 n_k 都会产生一个 s 值。变换函数 $T(n_k)$满足以下条件：

① $T(n_k)$在区间[0，1]中为单值且单调递增；

② 当 n_k 在[0，1]时，$0 \leqslant T(n_k) \leqslant 1$，即 $T(n_k)$的取值范围与 n_k 相同。

（2）算子说明及作用

```
equ_histo_image(Image:ImageEquHisto::)
```

参数说明：

Image：输入图像。

ImageEquHisto：变换后图像。

作用：算子 equ_histo_image 实现直方图均衡化变换。直方图均衡化通过修正直方图达到增强图像的目的，该变换是分线性变换。用累积分布函数作为映射函数，对于连续分布函数，结果将是精确的均衡，对于图像这种数字化离散分布函数，结果并不能使变换后的图像直方图完全均衡，但是不影响图像增强的效果。直方图均衡化作为非线性变换增强方法，对于直方图分布不均的图像比较有效，从图像上来看，图像的灰度值集中在某些局部区域。

6.1.8 边缘增强：emphasize

（1）原理

边缘增强算法首先对图像进行均值滤波（均值滤波将在 6.2.1 节介绍），然后，滤波结果与原图像进行减法运算，再在相减的结果上再乘上一个系数，最后，将结果加在原图上。设原图为 $f(x,y)$，均值滤波后的图像为 $m(x,y)$，结果图像为 $g(x,y)$，系数为 λ。则边缘增强可以用式（6-7）表示如下：

$$g(x,y)=\lambda(f(x,y)-m(x,y))+f(x,y) \tag{6-7}$$

当图像进行均值滤波后，边界将变得模糊。此时，由于原图像的边界像素值比较大，而非边界像素值变化不大，和原图像进行减法运算后，在突出边界的同时可以抑制非边界区域，当与原图像相加之后，就可以得到边界更加明显的增强图像。

（2）算子说明及作用

```
emphasize(Image:ImageEmphasize:MaskWidth, MaskHeight, Factor:)
```

参数说明：

Image：输入图像。

ImageEmphasize：输出增强后图像。

MaskWidth：均值滤波器的宽度。

MaskHeight：均值滤波器的高度。

Factor：提高对比度的因子。

作用：算子 emphasize 用于增强图像中边界区域的对比度。当被检测区域的边界不够明显时，可以先通过该算子提高边界的对比度，在进行边界检测的时候，可以先通过该算子对边界进行增强。滤波器的大小对结果有影响。

6.1.9 改善光照增强：illuminate

（1）原理

该算法原理与边缘增强算法类似，只是该算法直接取图像数据类型对应最大值的中值与均值进行减法运算，例如，对于字节数据类型的图像，最大值为255，中值为127。然后，再在相减的结果上再乘上一个系数，最后，将结果加在原图上。设原图为$f(x,y)$，中值为val，均值滤波后的图像为$m(x,y)$，结果图像为$g(x,y)$，系数为λ。则改善光照增强可以用式（6-8）表示如下：

$$g(x,y)=\lambda(val-m(x,y))+f(x,y) \tag{6-8}$$

（2）算子说明及作用

```
illuminate(Image:ImageIlluminate:MaskWidth, MaskHeight, Factor:)
```

参数说明：

Image：输入图像。

ImageIlluminate：输出改善后图像。

MaskWidth：均值滤波器的宽度。

MaskHeight：均值滤波器的高度。

Factor：提高对比度的因子。

作用：该算子可增强对比度。图像中非常暗的部分被“照亮”得更强烈，而非常亮的部分则被“变暗”。滤波器的大小对结果有影响。

6.1.10 图像增强应用实例

实例 6-1：各种增强算子应用方法示例

```
read_image(DotPrintRotated03, 'dot_print_rotated_03.png')
scale_image(DotPrintRotated03, ImageScaled, 2, 0)
min_max_gray(DotPrintRotated03,DotPrintRotated03,0, Min, Max, Range)
scale_image_max(DotPrintRotated03,ImageScaleMax)
scale_image_range(DotPrintRotated03,ImageScaled2, [19,50], [99,200])
```

```
log_image(DotPrintRotated03,LogImage, 'e')
pow_image(DotPrintRotated03,PowImage, 2)
sqrt_image(DotPrintRotated03,SqrtImage)
equ_histo_image(DotPrintRotated03,ImageEquHisto)
emphasize(ImageEquHisto,ImageEmphasize, 17, 17, 1)
illuminate(DotPrintRotated03,ImageIlluminate, 101, 101, 0.7)
```

图 6.4 是各种图像增强方法结果。原图字符区域灰度比较暗，而且存在光照不均的情况，通过对此图像进行各种增强方法的对比，可以看出，有一些增强方法能够适应该图像。如果要提取出字符区域，几种线性变换方法、对数变换以及改善光照等方法能够得到比较好的结果。

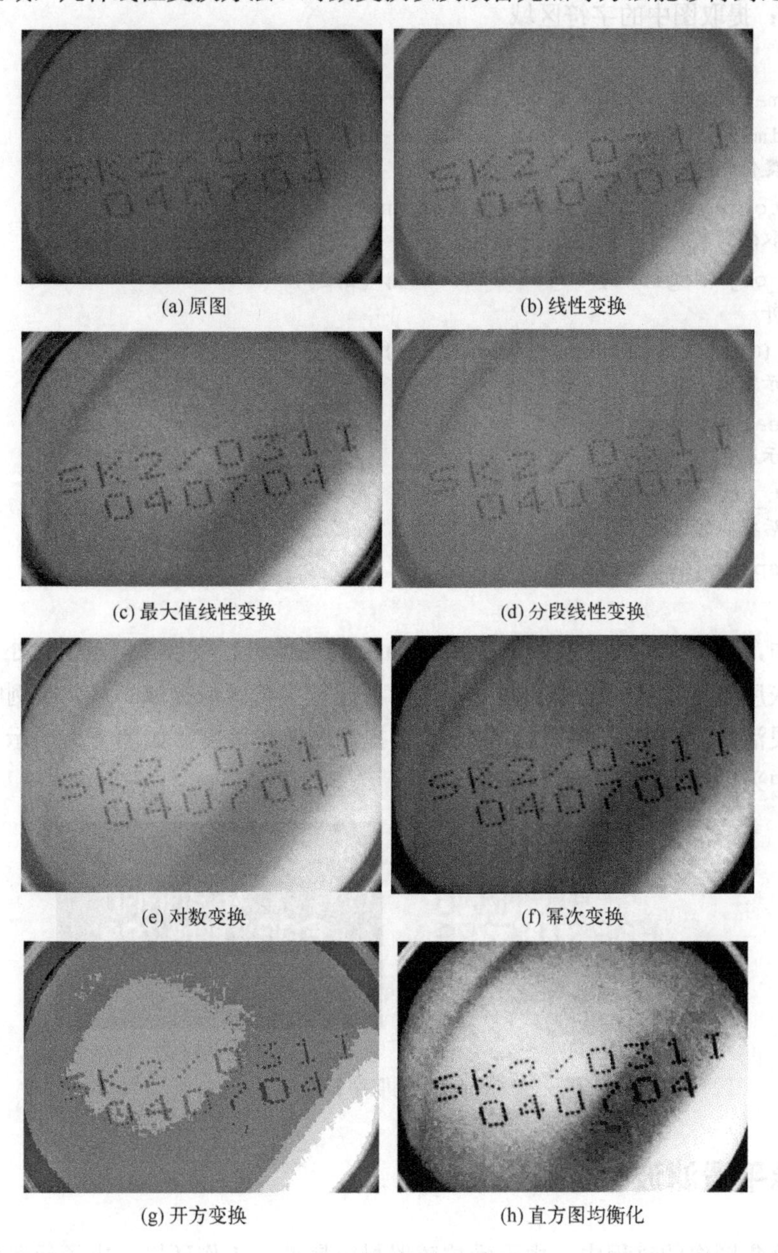

(a) 原图　　(b) 线性变换

(c) 最大值线性变换　　(d) 分段线性变换

(e) 对数变换　　(f) 幂次变换

(g) 开方变换　　(h) 直方图均衡化

图 6.4

(i) 边缘增强

(j) 改善光照

图 6.4　各种图像增强方法

实例 6-2：提取图中的字符区域

```
read_image (B51, 'b5_1')
scale_image (B51, ImageScaled, 0.02, 0)
*提取灰度值相等的区域
label_to_region (ImageScaled, Regions)
*选择提取的需求
select_obj (Regions, ObjectSelected, [1,2])
*区域合并
union1 (ObjectSelected, RegionUnion)
*清空显示窗体
dev_clear_window ()
*设置显示颜色
dev_set_colored (6)
*显示最后提取的区域
dev_display (RegionUnion)
```

该实例中，采用了线性变换算子 scale_image 对图像进行变换。但是，此处是进行灰度压缩变换，将灰度值变换到一个小的区间，然后再进行字符区域提取。从此实例中可以看出，算法运用的灵活性，图像增强算法并非一定要提高图像对比度，如图 6.5 所示。没有提高的算子在实例中采用注释的方式进行简单说明。

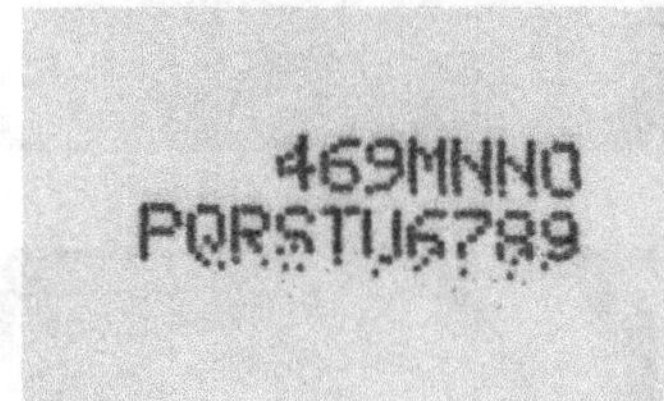

(a) 原图

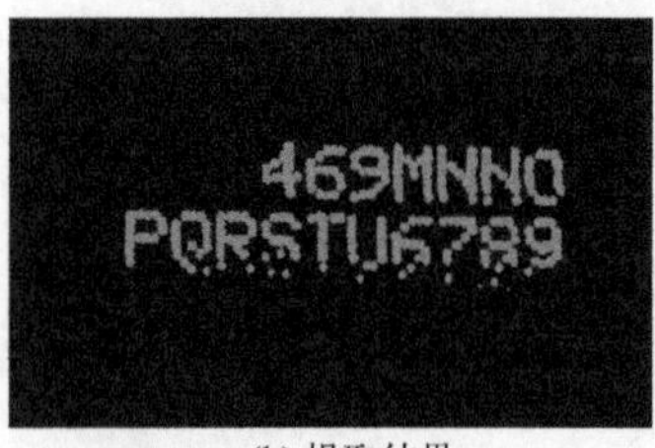

(b) 提取结果

图 6.5　提取字符区域

6.2　图像平滑滤波

相机在采集图像的过程中，由于受传感器材料属性、工作环境、电子元器件和电路结构等影响，会引起各种噪声，如电阻引起的热噪声、光子噪声、暗电流噪声、光响应非均匀性噪声。此外，在图像传输过程中，由于传输介质和记录设备等的不完善，数字图像在其传输记录过程中往往也会受到多种噪声的污染。图像噪声将影响图像处理结果，因此，有时候需要对图像进行去噪处理。

6.2.1 均值滤波：mean_image

（1）原理

均值滤波也称为线性滤波。均值滤波即取均值代替原像素值的滤波方法。图像中相邻像素间存在很高的空间相关性，而噪声则是统计独立的。因此，可用邻域内各像素的灰度平均值代替该像素原灰度值，实现图像的平滑，此方法称为均值滤波。均值滤波能够去掉尖锐噪声，实现平滑图像的目的。

均值滤波常用图像与均值滤波模板进行卷积运算实现。滤波模板也称为滤波器。图像的卷积就是两个二维离散函数的卷积运算。设二维图像函数为$f(m,n)$，卷积核为$g(m,n)$。图像和卷积核只在各自的大小范围内有值，其他区域视为0，因此，二维图像的卷积定义为式（6-9）所示。

$$[f*g](m,n)=\sum_{i=-\infty}^{\infty}\sum_{j=-\infty}^{\infty}f(i,j)g(m-i,n-j) \tag{6-9}$$

对于图像卷积运算所使用的卷积核，通常是中心对称结构，卷积核翻转之后没有变化。因此，图像卷积运算就是图像与卷积核进行对应位置乘积之后求累加和，而不用再对卷积核进行翻转操作。

设对图像$f(x,y)$采用均值滤波后的结果为$g(x,y)$，最简单的均值滤波可以表示为邻域内像素值的平均值，如式（6-10）所示。

$$g(x,y)=\frac{1}{M}\sum_{f\in S}f(x,y) \tag{6-10}$$

式（6-10）中，S为图像中选取的邻域大小，如3×3，5×5等，M为滤波模板系数，通常为模板内的数值之和。图6.6为均值滤波示意图。

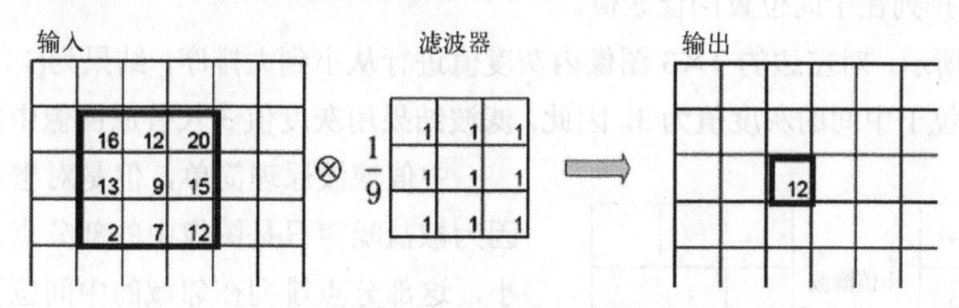

图6.6 均值滤波示意图

均值滤波算法简单，但它在降低噪声的同时使图像模糊，尤其是在边缘和细节位置。而且滤波模板越大，在去噪能力增强的同时模糊程度越严重。为了体现邻域内不同位置灰度值的重要性，滤波模板可以做一些改进，一般增加滤波模板中心位置的权重，越远离中心位置权重越小，常用均值滤波卷积模板如图6.7所示。

$$H_1=\frac{1}{9}\begin{bmatrix}1&1&1\\1&1&1\\1&1&1\end{bmatrix}\quad H_2=\frac{1}{10}\begin{bmatrix}1&1&1\\1&2&1\\1&1&1\end{bmatrix}\quad H_3=\frac{1}{16}\begin{bmatrix}1&2&1\\2&4&2\\1&2&1\end{bmatrix}$$

$$H_4=\frac{1}{8}\begin{bmatrix}1&1&1\\1&0&1\\1&1&1\end{bmatrix}\quad H_5=\frac{1}{2}\begin{bmatrix}0&\frac{1}{4}&0\\\frac{1}{4}&0&\frac{1}{4}\\0&\frac{1}{4}&0\end{bmatrix}$$

图 6.7　常用均值滤波卷积模板

不管什么样的滤波模板，通常都要保证全部系数之和为单位值 1，这样输出图像灰度值不会产生溢出现象。

（2）算子说明及作用

```
mean_image(Image:ImageMean:MaskWidth, MaskHeight:)
```

参数说明：

Image：输入图像。

ImageMean：输出滤波结果图像。

MaskWidth：滤波器宽度。

MaskHeight：滤波器高度。

作用：mean_image 算子实现图像的均值滤波。尽管该算子是用于去掉图像中的噪声，但是，当滤波器尺寸足够大时，滤波结果可以用于评估图像背景灰度值。因此，该算子如果结合减法运算，可以得到去除背景的图像。

6.2.2　中值滤波：median_image

（1）原理

在给定大小的图像邻域内，对邻域内的灰度值按照从小到大进行排序，然后，取排列中间的值代替原邻域内中心位置的值，即为中值滤波。中值滤波的邻域内像素数量通常为奇数，是为了保证有排列在中间位置的像素值。

如图 6.8 所示，对左边的 3×3 图像内灰度值进行从小到大排序，结果为[1、2、2、3、3、4、8、9、10]，位于中间的灰度值为 3。因此，滤波结果用灰度值 3 代替原图像中间的灰度值。

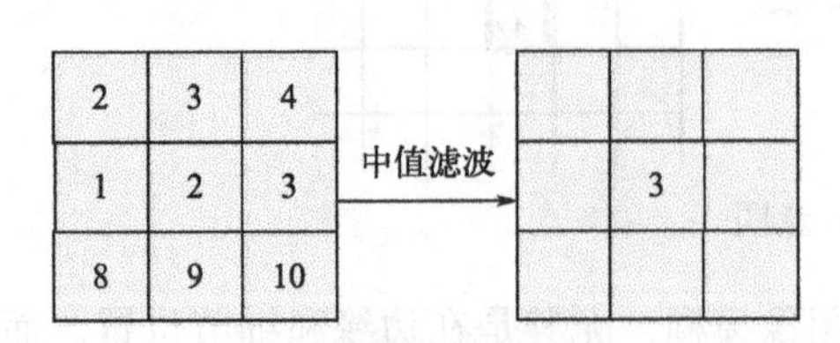

图 6.8　中值滤波示意图

中值滤波原理简单，但是对椒盐噪声有效。因为椒盐噪声只是图像中的部分点，根据概率大小，这部分点排列在邻域的中间位置的概率比较低，所以可以过滤掉。

中值滤波器的形状有多种，如直线、方形、十字形、圆形、菱形等，如图 6.9 所示。不同形状的窗口产生不同的滤波效果。从经验上看，方形或圆形窗口适宜于外轮廓线较长的物体图像，而十字形窗口对有尖顶角状的图像效果好。

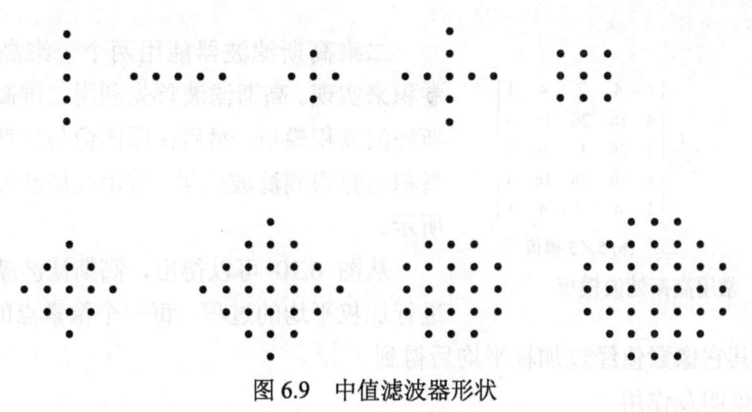

图 6.9 中值滤波器形状

（2）算子说明及作用

```
median_image(Image:ImageMedian:MaskType, Radius, Margin:)
```

参数说明：

Image：输入图像。

ImageMedian：输出滤波结果图像。

MaskType：滤波器形状。

Radius：滤波器大小。

Margin：边界处理方法。

作用：中值滤波是一种非线性滤波，该滤波算法对椒盐噪声抑制效果好。但是如果滤波器尺寸太大，也会模糊边缘，并且它对点、线等细节较多的图像却不太合适。在 HALCON 中与此类似的算子有 median_rect、rank_rect、rank_image。median_rect 算子直接使用矩形邻域实现中值滤波，而 rank_rect 和 rank_image 可以自己定义滤波形状，使用更加灵活。

6.2.3 高斯滤波：gauss_filter

（1）原理

高斯滤波是利用高斯函数生成滤波模板，然后与原图像进行卷积的过程。高斯滤波是一种线性平滑滤波，其本质是一种带权重的均值滤波。该算法对去除服从正态分布的噪声有很好的效果。一维零均值高斯函数为 $g(x)=\mathrm{e}^{-x^2/2\sigma^2}$，其中，$\sigma$ 决定了高斯滤波器的宽度。对图像来说，常用二维零均值离散高斯函数作平滑滤波器，其函数表达式如下：

$$g(i,j)=\mathrm{e}^{-(i^2+j^2)/2\sigma^2} \tag{6-11}$$

高斯函数具有如下性质：

① 旋转对称性。

② 单值函数。

③ 傅里叶变换的频谱是单瓣的。

④ 滤波器的宽度是由参数 σ 表征。

⑤ 可分离性。

$$\frac{1}{16}\begin{bmatrix}1 & 2 & 1\\ 2 & 4 & 2\\ 1 & 2 & 1\end{bmatrix}$$

(a) 3×3 模板

$$\frac{1}{273}\begin{bmatrix}1 & 4 & 7 & 4 & 1\\ 4 & 16 & 26 & 16 & 4\\ 7 & 26 & 41 & 26 & 7\\ 4 & 16 & 26 & 16 & 4\\ 1 & 4 & 7 & 4 & 1\end{bmatrix}$$

(b) 5×5 模板

图 6.10 常用高斯滤波模板

二维高斯滤波器能用两个一维高斯滤波器逐次卷积来实现。高斯滤波首先利用二维高斯函数生成高斯滤波卷积模板，然后让原图像与高斯滤波模板进行卷积运算得到滤波结果。常用高斯滤波模板如图 6.10 所示。

从图 6.10 可以得出，高斯滤波就是对整幅图像进行加权平均的过程，每一个像素点的值，都由其本身和邻域内的其它像素值经过加权平均后得到。

（2）算子说明及作用

```
gauss_filter(Image:ImageGauss:Size:)
```

参数说明：

Image：输入图像。

ImageGauss：输出滤波结果图像。

Size：滤波器大小。

作用：高斯滤波适用于消除高斯噪声，广泛应用于图像处理的去噪。高斯滤波器是一个低通滤波器。高斯噪声是指它的概率密度函数服从高斯分布。高斯噪声的二阶矩不相关，一阶矩为常数，高斯噪声包括热噪声和散粒噪声。高斯滤波后图像平滑的程度取决于 σ 的值，它的输出是邻域内像素的加权平均，离中心越近的像素权重越高。因此，相对于均值滤波，它的平滑效果更柔和，而且边缘保留得也更好，但是同样会让图像模糊。

6.2.4 双边滤波：bilateral_filter

（1）原理

双边滤波在高斯滤波的基础上，增加了像素值之间的差异保护，从而在滤波的同时保持边界不被模糊。它是一种非线性滤波器，也是采用加权平均的方法，用周边像素亮度值的加权平均代表某个像素的强度，所用的加权平均基于高斯分布。双滤波以像素之间的距离和像素值之间的灰度差异这两个权重为基础进行滤波。双边滤波公式可以表达为式（6-12）。

$$g(i,j)=\frac{\sum_{k,l}f(k,l)w(i,j,k,l)}{\sum_{k,l}w(i,j,k,l)} \tag{6-12}$$

式中，$w(i,j,k,l)$ 为权重系数，为图像邻域内空间距离与像素灰度值共同作用的结果。$w(i,j,k,l)$ 的定义如下：

$$w(i,j,k,l)=\exp\left(-\frac{(i-k)^2+(j-l)^2}{2\sigma_{\mathrm{d}}^2}-\frac{\|f(i,j)-f(k,l)\|^2}{2\sigma_{\mathrm{r}}^2}\right) \tag{6-13}$$

式中，σ_{d} 表示空间距离的标准偏差；σ_{r} 表示像素灰度大小关系的标准偏差。

图 6.11 的双边滤波的计算如下：中心点灰度值为 150，左上角第一个点的灰度值为 153。左上角距离中心点的距离为 $x=2$，$y=2$，因此，其左上角与中心点之间的距离差异为

$$G_{\mathrm{d}}=\exp\left(-\frac{(0-2)^2+(0-2)^2}{2\sigma_{\mathrm{d}}^2}\right) \tag{6-14}$$

左上角与中心点之间的像素灰度差异为

$$G_{\mathrm{r}}=\exp\left(-\frac{(150^2-153)^2}{2\sigma_{\mathrm{r}}^2}\right) \tag{6-15}$$

153	148	143	145	138
150	150	151	147	147
148	147	150	151	147
155	156	155	149	144
163	159	157	145	142

图 6.11 双边滤波计算示意图

给定 σ_{d} 和 σ_{r}，即可计算出 G_{d} 和 G_{r}。将 G_{d} 与 G_{r} 相乘即得到每个点对应的权重 w。

即 $w=G_{\mathrm{d}}\times G_{\mathrm{r}}$。依次计算每个点与中心点之间的权重 w，求解其与该点的灰度值相乘之后的累加和除以权重的累加和，即为双边滤波的结果。

（2）算子说明及作用

```
bilateral_filter(Image, ImageJoint : ImageBilateral : SigmaSpatial, SigmaRange,
GenParamName, GenParamValue : )
```

参数说明：

Image：输入图像。

ImageJoint：引导图像，与 Image 的大小和数据类型相同，如果为常数，则滤波结果与高斯滤波一样。

ImageBilateral：输出滤波结果。

SigmaSpatial：高斯滤波器大小。

SigmaRange：对比度低于该值的弱边缘区域中的像素会平滑，用于保护边界。

GenParamName：附加参数名，可以不用。

GenParamValue：附加参数值，可以不用。

作用：bilateral_filter 算子实现双边滤波。在图像平坦区域，灰度值变化比较小，像素点的空间距离起到主要作用；在边缘部分像素值变化比较大，灰度值的大小起到主要作用。双边滤波除了保持高滤波的优点之外，还很好地保留了边界特征。

6.2.5 各向异性扩散滤波：anisotropic_diffusion

（1）原理

各向异性扩散滤波克服了高斯滤波模糊的缺陷，各向异性扩散在平滑图像时是保留图像边缘的，和双边滤波很像。该算法根据当前像素和周围像素的关系，来确定是否要向周围扩散。例如某个邻域像素和当前像素差别较大，则代表这个邻域像素很可能是个边界，那么当前像素就不向这个方向扩散了，这个边界也就得到保留了。

该算法由 Perona 和 Malik 提出的两种扩散系数方程而来，也就是 P-M 方程。通过扩散方程可以用梯度下降方程最小化能量函数，然后就可以使用梯度下降方程去降低图像的梯度，从而平滑图像。

（2）算子说明及作用

```
anisotropic_diffusion(Image:ImageAniso:Mode, Contrast, Theta, Iterations:)
```

参数说明：

Image：输入图像。

ImageAniso：输出滤波结果。

Mode：扩散模式。

Contrast：对比度。

Iterations：迭代次数

作用：anisotropic_diffusion 算子实现各向异性扩散滤波，与双边滤波有类似的结果，根据设定的对比度，在相邻像素之间来判断是否是边界，该算子在去掉噪声的同时能保持边界。

6.2.6 导向滤波：guided_filter

（1）原理

导向滤波通过引导图像来进行滤波。该算法认为某函数上一点与其邻近部分的点成线性关系，一个复杂的函数就可以用很多局部的线性函数来表示，当需要求该函数上某一点的值时，只需计算所有包含该点的线性函数的值并做平均即可。通过一张引导图，对输入图像进行滤波处理，使得最后的输出图像大体上与初始图像相似，但是纹理部分与引导图相似。

（2）算子说明及作用

```
guided_filter(Image, ImageGuide:ImageGuided:Radius, Amplitude:)
```

Image：输入图像。

ImageGuide：输入引导图像。

ImageGuided：输出滤波结果图像。

Radius：滤波半径大小。

Amplitude：用于确定是否为边缘的幅值。

作用：如果 Image 和 ImageGuide 相同，guided_filter 类似于使用 Radius 大小的掩码对边缘保持平滑。对比度明显大于幅值的边缘像素将被保留，而平坦的像素将被平滑。因此，guided_filter 是各向异性扩散或双边过滤器的快速替代品。Image 和 ImageGuide 不同，除了 ImageGuide 对比度明显大于幅值的边缘的区域之外，使用 Radius 大小的掩码对图像进行平滑。如果 ImageGuide 是常数，引导滤波相当于连续两次均值滤波。

6.2.7 频域变换及滤波：rft_generic

（1）原理

频域内滤波是将图像从空间域转换到频域空间，再利用滤波方法对频率进行滤波。图像转换到频域空间的方法是傅里叶变换，图像经过傅里叶变换之后，出现的是频谱图像。

频谱图像一般是以图像中心为原点，频谱图像中心一般是低频成分，从中心向外频率逐渐增加，每一点的亮度值越高表示这个频率特征越突出，亮点越多越亮表示该频率成分越多。在空间域原图中某个方向变化剧烈，那么对应频谱中这个方向就会出现相应的亮点。由于噪声点相对于邻域内的灰度值变化比较大，因此，噪声对应在频谱图像中就是亮点。采用低通滤波方法，即可去掉频谱图像中的亮点，再进行傅里叶逆变换，则可以实现去掉噪声、光滑图像的目的。

设$M \times N$大小的二维离散图像$f(x,y)$，傅里叶变换的公式如式（6-16）所示。

$$F(u,v)=\sum_{x=0}^{M}\sum_{y=0}^{N}f(x,y)\mathrm{e}^{-j2\pi\left(\frac{ux}{M}+\frac{vy}{N}\right)} \tag{6-16}$$

式中，$F(u,v)$是频谱图像；u和v是频率变量；x和y是空间域图像像素坐标变量。图像空域的卷积运算在频域中为相乘操作。因此，将图像及滤波器变换到频域，将转换结果相乘后，再转换空间域后，就实现了频域滤波操作。

图像频域内滤波除了可以实现光滑图像之外，也可以对图像实现锐化，具体结果取决于滤波器。如果采用低通滤波器，让低频部分通过滤波器，可以实现图像光滑；如果采用高通滤波器，让高频部分通过滤波器，则可以实现图像锐化；如果采用带通滤波器，则可以指定某个段的频域通过滤波器。

（2）算子说明及作用

```
rft_generic(Image:ImageFFT:Direction, Norm, ResultType, Width:)
```

参数说明：

Image：输入图像。

ImageFFT：输出变换结果。

Direction：设定傅里叶变换的方向，即正变换或逆变换。

Norm：归一化因子。

ResultType：输出的数据类型。

Width：应优化运行时的图像宽度。

作用：算子 rft_generic 实现图像的傅里叶变换或逆变换，参数 Direction 决定是正变换或逆变换。但是，该算子只是实现傅里叶变换，并不实现图像滤波。要进行频域滤波，还需要生成频域内的滤波器，然后与傅里叶变换进行卷积运算才最终实现频域滤波。例如，采用 gen_sin_bandpass 算子生成正弦带通滤波器，然后采用 convol_fft 算子实现频域图像与滤波器卷积运算，最后再进行傅里叶逆变换完成图像滤波操作。

6.2.8　图像平滑滤波实例

实例 6-3：各种平滑滤波应用方法示例（图 6.12）

```
read_image(Image, 'mreut')
mean_image(Image, ImageMean, 9, 9)
median_image(Image, ImageMedian, 'circle', 3, 'mirrored')
gauss_filter(Image,ImageGauss, 5)
bilateral_filter(Image,Image,ImageBilateral, 3, 20, [], [])
anisotropic_diffusion(Image,ImageAniso, 'weickert', 5, 1, 10)
guided_filter(Image,Image, ImageGuided, 3, 20)
get_image_size (Image, Width, Height)
gen_lowpass(ImageLowpass, 0.2, 'none', 'rft',  Width, Height)
rft_generic (Image, ImageFFT, 'to_freq', 'none', 'complex', Width)
convol_fft (ImageFFT, ImageLowpass, ImageConvol)
rft_generic (ImageConvol, ImageFFT1, 'from_freq', 'n', 'byte', Width)
```

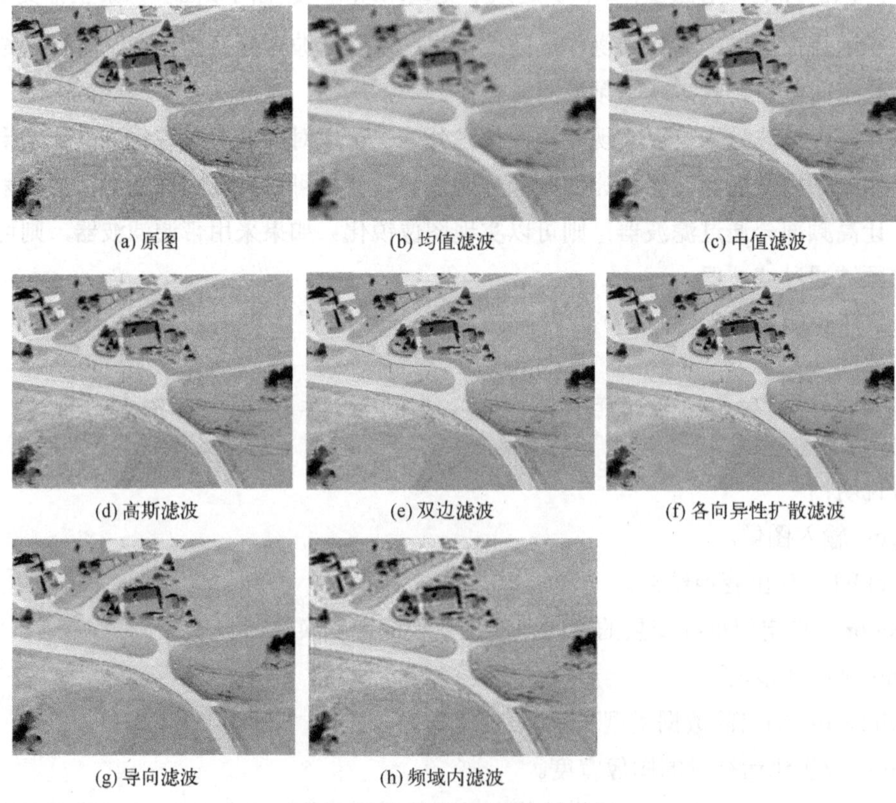

图 6.12 各种滤波应用方法示例

实例 6-4：利用均值滤波提取字符（图 6.13）

```
read_image (Alpha1, 'alpha1')
get_image_size (Alpha1, Width, Height)
mean_image (Alpha1, ImageMean, 9, 9)
sub_image(ImageMean,Alpha1, ImageSub, 1.2, 128)
*二值化
threshold(ImageSub, Region, 140, 255)
*提取连通域
```

```
connection (Region, ConnectedRegions)
*闭运算
closing_rectangle1(ConnectedRegions,RegionClosing,2,4)
*按照面积过滤提取区域
select_shape (RegionClosing, SelectedRegions, 'area', 'and', 15.74, 330.56)
```

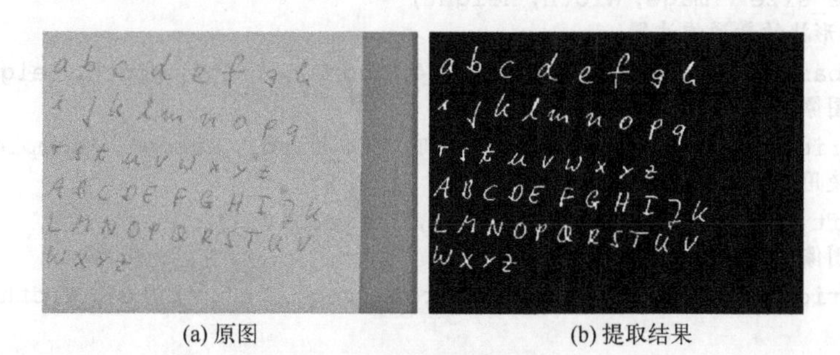

(a) 原图　　(b) 提取结果

图 6.13　利用均值滤波提取字符

实例 6-4 中，原图存在光照不均的情况，通过均值滤波，首先评估9×9大小邻域内的背景，然后与原图进行减法运算，得到字符区域，最后通过二值化、提取连通域及面积过滤等方法，实现字符区域提取。

实例 6-5：利用中值滤波提取产品表面字符（图 6.14）

```
read_image (Image, 'dongle_01')
get_image_size (Image, Width, Height)
median_image (Image, ImageMedian, 'square', 2, 'mirrored')
threshold (ImageMedian, Regions, 15, 30)
dilation_rectangle1(Regions, RegionDilation, 21, 1)
connection(RegionDilation, ConnectedRegions)
select_shape (ConnectedRegions, SelectedRegions, 'area', 'and', 12944, 18277)
union1(SelectedRegions, RegionUnion)
*从原图中提取感兴趣区域
reduce_domain(ImageMedian,RegionUnion, ImageReduced)
threshold (ImageReduced, Regions1, 6, 31)
connection(Regions1, ConnectedRegions1)
```

(a) 原图　　(b) 结果图像

图 6.14　利用中值滤波提取字符

实例 6-5 中，首先利用中值滤波去掉椒盐噪声，然后进行二值化和形态学膨胀和运算，之后进行连通域提取和面积过滤，实现字符区域的提取。

实例 6-6：利用傅里叶变换进行划痕检测（图 6.15）

```
read_image (Image, 'surface_scratch')
*反转图像
invert_image (Image, ImageInverted)
get_image_size (Image, Width, Height)
* 生成正弦形状的带通滤波器
gen_sin_bandpass (ImageBandpass, 0.4, 'none', 'rft', Width, Height)
*计算输入图像的快速傅立叶变换
rft_generic (ImageInverted, ImageFFT, 'to_freq', 'none', 'complex', Width)
*在频域中使用滤波器对图像进行卷积
convol_fft (ImageFFT, ImageBandpass, ImageConvol)
*计算输入图像的快速傅立叶变换
rft_generic (ImageConvol, Lines, 'from_freq', 'n', 'byte', Width)
*阈值分割
threshold (Lines, Region, 5, 255)
connection (Region, ConnectedRegions)
select_shape (ConnectedRegions, SelectedRegions, 'area', 'and', 5, 5000)
*形态学膨胀操作
dilation_circle (SelectedRegions, RegionDilation, 5.5)
*合并区域
union1 (RegionDilation, RegionUnion)
reduce_domain (Image, RegionUnion, ImageReduced)
*线条提取器（即 lines_gauss 算子）
lines_gauss (ImageReduced, LinesXLD, 0.8, 3, 5, 'dark', 'false', 'bar-
shaped', 'false')
*合并大致共线的轮廓（在一条直线上的轮廓）
union_collinear_contours_xld (LinesXLD, UnionContours, 40, 3, 3, 0.2,
'attr_keep')
*使用形状特征选择轮廓或多边形
select_shape_xld (UnionContours, SelectedXLD, 'contlength', 'and', 15, 1000)
*从子像素 XLD 轮廓创建一个区域
gen_region_contour_xld (SelectedXLD, RegionXLD, 'filled')
union1 (RegionXLD, RegionUnion)
*膨胀
dilation_circle (RegionUnion, RegionScratches, 10.5)
dev_display (Image)
dev_display (RegionScratches)
dev_display (RegionScratches)
```

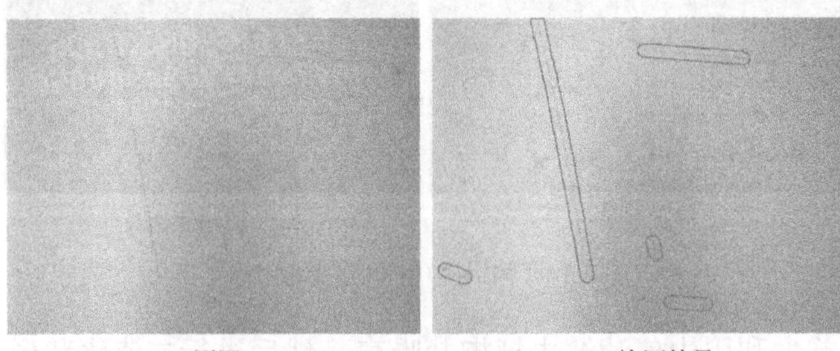

(a) 原图　　(b) 检测结果

图 6.15　利用傅里叶变换进行划痕检测

实例 6-6 中，采用傅里叶变换，将图像变换到频域空间，然后利用带通滤波器进行滤波，保留划痕区域，再进行傅里叶逆变换，最后进行二值化、形态学运算等操作，实现划痕检测。

6.3 边缘提取方法

边缘是图像中不同目标对象的边界，通过检测边缘，可以区分不同的目标对象。边缘像素灰度值相对于邻域灰度值有明显的区别，这种区别可以通过计算图像的一阶或二阶差分计算出来，从而实现图像边缘检测。要理解图像的差分计算，首先需要理解图像梯度的概念。

6.3.1 图像梯度的概念

二维函数$f(x, y)$的一阶导数可以表示为式（6-17）和式（6-18）所示。

$$\frac{\partial f(x,y)}{\partial x}=\lim_{\Delta x\to 0}\frac{f(x+\Delta x,y)-f(x,y)}{\Delta x} \tag{6-17}$$

$$\frac{\partial f(x,y)}{\partial y}=\lim_{\Delta y\to 0}\frac{f(x,y+\Delta y)-f(x,y)}{\Delta y} \tag{6-18}$$

由于图像是离散数据，Δ 即为一个像素。即Δx或Δy等于 1。因此，图像的一阶导数为式（6-19）和式（6-20）。

$$\frac{\partial f(x,y)}{\partial x}=f(x+1,y)-f(x,y) \tag{6-19}$$

$$\frac{\partial f(x,y)}{\partial y}=f(x,y+1)-f(x,y) \tag{6-20}$$

即图像的一阶导数就是两个水平或垂直方向上两个相邻像素的差值。同理可以计算图像的二阶导数如下：

$$\frac{\partial^2 f}{\partial x^2}=f(x+1,y)+f(x-1,y)-2f(x,y) \tag{6-21}$$

$$\frac{\partial^2 f}{\partial y^2}=f(x,y+1)+f(x,y-1)-2f(x,y) \tag{6-22}$$

梯度是一个有大小和方向的矢量，图像梯度就是指图像在 x 和 y 方向的变化。这种变化可以通过一阶差分计算得到。设图像梯度用$\nabla f(x,y)$表示。式（6-23）即表示图像梯度，式（6-24）表示梯度幅值计算，式（6-25）表示梯度方向计算。

$$\nabla f(x,y)=\left\{\nabla_x f(x,y),\quad \nabla_y f(x,y)\right\} \tag{6-23}$$

$$M(x,y)=\sqrt{\nabla_x f(x,y)^2+\nabla_y f(x,y)^2} \tag{6-24}$$

$$\tan\alpha=\frac{\nabla_y f(x,y)}{\nabla_x f(x,y)} \tag{6-25}$$

6.3.2 sobel算子：sobel_dir

（1）原理

sobel算子首先计算像素点在x和y方向的梯度，然后，按照式（6-24）计算该像素点的梯度幅值，即为 sobel 算子的计算结果。有时为了避免计算量过大，梯度幅值也可以采用式（6-26）所示方式代替。

$$M(x,y)=\nabla_x f(x,y)+\nabla_y f(x,y) \tag{6-26}$$

sobel 算子利用梯度模板与原图进行卷积运算得到检测结果。图6.16是sobel算子的计算模板。

$$D_x=\begin{bmatrix}-1 & 0 & 1\\ -2 & 0 & 2\\ -1 & 0 & 1\end{bmatrix} \quad D_y=\begin{bmatrix}-1 & -2 & -1\\ 0 & 0 & 0\\ 1 & 2 & 1\end{bmatrix}$$

图6.16　sobel算子的计算模板

（2）算子说明及作用

```
sobel_dir(Image:EdgeAmplitude, EdgeDirection:FilterType, Size:)
```

参数说明：

Image：输入图像。

EdgeAmplitude：输出幅值计算图像。

EdgeDirection：输出方向计算图像。

FilterType：滤波器类型。

Size：邻域大小。

作用：sobel_dir 算子通过计算一阶差分进行边缘检测。该算子同时得到幅值图像和方向图像。HACLON 还提供了 sobel_amp 算子只计算幅值图像。

6.3.3 kirsch算子：kirsch_dir

（1）原理

kirsch 算子采用八个模板（图 6.17）来检测。八个模板代表了八个方向，像素点需要计算八个方向的梯度，其计算方法也是一阶差分的形式。利用 kirsch 算子进行边缘检测时，图像分别与每个模板进行卷积运算，取八个方向的最大值作为边缘幅值的输出。卷积结果比较八个数的绝对值，正负号只是方向。

$$\begin{bmatrix}5 & 5 & 5\\ -3 & 0 & -3\\ -3 & -3 & -3\end{bmatrix} \begin{bmatrix}-3 & 5 & 5\\ -3 & 0 & 5\\ -3 & -3 & -3\end{bmatrix} \begin{bmatrix}-3 & -3 & 5\\ -3 & 0 & 5\\ -3 & -3 & 5\end{bmatrix} \begin{bmatrix}-3 & -3 & -3\\ -3 & 0 & 5\\ -3 & 5 & 5\end{bmatrix}$$

$$\begin{bmatrix}-3 & -3 & -3\\ -3 & 0 & -3\\ 5 & 5 & 5\end{bmatrix} \begin{bmatrix}-3 & -3 & -3\\ 5 & 0 & -3\\ 5 & 5 & -3\end{bmatrix} \begin{bmatrix}5 & -3 & -3\\ 5 & 0 & -3\\ 5 & -3 & -3\end{bmatrix} \begin{bmatrix}5 & 5 & -3\\ 5 & 0 & -3\\ -3 & -3 & -3\end{bmatrix}$$

图6.17　kirsch算子采用的模板

（2）算子说明及作用

```
kirsch_dir(Image:ImageEdgeAmp, ImageEdgeDir::)
```

参数说明：

Image：输入图像。

ImageEdgeAmp：输出幅值图像。

ImageEdgeDir：输出方向图像。

作用：kirsch_dir 用于检测图像边缘，相对于 soble 算子而言，要稍微麻烦一些。该算子也可以同时得到幅值图像和方向图像。HACLON 还提供了 kirsch_amp 算子只计算幅值图像。

6.3.4 prewitt 算子：prewitt_dir

（1）原理

prewitt 算子与 sobel 算子类似。该算子利用像素点上下左右邻点的灰度差实现图像的边缘检测，对噪声具有一定平滑作用。其计算方法与 sobel 一样，利用两个方向模板与图像进行卷积运算来实现，其计算模板分别如图 6.18 所示。

$$D_x=\begin{bmatrix}-1 & 0 & 1\\-1 & 0 & 1\\-1 & 0 & 1\end{bmatrix}\quad D_y=\begin{bmatrix}-1 & -1 & -1\\0 & 0 & 0\\1 & 1 & 1\end{bmatrix}$$

图 6.18　prewitt 算子的计算模板

可以看出，prewitt 算子与 sobel 算子的区别就在于选择计算梯度的位置点不一样，对应在模板上就是模板系数稍有差别。

（2）算子说明及作用

```
prewitt_dir(Image:ImageEdgeAmp, ImageEdgeDir::)
```

参数说明：

Image：输入图像。

ImageEdgeAmp：输出幅值图像。

ImageEdgeDir：输出方向图像。

作用：prewitt_dir 算子实现图像边缘检测，结果与 sobel 算子类似，肉眼几乎看不出差别。HALCON 对应也提供了单独检测幅值的算子 prewitt_amp。

6.3.5 frei 算子：frei_dir

（1）原理

frei 算子与 sobel 算子也是类似的。该算子同样利用两个模板与图像进行卷积运算来实现，其结果是两个模板计算结果的最大响应值作为边缘检测结果。其计算模板分别如图 6.19 所示。

$$A=\begin{bmatrix}1 & \sqrt{2} & 1\\0 & 0 & 0\\-1 & -\sqrt{2} & -1\end{bmatrix}\quad B=\begin{bmatrix}1 & 0 & -1\\\sqrt{2} & 0 & \sqrt{2}\\1 & 0 & -1\end{bmatrix}$$

图 6.19　prewitt 算子的计算模板

（2）算子说明及作用

```
frei_dir(Image:ImageEdgeAmp, ImageEdgeDir::)
```

参数说明：

Image：输入图像。

ImageEdgeAmp：输出幅值图像。

ImageEdgeDir：输出方向图像。

作用：frei_dir 算子用于图像边缘检测，其结果也与 sobel 算子类似。HALCON 对应也提供了单独检测幅值的算子 frei _amp。

6.3.6 roberts 算子：roberts

（1）原理

roberts 算子也称为交叉微分算子。roberts 算子模板是一个 2×2 的模板，左上角的是当前待处理像素 $f(x,y)$，则交叉微分算子定义如式（6-27）所示。

$$\nabla f = |f(x+1,y+1) - f(x,y)| + |f(x+1,y) - f(x,y+1)| \tag{6-27}$$

$$D_1 = \begin{bmatrix} -1 & 0 \\ 0 & 1 \end{bmatrix} \qquad D_2 = \begin{bmatrix} 0 & -1 \\ 1 & 0 \end{bmatrix}$$

图 6.20 roberts 计算模板

其模板可以表示为图 6.20 所示。

roberts 算子根据任一相互垂直方向上的差分来估计梯度，roberts 算子采用对角线方向相邻像素之差来检测图像边缘。

（2）算子说明及作用

```
roberts(Image:ImageRoberts:FilterType:)
```

参数说明：

Image：输入图像。

ImageRoberts：输出检测结果。

FilterType：滤波器类型。

作用：roberts 用于边缘检测，该算法计算简单、速度快，但是，该算法对噪声敏感，适用于边缘比较明显并且噪声很低的图像。此外，roberts 算子检测的边缘不够平滑，检测出来的图像边缘较宽，roberts 算子的边缘定位精度不高，不能准确定位到图像的边缘。

6.3.7 robinson 算子：robinson_dir

（1）原理

robinson 算法也是近似一阶差分边缘检测算法。该算法与 kirsch 算法类似，采用八个模板来进行检测。其中，可以先定义四个模板如图 6.21 所示。其它四个模板可以通过乘以−1 得到。

$$A = \begin{bmatrix} -1 & 0 & 1 \\ -2 & 0 & 2 \\ -1 & 0 & 1 \end{bmatrix} \quad B = \begin{bmatrix} 2 & 1 & 0 \\ -1 & 0 & -1 \\ 0 & -1 & -2 \end{bmatrix} \quad C = \begin{bmatrix} 0 & 1 & 2 \\ -1 & 0 & 1 \\ -2 & -1 & 0 \end{bmatrix} \quad D = \begin{bmatrix} 1 & 2 & 1 \\ 0 & 0 & 0 \\ -1 & -2 & 1 \end{bmatrix}$$

图 6.21 robinson 算子计算模板

（2）算子说明及作用

```
robinson_dir(Image:ImageEdgeAmp, ImageEdgeDir::)
```

参数说明：

Image：输入图像。

ImageEdgeAmp：输出幅值图像。

ImageEdgeDir：输出方向图像。

作用：robinson-dir 算子计算图像数据的一阶导数的近似值，并用作边缘检测器。HALCON 对应也提供了单独检测幅值的算子 robinson _amp。

6.3.8 laplace 算子：laplace

（1）原理

laplace 算子是通过二阶微分来检测图像的边缘。laplace 算子的定义是图像在 x 和 y 方向的二阶微分算子之和，如式（6-28）所示。

$$\nabla^2 f = \frac{\partial^2 f}{\partial x^2} + \frac{\partial^2 f}{\partial y^2} \tag{6-28}$$

将图像的二阶差分计算公式带入式（6-28）。则 laplace 算子如式（6-29）所示的形式。

$$\nabla^2 f = f(x+1,y) + f(x-1,y) + f(x,y+1) + f(x,y-1) - 4f(x,y) \tag{6-29}$$

laplace 算子是中心像素与上下左右四个相邻像素之间的关系。这种计算也可以用模板卷积的方式实现。laplace 算子写成模板的形式如图 6.22 所示。

此外，也有根据图 6.22 的模板进行改进的 laplace 算子模板，如图 6.23 所示。

$$L_1 = \begin{bmatrix} 0 & 1 & 0 \\ 1 & -4 & 1 \\ 0 & 1 & 0 \end{bmatrix}$$

(a) 向前差分

$$L_2 = \begin{bmatrix} 0 & -1 & 0 \\ -1 & 4 & -1 \\ 0 & -1 & 0 \end{bmatrix}$$

(b) 向后差分

图 6.22　laplace 算子两种模板

$$L_3 = \begin{bmatrix} 1 & 1 & 1 \\ 1 & -8 & 1 \\ 1 & 1 & 1 \end{bmatrix}$$

(a) 方式 1

$$L_4 = \begin{bmatrix} -1 & 2 & -1 \\ 2 & -4 & 2 \\ -1 & 2 & -1 \end{bmatrix}$$

(b) 方式 2

图 6.23　改进的 laplace 算子模板

（2）算子说明及作用

```
laplace(Image:ImageLaplace:ResultType,MaskSize,FilterMask:)
```

参数说明：

Image：输入图像。

ImageLaplace：输出检测结果。

ResultType：结果图像数据类型。

MaskSize：滤波器大小。

FilterMask：滤波器样式。

作用：laplace 算子所提取出的细节较一阶微分算子提取的细节多，表明了二阶微分算子对图像细节更加敏感，但是，二阶微分算子对噪声也比较敏感。此外，二阶微分算子是基于二阶导数过零点进行检测的，由此得到的边缘像素点可能偏少。

6.3.9 高斯拉普拉斯算子：laplace_of_gauss

（1）原理

laplace 算子对噪声也比较敏感，为了避免受噪声影响，可以在求解之前对图像进行平滑处理，高斯拉普拉斯算子即采用这种处理方式，该算子先对图像进行高斯平滑滤波，再使用 laplace 算子进行边缘检测，以降低噪声的影响。可以证明，该算子可以先对高斯函数求二阶导数，然后再与原图进行卷积运算。

设原图像为$f(x,y)$，高斯滤波算子如式（6-30）所示。

$$g(x,y)=\mathrm{e}^{-(x^2+y^2)/2\sigma^2} \tag{6-30}$$

式（6-30）对 x 求一阶导和二阶导：

$$\frac{\partial}{\partial x}g(x,y)=\frac{\partial}{\partial x}\mathrm{e}^{-(x^2+y^2)/2\sigma^2}=-\frac{x}{\sigma^2}\mathrm{e}^{-(x^2+y^2)/2\sigma^2} \tag{6-31}$$

$$\frac{\partial^2}{\partial^2 x}g(x,y)=\frac{x^2}{\sigma^4}\mathrm{e}^{-(x^2+y^2)/2\sigma^2}-\frac{1}{\sigma^2}\mathrm{e}^{-(x^2+y^2)/2\sigma^2}=-\frac{x^2-\sigma^2}{\sigma^4}\mathrm{e}^{-(x^2+y^2)/2\sigma^2} \tag{6-32}$$

同理，对 y 求一阶导和二阶导。LOG 算子核函数定义为高斯函数分别对 x 和 y 的二阶导数之和，如式（6-33）所示。

$$\mathrm{LOG}=\frac{\partial^2}{\partial^2 x}g(x,y)+\frac{\partial^2}{\partial^2 y}g(x,y)=\frac{x^2+y^2-2\sigma^2}{\sigma^4}\mathrm{e}^{(-\frac{x^2+y^2}{2\sigma^2})} \tag{6-33}$$

式（6-33）定义了 LOG 算子的卷积核，将此与原图进行卷积运算，即为 LOG 算子的边缘检测结果。

常用 5×5 的 LOG 卷积模板如图 6.24 所示。

$$\begin{bmatrix} 0 & 0 & -1 & 0 & 0 \\ 0 & -1 & -2 & -1 & 0 \\ -1 & -2 & 16 & -2 & -1 \\ 0 & -1 & -2 & -1 & 0 \\ 0 & 0 & -1 & 0 & 0 \end{bmatrix} \qquad \begin{bmatrix} -2 & -4 & -4 & -4 & -2 \\ -4 & 0 & 8 & 0 & -4 \\ -4 & 8 & 24 & 8 & -4 \\ -4 & 0 & 8 & 0 & -4 \\ -2 & -4 & -4 & -4 & -2 \end{bmatrix}$$

(a) (b)

图 6.24 LOG 卷积模板

（2）算子说明及作用

```
laplace_of_gauss(Image:ImageLaplace:Sigma:)
```

参数说明：

Image：输入图像。

ImageLaplace：输出检测结果。

Sigma：高斯函数的σ大小。

作用：laplace_of_gauss 算子是根据图像的信噪比来求出检测边缘的最优滤波器。该方法综合考虑了对噪声的抑制和对边缘的检测两个方面。该算法抗干扰能力强，边界定位精度高，边缘连续性好，且能提取对比度弱的边界。

6.3.10 高斯差分：diff_of_gauss

（1）原理

高斯差分算子简称 DOG 算子。该算子是将图像在不同参数下的高斯滤波结果进行相减，得到差分图。二维高斯函数的σ可以称为尺度参数，σ取不同的值，可以得到不同尺度的高斯滤波结果。将不同尺度的滤波结果进行减法运算，则得到高斯差分的结果。DOG 算子是 LOG 算子的相近。其运算速度更快，在速度要求更快的情况下，用 DOG 算子代替 LOG 算子进行边缘检测。定义两个尺度参数σ_1和σ_2，DOG 算子定义如式（6-34）所示。

$$\mathrm{DOG} = g_{\sigma_1}(x,y) - g_{\sigma_2}(x,y) = \frac{1}{\sqrt{2\pi}}\left(\frac{1}{\sigma_1^{\ 2}}\mathrm{e}^{-(x^2+y^2)/2\sigma_1^{\ 2}} - \frac{1}{\sigma_2^{\ 2}}\mathrm{e}^{-(x^2+y^2)/2\sigma_2^{\ 2}}\right) \tag{6-34}$$

（2）算子说明及作用

```
diff_of_gauss(Image:DiffOfGauss:Sigma, SigFactor:)
```

参数说明：

Image：输入图像。

DiffOfGauss：输出检测结果。

Sigma：高斯函数的σ大小。

SigFactor：σ的比例因子，用于确定第二个σ的大小。

作用：diff_of_gauss 实现的结果与 LOG 是非常接近的，但是计算速度更快，常用该算子代替 LOG 算子。

6.3.11 canny 算子：edges_image

（1）原理

canny 算子是一个多级边缘检测算法。该算子的目标是找到一个最优的边缘检测算法，canny 定义的最优边缘检测包括以下几个方面：首先，能够尽可能多地标识出图像中的实际边缘；其次，标识出的边缘要与图像中的实际边缘尽可能接近；最后，图像中的边缘只能标识一次，并且可能存在的图像噪声不应标识为边缘。根据 canny 定义的最优边缘，一个好的边缘检测应该满足误判率低，边缘应该定位在实际边缘的中心，边缘应该是单一像素的。

canny 算子进行边缘检测的步骤如下：

① 用高斯滤波器对图像进行平滑处理。

② 计算图像的梯度幅值和梯度方向角度。

③ 对梯度幅值图像进行非极大值抑制。

④ 用双阈值来检测和连接边缘。

canny 算子首先对图像进行高斯平滑，然后计算梯度幅值与方向角，将方向角归并到 0°、45°、90°和 135°四个方向。然后，在 0°、45°、90° 和 135° 四个方向分别对梯度幅值图像进行非极大值抑制，只保留梯度方向上最大梯度值。最后，使用两个阈值来判断边缘点是否是真实的边缘，即一个高阈值和一个低阈值来区分边缘像素。如果边缘像素点梯度值大于高阈值，则被认为是强边缘点；如果边缘梯度值小于高阈值，大于低阈值，则标记为弱边缘点。小于低阈值的点则被抑制掉，强边缘点认为是边缘，弱边缘点则可能是边缘，也可能是噪声。为得到精确的结果，canny 算子认为真实边缘引起的弱边缘点和强边缘点是连通的，而噪声引起的弱边缘点则不连通。该算子采用滞后边界跟踪算法检查一个弱边缘点的八连通领域像素，只要在邻域内有强边缘点存在，那么这个弱边缘点被认为是真实边缘保留下来，反之，抑制这条弱边缘。

（2）算子说明及作用

```
edges_image(Image:ImaAmp, ImaDir:Filter, Alpha, NMS, Low, High:)
```

参数说明：

Image：输入图像。

ImaAmp：输出边缘检测幅值图像。

ImaDir：输出边缘检测方向图像。

Filter：边缘检测方法，默认为canny方法。

Alpha：滤波器参数，较小的值会产生较强的平滑效果，从而减少细节。

NMS：非最大值抑制。

Low：滞后阈值的低阈值。

High：滞后阈值的高阈值。

作用：edges_image算子实现图像的边缘检测，默认采用canny方法进行检测。该算子也包括了其它方法，可以通过修改参数Filter改变边缘检测方法。canny算子检测出的边缘是单像素的，检测结果较好。但是，使用时需要注意低阈值和高阈值的设施，推荐高阈值一般为低阈值的2到4倍。

6.3.12 边缘提取应用实例

实例6-7：重用边缘检测算子使用方法示例（图6.25）

```
read_image(Image,'fabrik.png')
sobel_dir(Image, EdgeAmplitude, EdgeDirection, 'sum_abs', 3)
kirsch_dir(Image,ImageEdgeAmp, ImageEdgeDir)
prewitt_dir(Image,ImageEdgeAmp1, ImageEdgeDir1)
frei_dir(Image,ImageEdgeAmp2, ImageEdgeDir2)
roberts(Image,ImageRoberts, 'gradient_sum')
robinson_dir(Image,ImageEdgeAmp3, ImageEdgeDir3)
laplace(Image,ImageLaplace, 'absolute', 3, 'n_8')
laplace_of_gauss(Image,ImageLaplace1, 2)
diff_of_gauss(Image,DiffOfGauss, 3, 1.6)
edges_image(Image,ImaAmp, ImaDir, 'canny', 1, 'nms', 20, 40)
```

(a) 原图

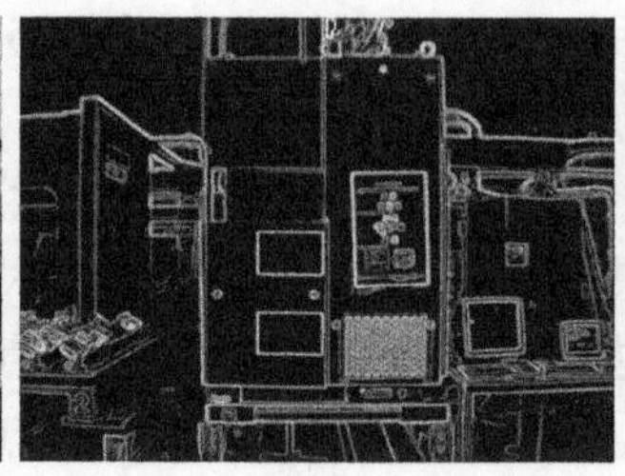
(b) sobel

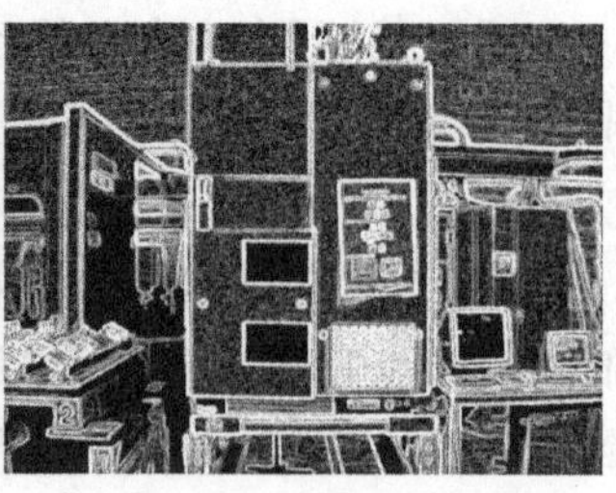
(c) kirsch

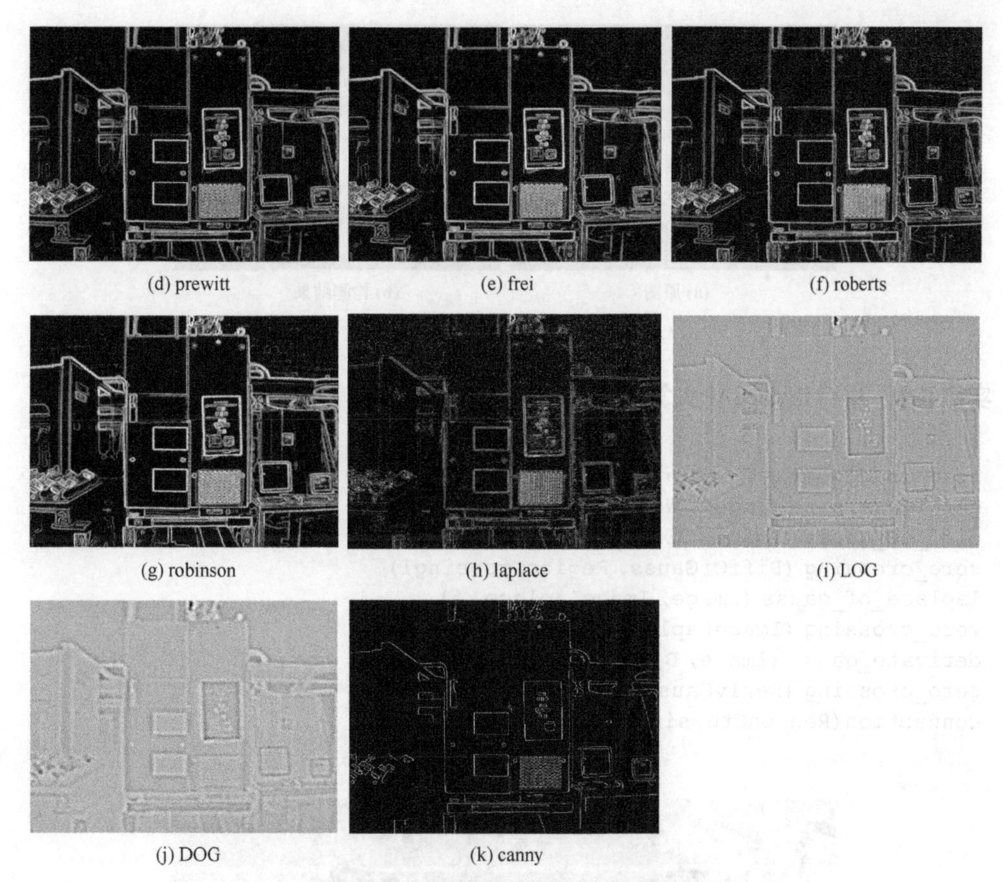

(d) prewitt (e) frei (f) roberts

(g) robinson (h) laplace (i) LOG

(j) DOG (k) canny

图 6.25 各种边缘检测算子使用示例

实例 6-8：利用 sobel 检测边缘实现图像直线检测（图 6.26）

```
read_image (Image, 'fabrik')
*设置 ROI 区域
rectangle1_domain (Image, ImageReduced, 170, 280, 310, 360)
* 利用 sobel 检测边缘
sobel_dir (ImageReduced, EdgeAmplitude, EdgeDirection, 'sum_abs', 3)
dev_set_color ('red')
threshold (EdgeAmplitude, Region, 55, 255)
reduce_domain (EdgeDirection, Region, EdgeDirectionReduced)
* 利用 hough 检测直线
hough_lines_dir (EdgeDirectionReduced, HoughImage, Lines, 4, 2, 'mean', 3,
25, 5, 5, 'true', Angle, Dist)
* 生成直线
gen_region_hline (LinesHNF, Angle, Dist)
dev_display (Image)
*设置显示颜色、显示方式等
dev_set_colored (12)
dev_set_draw ('margin')
dev_display (LinesHNF)
dev_set_draw ('fill')
dev_display (Lines)
```

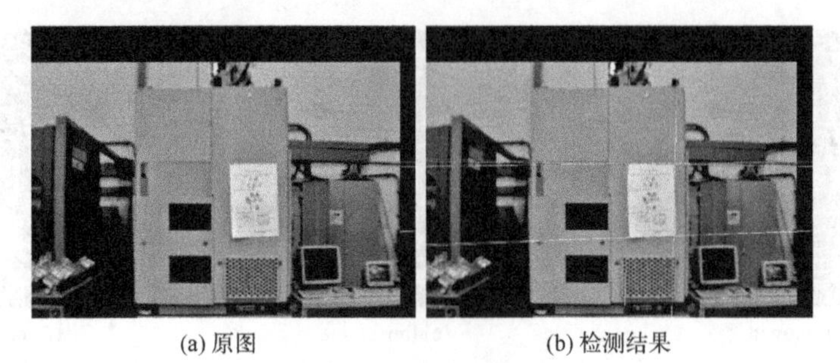

(a) 原图　　　　(b) 检测结果

图 6.26　图像直线检测

实例 6-9：利用 laplace 相关算子提取图像边界（图 6.27）

```
read_image (Image, 'mreut')
get_image_size (Image, Width, Height)
diff_of_gauss (Image, DiffOfGauss, 5, 1.6)
zero_crossing (DiffOfGauss, RegionCrossing1)
laplace_of_gauss (Image, ImageLaplace, 5)
zero_crossing (ImageLaplace, RegionCrossing2)
derivate_gauss (Image, DerivGauss, 5, 'laplace')
zero_crossing (DerivGauss, RegionCrossing3)
connection(RegionCrossing3, ConnectedRegions)
```

(a) 原图　　　　(b) 边界检测结果

图 6.27　laplace 相关算子提取图像边界

实例 6-10：利用 canny 提取道路信息（图 6.28）

```
read_image (ImagePart, 'mreut_y')
get_image_size (ImagePart, PartWidth, PartHeight)
edges_image (ImagePart, PartAmp, PartDir, 'canny', 1, 'nms', 20, 40)
threshold (PartAmp, EdgeRegion, 1, 255)
clip_region (EdgeRegion, ClippedEdges, 2, 2, PartWidth -3, PartHeight -3)
connection(ClippedEdges, ConnectedRegions)
select_shape (ConnectedRegions, SelectedRegions, 'area', 'and', 50.63, 1000)
union1(SelectedRegions, RegionUnion)
skeleton (RegionUnion, EdgeSkeleton)
gen_contours_skeleton_xld (EdgeSkeleton, EdgeContours, 1, 'filter')
gen_polygons_xld (EdgeContours, EdgePolygons, 'ramer', 2)
```

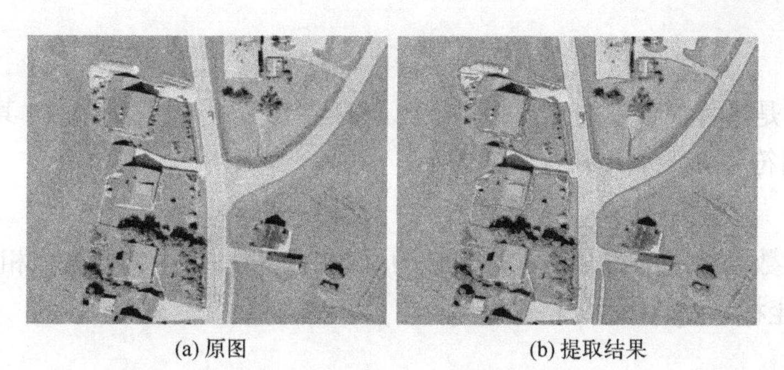
(a) 原图　　(b) 提取结果

图 6.28　利用 canny 提取道路信息

6.4　图像的数学形态学分析

数学形态学是以集合论为基础的运算方法。该方法运用在图像处理中，其集合表示图像中的不同对象，通过对集合进行运算，实现图像处理。形态学方法主要针对二值图像进行处理，二值图像中只有黑白两种像素，代表了两种不同的集合。数学形态学工具也可以扩展到对灰度图处理。形态学的基本方法是膨胀、腐蚀，由这两种运算又扩展出很多其他运算方法，如开运算、闭运算、击中击不中，针对灰度图的膨胀、腐蚀、开运算、闭运算、形态学梯度、顶帽、底帽运算等。

6.4.1　形态学运算基础

形态学运算的数学基础是集合论。对应在图像中的形态学运算，就是图像与结构元素之间的集合运算。结构元素可以是任意形状的，也是比原图小的一幅图像。常用的结构元素形状有圆形、矩形、十字形等。形态学运算就是结构元素在图像上滑动，在结构元素覆盖区域和原图像进行集合的交集、并集、补集以及差集等运算。根据这些运算的结果来决定图像被结构元素所覆盖区域的锚点位置对应的原图中位置的灰度值。结构元素的锚点一般取其中心点，也可以自定义任意位置。集合 A 与集合 B 之间的运算如图 6.29 所示。

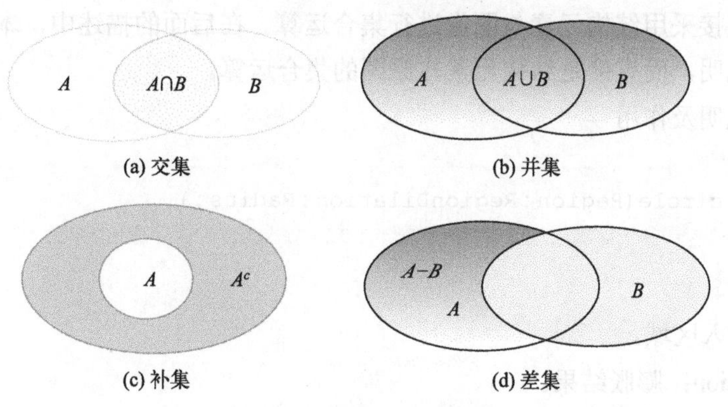

(a) 交集　　(b) 并集

(c) 补集　　(d) 差集

图 6.29　集合之间的运算

除了以上集合运算之外，还有集合的平移和反射。集合的平移定义为集合 A 平移到某一点 z。设集合 A 中的元素为 a，集合 A 平移后表示为$(A)_z$，其定义如下：

$$(A)_Z=\{c=a+z\,|\,a\in A\} \tag{6-35}$$

集合的反射是指将集合中的元素相对于原点旋转 180°。设有集合 A，其元素有 a，定义集合 A 的反射用符号 $\hat{A}$ 表示。则有如下表示：

$$\hat{A}=\{w=-a\,|\,a\in A\} \tag{6-36}$$

对于由图像数据组成的集合而言，集合的反射就是将图像中的像素点相对于原点旋转了 180°，原来的坐标（x, y）变成了（$-x, -y$）。

6.4.2 膨胀运算：dilation_circle

（1）原理

定义二值图像为 A，其前景像素值为 1，背景像素值为 0，结构元素为 S。膨胀运算是指当结构元素在图像 A 上滑动时，如果 S 的反射与所覆盖的 A 的区域内交集不为空，则 S 的锚点位置对应在 A 上位置的值为 1，否则为 0。用式（6-37）表示膨胀运算。

$$A\oplus S=\{z\,|\,(\hat{S})_z\cap A\neq\varnothing\} \tag{6-37}$$

图 6.30 是膨胀运算的示意图。

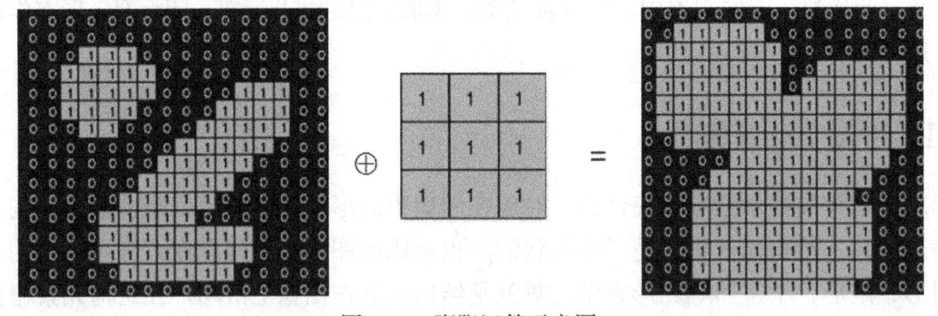

图 6.30 膨胀运算示意图

从图 6.30 可以看出，膨胀运算结果相当于原图扩大了一圈，所以称为膨胀。在形态学运算中，结构元素通常采用中心对称结构，S 反射前后是一样的。因此，很多时候忽略结构元素的反射，而直接采用结构元素与图像进行集合运算。在后面的描述中，本书也忽略关于结构元素反射的说明，而直接是结构元素与原图的集合运算。

（2）算子说明及作用

```
dilation_circle(Region:RegionDilation:Radius:)
```

参数说明：

Region：输入区域。

RegionDilation：膨胀结果。

Radius：结构元素大小。

作用：算子 dilation_circle 采用圆形结构元素对区域 Region 进行膨胀运算。参数 Radius 的大小对结果有比较大的影响。膨胀运算可以填充孔洞、凹陷区域，如果图像中存在断裂的情况，可以通过膨胀运算将断裂部分进行连接。与此相似的膨胀运算算子有 dilation1、dilation2、dilation_rectangle1 等，与 dilation_circle 的使用方法类似。

6.4.3 腐蚀运算：erosion_circle

（1）原理

腐蚀运算不是膨胀运算的逆运算。定义二值图像为 A，其前景像素值为 1，背景像素值为 0，结构元素为 S。腐蚀运算是指当结构元素在图像 A 上滑动时，如果 S 与所覆盖的 A 的区域完全一样，则 S 的锚点位置对应在 A 上位置的值为 1，否则为 0。A 被 S 腐蚀定义如式（6-38）所示。图 6.31 是腐蚀运算的示意图。

$$A \ominus S = \{ z \mid (S)_z \subseteq A \} \tag{6-38}$$

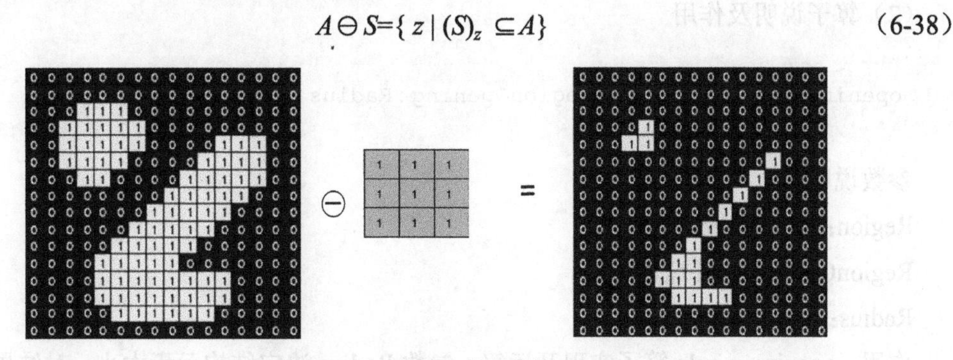

图 6.31 腐蚀运算示意图

（2）算子说明及作用

```
erosion_circle(Region:RegionErosion:Radius:)
```

参数说明：

Region：输入区域。

RegionErosion：腐蚀结果。

Radius：结构元素大小。

作用：算子 erosion_circle 实现二值图像的腐蚀运算。参数 Radius 决定了结构元素的大小，对结果有比较大的影响。腐蚀运算相当于将原图向内进行了收缩，因此称为腐蚀运算。腐蚀运算可以实现对象分割，也可以去掉图像中的某些杂点。腐蚀运算和膨胀运算是对偶运算，与此相似的腐蚀运算算子有 erosion1、erosion2、erosion_rectangle1 等，与 erosion_circle 的使用方法类似。

6.4.4 开运算：opening_circle

（1）原理

开运算是腐蚀和膨胀组合而成。开运算是指先腐蚀后膨胀的运算，因此，可以用式（6-39）表示开运算。图 6.32 是开运算示意图。

$$A \circ S=(A \ominus S) \oplus S \tag{6-39}$$

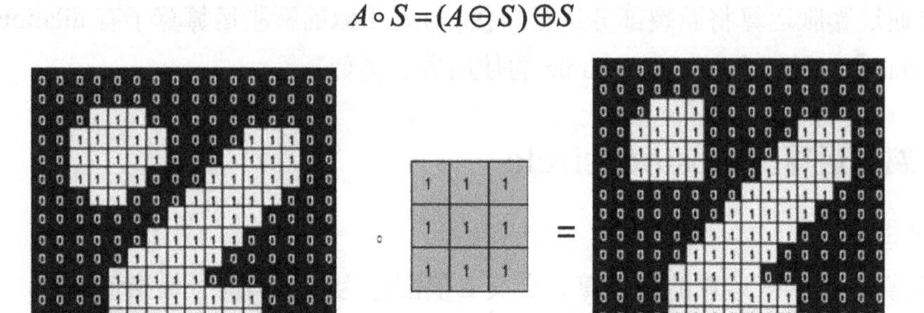

图 6.32　开运算示意图

（2）算子说明及作用

```
opening_circle(Region:RegionOpening:Radius:)
```

参数说明：

Region：输入区域。

RegionOpening：开运算结果。

Radius：结构元素大小。

作用：opening_circle 算子实现开运算，参数 Radius 决定结构元素大小，对结果影响比较大。开运算首先进行腐蚀运算，可以去掉图像中的杂点，断开某些连接等，然后进行膨胀运算，可以将断开的连接再次接上，并且运算结果图像的总面积变化很小，并且清除掉了部分尖细突出的目标，可以得到平滑的边缘。与此相似的开运算算子有 opening、opening_rectangle1 等，与 opening _circle 的使用方法类似。

6.4.5　闭运算：closing_circle

（1）原理

闭运算也是腐蚀和膨胀组合而成。闭运算是指先膨胀后腐蚀的运算，因此，可以用式（6-40）表示闭运算。图 6.33 是闭运算示意图。

$$A \bullet S=(A \oplus S) \ominus S \tag{6-40}$$

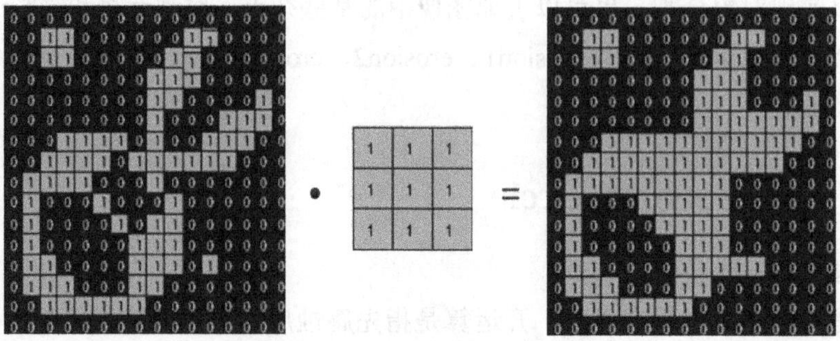

图 6.33　闭运算示意图

（2）算子说明及作用

```
closing_circle(Region:RegionClosing:Radius:)
```

参数说明：

Region：输入区域。

RegionClosing：闭运算结果。

Radius：结构元素大小。

作用：closing_circle 算子实现闭运算。参数 Radius 决定结构元素的大小，对结果影响比较大。闭运算首先进行膨胀运算，可以填充图像中的孔洞，再进行腐蚀，同样可以得到平滑的边缘。经过闭运算之后，二值图像中的特征区域与开运算时类似，总面积没有太大变化。closing、closing_rectangle1 等也是闭运算算子，与 closing _circle 的使用方法类似。

6.4.6　击中击不中：hit_or_miss

（1）原理

击中击不中变换用于检测图像中的特定形状。该方法可以用于连通区域子图像的匹配和定位。设被检测二值图像 A 由若干互相独立的区域构成，各个区域互不连通，各个子图像的边界之间至少间隔一个像素的距离。结构元素 S 由前景和背景组成。令 $S=(S_1, S_2)$，S_1 代表结构元素 S 的前景，S_2 代表结构元素 S 的背景。即 $S_1=X$，$S_2=W-X$，则式（6-41）可以表示击中击不中：

$$A \circledast S = (A \ominus S_1) \cap [A^c \ominus S_2] \tag{6-41}$$

图 6.34 是击中击不中变换的图示。

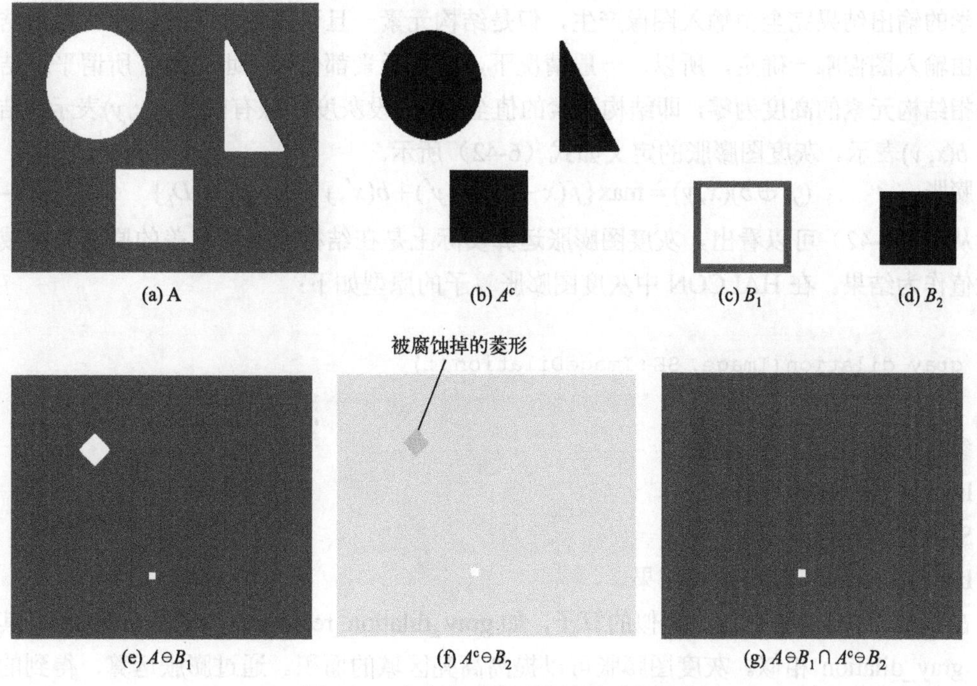

图 6.34　击中击不中运算结果示意图

（2）算子说明及作用

```
hit_or_miss(Region, StructElement1, StructElement2:RegionHitMiss:Row,Column:)
```

参数说明：

Region：输入检测图像。

StructElement1：结构元素 1。

StructElement2：结构元素 2，是结构元素 1 的补集。

RegionHitMiss：如果击中，输出检测结果区域。

Row：参考点的行坐标。

Column：参考点的列坐标。

作用：hit_or_miss 算子用于击中击不中检测。该算子用于检测图像中是否存在与结构元素相同的形状。如果存在，表示击中，返回的结果是相同形状所在的位置，如果不存在，则表示击不中，返回为空。

6.4.7 其它形态学算子

（1）灰度图膨胀：gray_dilation

灰度图膨胀运算由二值图膨胀运算扩展而来，区别在于灰度图记录了灰度信息，所以，形态学的定义略有不同。二值图像可以用一系列的二维坐标来表示图像信息，而灰度图需要三维坐标表示，而且二值图像中结构元素是平坦的，没有灰度信息的。但灰度图中结构元素是可以带有第三维信息的，即结构元素也是灰度的，这就带来了一些问题，因为二值图像中，形态学的输出结果完全由输入图像产生，但是结构元素一旦引入灰度信息，那么输出结果将不再由输入图像唯一确定，所以，一般情况下，结构元素都使用平坦结构。所谓平坦结构，就是指结构元素的高度为零，即结构元素的值全为 0。设灰度图像有函数 $f(x,y)$ 表示。结构元素用 $b(x,y)$ 表示。灰度图膨胀的定义如式（6-42）所示。

膨胀： $$(f \oplus b)(x,y) = \max\{f(x-x',y-y') + b(x',y') \mid (x',y') \in D_b\} \tag{6-42}$$

从式（6-42）可以看出，灰度图膨胀运算实际上是在结构元素所覆盖的原图像区域中取最大值作为结果。在 HALCON 中灰度图膨胀算子的原型如下：

```
gray_dilation(Image, SE:ImageDilation::)
```

参数说明：

Image：输入图像。

SE：输入结构元素。

ImageDilation：输出运算结果。

在 HALCON 中还有与此类似的算子，如 gray_dilation_rect、gray_dilation_shape，其用法都与 gray_dilation 相似。灰度图膨胀可以提高高亮区域的面积。通过膨胀运算，得到的图像比原图更加明亮，而且，可以减弱或者消除比较小的暗的细节部分。

（2）灰度图腐蚀：gray_erosion

灰度图的腐蚀运算与膨胀运算类似，只是，这时候的结果是在结构元素所覆盖的原图像区域中取最小值作为结果。式（6-43）是灰度图腐蚀的定义。

腐蚀：$$(f \ominus b)(x,y)=\min\{f(x+x',y+y')-b(x',y')\mid(x',y')\in D_b\} \tag{6-43}$$

在 HALCON 中灰度图膨胀算子的原型如下：

```
gray_erosion(Image, SE:ImageErosion::)。
```

参数说明：

Image：输入图像。

SE：输入结构元素。

ImageErosion：输出运算结果。

在 HALCON 中还有与此类似的算子如 gray_erosion_rect、gray_ erosion_shape，其用法都与 gray_erosion 相似。腐蚀的结果与膨胀相反，腐蚀可以降低高亮区域的面积，得到的结果图像更暗，比较小的明亮部分被削弱或者消除了。

（3）灰度图开运算：gray_opening

灰度图开运算定义为先腐蚀后膨胀。在 HALCON 中 gray_opening 的原型如下：

```
gray_opening(Image, SE:ImageOpening::)
```

参数说明：

Image：输入图像。

SE：输入结构元素。

ImageOpening：输出运算结果。

在 HALCON 中还有与此类似的算子如 gray_opening_rect、gray_opening_shape，其用法都与 gray_opening 相似。灰度图的开运算常用来提取图像中具有特定形状和灰度结构的图像子区域。开运算通常用于消除图像中比较小的明亮细节部分，但是，又能够保持图像整体灰度和较大明亮区域不发生太大的变化。

（4）灰度图闭运算：gray_closing

灰度图闭运算定义为先膨胀后腐蚀。在 HALCON 中 gray_ closing 的原型如下：

```
gray_closing(Image, SE:ImageClosing::)
```

参数说明：

Image：输入图像。

SE：输入结构元素。

ImageClosing：输出运算结果。

HALCON 还有与此类似的算子如 gray_ closing _rect、gray_ closing _shape，其用法与 gray_ closing 类似。灰度图的闭运算也常用来提取图像中具有特定形状和灰度结构的图像子区域。闭运算可以消除图像中的暗细节，而原来明亮部分不会受到影响。

（5）顶帽运算：gray_tophat

顶帽运算定义为原灰度图减去对其开运算的结果。HALCON 中 gray_tophat 算子的原型如下：

```
gray_tophat(Image, SE:ImageTopHat::)
```

参数说明：

Image：输入图像。

SE：输入结构元素。

ImageTopHat：输出运算结果。

顶帽运算对于增强阴影部分的细节很有用。开运算将消去图像中部分灰度值较高的部分，用原图减去开运算的结果，将得到被消去的部分。如果图像存在光照不均的情况，采用顶帽运算可以消除部分光照的影响，凸显背景下的前景目标对象。顶帽运算消去亮度较高的值，类似于帽子的顶部，这一部分对应于图像中较亮的部分，也叫白色顶帽。

（6）底帽运算：gray_bothat

底帽运算的定义为原图闭运算的结果减去原图。HALCON 中 gray_ bothat 算子的原型如下：

```
gray_ bothat (Image, SE:ImageTopHat::)
```

参数说明：

Image：输入图像。

SE：输入结构元素。

ImageTopHat：输出运算结果。

底帽运算对应于图像中较暗的部分，也叫黑色底帽。该运算同样可以消除图像中的光照不均。不管是顶帽运算还是底帽运算，结构元素的大小对结果的影响非常大。这两种运算主要用于消除背景的影响，通过该运算，背景的灰度变得更加均匀，而前景对象也将减少受到光照不均的影响。

（7）形态学梯度

灰度图像的形态学梯度定义为图像膨胀的结果与腐蚀的结果之差。当然，也可以是膨胀结果与原图之差，或者原图与腐蚀结果之差。图像膨胀得到的是图像中的局部最大值，图像腐蚀运算可以得到图像中的局部极小值，将两者进行相减，则可以提取图像中灰度发生变化的部分，如果结合图像的阈值处理，则可以方便地利用形态学梯度提取图像中的边缘，实现边缘检测的效果。

形态学梯度能加强图像中比较尖锐的灰度过渡区，与常规的边缘检测梯度算子不同，用对称的结构元素得到的形态学梯度受边缘影响小，但是计算速度慢一些。虽然 HALCON 并没有提供关于形态学梯度的算子，但是可以通过图像膨胀和腐蚀自己实现。

6.4.8 形态学应用实例

实例 6-11：在图像中查找焊盘（图 6.35）

```
read_image (Image, 'die_pads')
get_image_size (Image, Width, Height)
*快速二值化
fast_threshold (Image, Region, 180, 255, 20)
connection (Region, ConnectedRegions)
select_shape (ConnectedRegions, SelectedRegions, ['area','anisometry'],
'and', [200,1], [1200,2])
*填充
fill_up (SelectedRegions, RegionFillUp)
*转换区域形状
shape_trans (RegionFillUp, RegionTrans, 'convex')
*将区域缩小到其边界
boundary (RegionTrans, RegionBorder, 'inner')
*形态学膨胀运算
dilation_circle (RegionBorder, RegionDilation, 2.5)
union1 (RegionDilation, RegionUnion)
reduce_domain (Image, RegionUnion, ImageReduced)
edges_sub_pix (ImageReduced, Edges, 'sobel_fast', 0.5, 20, 40)
*根据长度选择轮廓
select_shape_xld (Edges, SelectedContours, 'contlength', 'and', 10, 200)
*合并相邻轮廓
union_adjacent_contours_xld (SelectedContours, UnionContours, 2, 1,
'attr_keep')
*根据轮廓拟合旋转矩形
fit_rectangle2_contour_xld (UnionContours, 'tukey', -1, 0, 0, 3, 2, Row,
Column, Phi, Length1, Length2, PointOrder)
*生成旋转矩形
gen_rectangle2_contour_xld (Rectangle, Row, Column, Phi, Length1, Length2)
dev_display (Image)
dev_set_colored (12)
dev_display (Rectangle)
```

(a) 原图

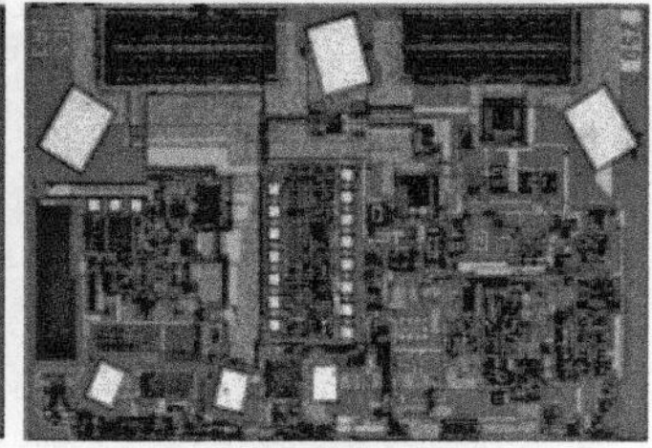

(b) 检测结果

图 6.35 焊盘检测

实例 6-12：提取图像中的点阵字符

```
    read_image (Image, 'needle1')
    get_image_size (Image, Width, Height)
    read_image (ImageNoise, 'angio-part')
    *剪切图像
    crop_part (ImageNoise, ImagePart, 0, 0, Width, Height)
    mult_image (Image, ImagePart, ImageResult, 0.015, 0)
    *提取点阵字符
    dots_image (ImageResult, DotImage, 5, 'dark', 2)
    threshold (DotImage, Region, 80, 255)
    *闭运算
    closing_rectangle1 (Region, RegionClosing1, 1, 5)
    closing_rectangle1 (RegionClosing1, RegionClosing2, 5, 1)
    *生成旋转矩形
    gen_rectangle2 (Rectangle, 10, 10, rad(45), 3, 0)
    *闭运算
    closing (RegionClosing2, Rectangle, RegionClosing3)
    gen_rectangle2 (Rectangle, 10, 10, rad(135), 3, 0)
    closing (RegionClosing3, Rectangle, RegionClosing4)
    *提取连通域
    connection (RegionClosing4, ConnectedRegions)
    *根据面积和高度旋转区域
    select_shape (ConnectedRegions, SelectedRegions, ['area','height'], 'and',
[100,20], [700,40])
    *在垂直范围较小的位置对区域进行水平划分
    partition_dynamic (SelectedRegions, Partitioned, 25, 20)
    *求交
    intersection (Partitioned, Region, Characters)
    *显示结果
    dev_display (ImageResult)
    *设置显示颜色数量
    dev_set_colored (6)
    *显示提取的字符
    dev_display (Characters)
```

实例 6-12 中，为了提高检测难度，在原图上加上了噪声，通过自定义的结构元素，实现了点阵字符区域的连通，从而实现点阵字符的提取，如图 6.36 所示。

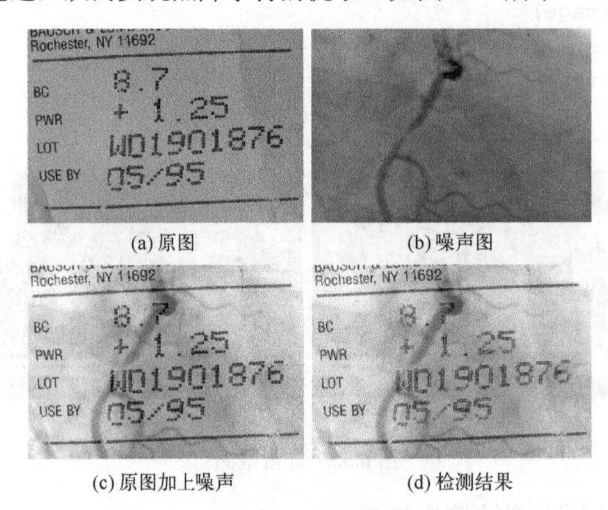

(a) 原图　(b) 噪声图

(c) 原图加上噪声　(d) 检测结果

图 6.36　检测结果

实例 6-13：利用形态学识别字符区域（图 6.37）

```
read_image (letters, 'letters')
get_image_size (letters, Width, Height)
threshold (letters, Region, 0, 100)
connection (Region, ConnectedRegions)
select_obj (ConnectedRegions, ObjectSelected, 100)
erosion_circle (ObjectSelected, RegionErosion, 1.5)
opening (Region, RegionErosion, RegionOpening)
dev_display (letters)
dev_set_color ('red')
dev_display (RegionOpening)
```

(a) 原图　　(b) 识别结果

图 6.37　利用形态学识别字符区域

实例 6-13 中，首先对图像进行分割和提取连通域，然后选择一个包含字符“e”的区域。利用形态学腐蚀运算和开运算，实现整行字符“e”的识别。

实例 6-14：利用形态学运算分割 PCB 板上钻孔位置（图 6.38）

```
主函数 mian:
read_image (Image, 'pcb_layout')
get_image_size (Image, Width, Height)
*设置显示样式等
dev_set_draw ('fill')
dev_update_off ()
dev_set_colored (6)
dev_display (Image)
*生成常值图像
gen_image_const (ConstImage, 'byte', 11, 11)
get_image_size (ConstImage, MaskWidth, MaskHeight)
*生成圆
gen_circle (Circle, (MaskHeight -1) / 2.0, (MaskWidth -1) / 2.0, 3)
reduce_domain (ConstImage, Circle, ImageReduced)
*灰度图闭运算
gray_closing (Image, ImageReduced, ImageClosingFast)
*灰度图开运算
gray_opening (Image, ImageReduced, ImageOpeningFast)
*图像相减
sub_image (ImageClosingFast, ImageOpeningFast, ImageSubFast, 1, 0)
*再次使用灰度图闭运算
gray_closing (Image, ImageReduced, ImageClosingFast)
```

```
*再次使用灰度图开运算
gray_opening (Image, ImageReduced, ImageOpeningFast)
sub_image (ImageClosingFast, ImageOpeningFast, ImageSubFast, 1, 0)
dev_display (ImageSubFast)
get_image_size (ConstImage, MaskWidth, MaskHeight)
dev_open_window (0, 500, 100, 100, 'black', WindowHandle1)
dev_display (ConstImage)
dev_set_draw ('margin')
dev_display (Circle)
*分割
segment_boreholes (ImageSubFast, Image, HolesFast, 80)
dev_display (Image)
*膨胀
dilation_circle (HolesFast, RegionDilation, 3.5)
dev_display (RegionDilation)
外部函数 segment_boreholes:
threshold (ImageSub, Region, 100, 255)
connection (Region, ConnectedRegions)
select_shape (ConnectedRegions, SelectedRegions, ['circularity','area'],
'and', [0.85,7], [1.0,30])
*膨胀
dilation_circle (SelectedRegions, RegionDilation, 5)
*两个区域求差
difference (RegionDilation, SelectedRegions, RegionDifference)
*计算灰度值的平均值和偏差。
intensity (SelectedRegions, Image, Mean, Deviation)
intensity (RegionDifference, Image, Mean1, Deviation1)
select_mask_obj (SelectedRegions, Holes, Mean -Mean1 [>] Contrast)
return ()
```

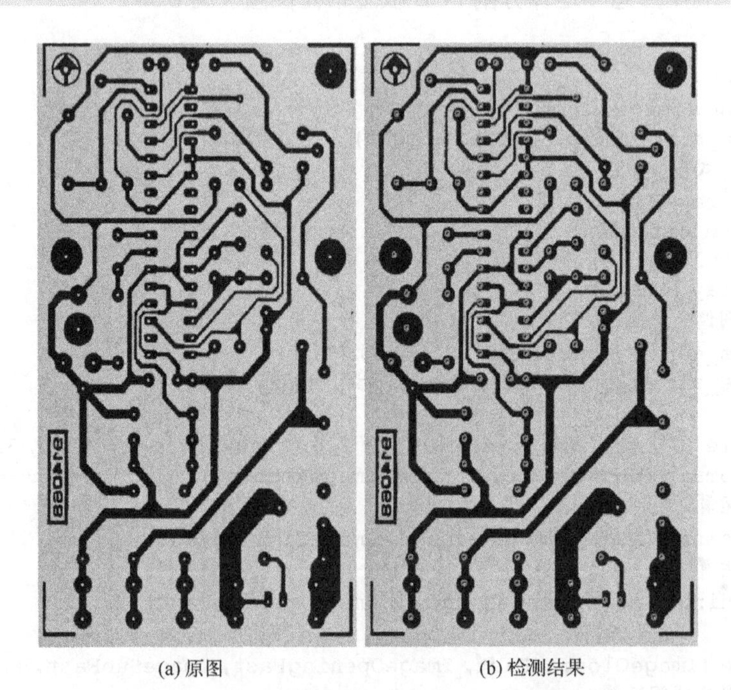

(a) 原图　　(b) 检测结果

图 6.38　利用形态学运算分割 PCB 板上钻孔位置

实例 6-14 有一个主函数 main 和一个外部函数 segment_boreholes。外部函数在主函数中调用。外部函数是自己定义的函数，可以在 HALCON 中通过菜单“函数”→“创建新函数”实现。

该实例中，使用形态学运算得到 PCB 板上的钻孔位置。其中包括灰度图的闭运算、灰度图开运算，最后实现检测要求。从该实例中，可以看到形态学运算的使用方法。

实例 6-15：检查模拟电路板是否存在缺陷（图 6.39）

```
dev_close_window ()
dev_open_window (0, 0, 400, 400, 'black', WindowHandle)
gen_region_polygon (Line1, [300,300,200,0], [0,200,300,300])
gen_region_polygon (Line2, [350,350,250,0], [0,250,350,350])
union2 (Line1, Line2, Lines)
dilation_circle (Lines, ThickLines, 7.5)
gen_circle (Error1, 120, 347, 7.5)
gen_circle (Error2, 90, 287, 7.5)
gen_circle (Error3, 302, 202, 7.5)
gen_circle (Error4, 242, 337, 7.5)
gen_circle (Error5, 346, 248, 7.5)
gen_circle (Error6, 204, 312, 7.5)
union2 (Error1, Error3, Errors1)
union2 (Errors1, Error5, ErrorsAdd)
union2 (Error2, Error4, Errors2)
union2 (Errors2, Error6, ErrorsRem)
union2 (ThickLines, ErrorsAdd, ThichLinesAdd)
union2 (ThickLines, ErrorsAdd, ThichLinesAdd)
difference (ThichLinesAdd, ErrorsRem, ThickLinesError)
distance_transform (ThickLines, LinesDistance, 'chamfer-3-4', 'true', 400, 400)
*提取骨架
skeleton (ThickLines, Skeleton)
reduce_domain (LinesDistance, Skeleton, LinesDistanceReduced)
threshold (LinesDistanceReduced, NoErrors, [0,9], [6,20])
*距离使函
distance_transform (ThickLinesError, LinesDistanceError, 'chamfer-3-4',
'true', 400, 400)
skeleton (ThickLinesError, SkeletonError)
reduce_domain (LinesDistanceError, SkeletonError, LinesDistanceErrorReduced)
threshold (LinesDistanceErrorReduced, Errors, [0,9], [6,20])
dilation_circle (Errors, ErrorsDilation, 5.5)
connection (ErrorsDilation, ConnectedRegions)
area_center (ConnectedRegions, Area, Row, Column)
*设置显示相关参数
dev_clear_window ()
dev_set_draw ('fill')
dev_set_color ('gray')
dev_display (ThickLinesError)
dev_set_draw ('margin')
dev_set_color ('red')
dev_set_line_width (3)
disp_circle (WindowHandle, Row, Column, gen_tuple_const(|Row|,15.5))
dev_set_draw ('fill')
```

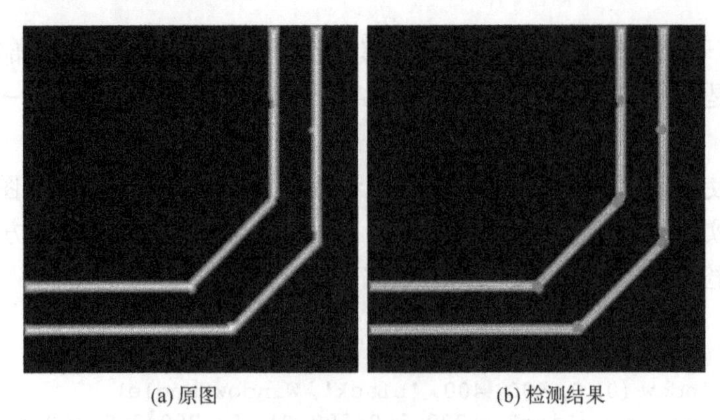

(a) 原图　　(b) 检测结果

图 6.39　检查模拟电路板是否存在缺陷

实例6-15通过一系列形态学运算，实现电路板缺陷检测。该实例中应用到一个新的算子，即提取骨架 skeleton。该算子也是通过形态学运算实现的。

形态学运算比较灵活，结构元素的形状和大小对结果起关键作用。通过自定义结构元素的形状和大小，可以实现各种图像处理要求。例如，利用形态学梯度，结合图像的二值化算法，可以方便地实现图像的边缘检测；利用膨胀、腐蚀、开运算、闭运算等可以实现断裂边界的连接、孔洞填充、消除小的区域、细化、抽取骨架；对灰度图像进行开运算和闭运算，进行这两种运算之后，可以减少比较亮或比较暗的杂点，这些杂点通常为噪声。经过这种处理之后，能够实现平滑图像；利用灰度图的顶帽或底帽运算，可以改善图像受非均匀光照的影响，从而达到增强图像的目的。

6.5　图像分割

一幅图像中通常包括多个目标对象，如自然场景中的一幅图像可能存在人、车、建筑等；字符检测、工业检测视觉图像中可能存在多个字符；缺陷检测中有多个缺陷存在等。图像分割是指按照一定的规则，将图像中的各个目标对象分离出来为多个独立的区域。图像分割除了将背景与前景分割开之外，通常还需要将各种前景目标对象进行分割。图像分割的目的是将各个不同的区域单独表达出来，以便于对其进行进一步的分析。例如，在字符识别中，首先将每个字符分割出来，然后进行特征计算与表达，进而实现字符的识别。图像分割没有适用于所有图像的分割算法，分割结果的好坏通常要根据具体的实际情况进行判断，不同的图像可能需要采用不同的分割算法。

6.5.1　全局手动阈值分割：threshold

（1）原理

图像灰度值范围是 0 到 255，全局阈值分割是指整幅图像采用同一个阈值，将图像分为两部分。例如设定阈值为 128，则分割后 0 到 127 是一个区域，128 到 255 是另一个区域。

如果图像感兴趣区域的灰度处于 0 到 255 范围内的某一段，采用这种方式将很难得到理想的结果。因此，一种改进的方式是全局阈值设定为两个值，一个高阈值和一个低阈值，这样就可以得到任意位置的感兴趣区域。设图像为$f(x,y)$，低阈值为t_1，高阈值为t_2，分割结果图像为$t(x,y)$，则全局阈值分割可以表示为式（6-44）。

$$t(x,y)=\begin{cases}1 & t_1 \leqslant f(x,y) \leqslant t_2 \\ 0 & \text{其他}\end{cases} \tag{6-44}$$

（2）算子说明及作用

```
threshold(Image:Region:MinGray, MaxGray:)
```

参数说明：

Image：输入图像。

Region：输出分割结果区域。

MinGray：最小阈值。

MaxGray：最大阈值。

作用：threshold 利用两个全局阈值对图像进行分割。该算法只对光照均匀的图像有效，能够得到比较好的结果。如果光照不均，将很难得到理想的分割区域。该算法简单、计算速度快，对于光照不均的图像，如果先进行光照均匀化处理，结果是不错的。

6.5.2 Otsu 分割：binary_threshold

（1）原理

Otsu 分割方法是自动计算全局阈值的分割方法，称为大津法，也叫最大类间方差法。该算法的思想是，图像由背景和前景组成，当背景和前景之间的方差越大，说明两部分的差别越大。如果图像中存在部分前景中有背景的情况，或者部分背景中有前景的情况，前景和背景之间的方差将变小。因此，当前景和背景之间的方差达到最大时，也就是两者之间的差别最大，其错分的概率最小，此时的灰度值就是最大类间方差法的阈值。

设图像$f(x,y)$的大小为$M \times N$，分割阈值为t，前景灰度占整幅图像的比例为ω_0，其灰度平均值为μ_0，背景灰度占整幅图像的比例为ω_1，其平均灰度为μ_1，图像的平均灰度为μ，类间方差为V。灰度值大于等于阈值t的数量为N_0，小于阈值t的数量为N_1，则存在以下关系：

前景所占比例：

$$\omega_0 = N_0/M \times N \tag{6-45}$$

背景所占比例：

$$\omega_1 = N_1/M \times N \tag{6-46}$$

像素点总数：

$$N_0+N_1=M \times N \tag{6-47}$$

图像平均灰度：

$$\mu=\omega_0 \times \mu_0 + \omega_1 \times \mu_1 \tag{6-48}$$

类间方差：

$$V = \omega_0 \times (\mu_0 - \mu)^2 + \omega_1 \times (\mu_1 - \mu)^2 \tag{6-49}$$

可以推导出如下结果：

$$V = \omega_0 \omega_1 \left(\mu_0 - \mu_1\right)^2 \tag{6-50}$$

遍历 0 到 255 之间的值，当类间方差达到最大时，即为最大类间方差法所寻找的阈值。与 threshold 手动设定阈值不同的是，该算法是自动寻找一个全局阈值对图像进行分割。该算法也需要图像的光照比较均匀。另外，如果前景和背景之间的像素数量差别很大时，从直方图上来看，没有明显的双峰特征，其分割效果也不太好。如果前景和背景有相互交叠的时候，也很难将前景和背景分割开来。

（2）算子说明及作用

```
binary_threshold(Image:Region:Method, LightDark:UsedThreshold)
```

参数说明：

Image：输入图像。

Region：输出分割结果区域。

Method：分割方法，当取“max_separability”时，即 Otsu 方法。

LightDark：抽取背景或前景。

UsedThreshold：输出分割阈值。

作用：当 binary_threshold 算子的分割方法取“max_separability”时，即 Otsu 分割方法。

6.5.3 自动阈值分割：auto_threshold

（1）原理

自动阈值分割是自动计算多个阈值实现图像分割，图像也将被分割为多个区域。首先，计算图像的绝对直方图；然后，利用高斯滤波方法对直方图进行平滑；最后，从平滑后的直方图中提取一系列最小值，这些最小值对应在直方图上，就是波谷的位置，将这些最小值设为阈值，对图像进行分割。对于每个最小值间隔，生成一个分割区域。

（2）算子说明及作用

```
auto_threshold(Image:Regions:Sigma:)
```

参数说明：

Image：输入图像。

Regions：输出分割结果区域。

Sigma：高斯滤波σ值。

作用：auto_threshold 算子是通过直方图来自动计算阈值，可以分割出多个区域。由于直方图的波谷位置对应的是灰度值数量比较少的区域。因此，该算子是根据灰度值的数量多少实现图像分割。

6.5.4 直方图阈值分割：histo_to_thresh

（1）原理

该方法使用直方图确定图像分割的阈值，与auto_threshold类似，但是该方法并不直接对图像进行分割，而是确定图像分割的阈值。如果阈值确定后，再根据阈值来分割图像。在确定阈值之前，使用高斯平滑对直方图进行平滑。在使用该方法之前，需要先计算图像的直方图；然后，该算法根据直方图计算最小阈值和最大阈值；最后，使用threshold函数实现图像分割。

（2）算子说明及作用

```
histo_to_thresh(::Histogramm, Sigma:MinThresh, MaxThresh)
```

参数说明：

Histogramm：输入直方图。

Sigma：高斯滤波σ值。

MinThresh；输出最小阈值。

MaxThresh：输出最大阈值。

作用：histo_to_thresh 并不直接对图像进行分割，它是根据直方图来自动计算分割阈值。得到分割阈值后，再调用分割算子实现图像分割。

6.5.5 字符阈值分割：char_threshold

（1）原理

字符阈值分割的主要应用是分割白纸上的黑色字符。该算子的工作方式如下：首先，计算区域内图像的直方图；然后，采用高斯滤波对直方图进行平滑；对于白纸上的黑色字符，在直方图中，背景对应于高灰度值时的大峰值，而字符在低灰度值时形成小峰值。该算法根据直方图的最大值确定分割阈值。char_threshold假设字符比背景暗，例如设置百分比=95%，则将查找直方图最大值5%的灰度值作为分割阈值。

（2）算子说明及作用

```
char_threshold(Image, HistoRegion:Characters:Sigma, Percent:Threshold)
```

参数说明：

Image：输入图像。

HistoRegion：计算灰度直方图的区域。

Characters：分割字符结果。

Sigma：高斯滤波σ值。

Percent：用于计算灰度值的百分比。

Threshold：计算得到的阈值。

作用：char_threshold 只需考虑背景来确定阈值。所以，即使字符数较少，直方图中甚至没有明显的峰值与之对应，该算子同样可以处理。

6.5.6 局部阈值分割：local_threshold

（1）原理

局部阈值分割根据邻域内的灰度均值与标准偏差来动态计算阈值。设图像为$f(x,y)$，邻域为$r\times r$，$f(x,y)$表示(x,y)处的灰度值，该算法首先计算邻域内的均值和标准偏差，设均值为$\mu(x,y)$，标准偏差为$\sigma(x,y)$。其计算方式如下：

$$\mu(x,y)=\frac{1}{r^2}\sum_{i=x-\frac{r}{2}}^{x+\frac{r}{2}}\sum_{j=y-\frac{r}{2}}^{y+\frac{r}{2}}f(i,j) \tag{6-51}$$

$$\sigma(x,y)=\sqrt{\frac{1}{r^2}\sum_{i=x-\frac{r}{2}}^{x+\frac{r}{2}}\sum_{j=y-\frac{r}{2}}^{y+\frac{r}{2}}\left(f(i,j)-\mu(x,y)\right)^2} \tag{6-52}$$

阈值采用式（6-53）的方式进行计算。

$$t(x,y)=\mu(x,y)\left(1+k\left(\frac{\sigma(x,y)}{R}-1\right)\right) \tag{6-53}$$

式（6-53）中，R是标准偏差的假定最大值，对于 Byte 数据类型的图像，$R=128$。k是用户自定义的修正系数，一般取$0<k<1$范围。

局部阈值分割算法对每一个像素点都根据其邻域情况来计算阈值，对于和邻域均值相近的像素点判断为背景，反之判断为前景，而具体相近程度由标准差和修正系数来决定，这保证了这种方法的灵活性。

（2）算子说明及作用

```
local_threshold(Image:Region:Method, LightDark, GenParamName, GenParamValue:)
```

参数说明：

Image：输入图像。

Region：输出分割结果。

Method：分割方法，当取“adapted_std_deviation”时，就是局部阈值分割。

LightDark：选择背景还是前景。

GenParamName：参数名，一般采用缺省值。

GenParamValue：参数值，一般采用缺省值。

作用：local_threshold 算子实现局部自适应阈值分割，根据邻域内的均值和标准偏差来确定阈值。即使图像存在光照不均的情况，也能够得到比较好的分割效果。

6.5.7 动态阈值分割：dyn_threshold

（1）原理

动态阈值分割算法也是一种局部阈值分割算法。其算法原理是：首先对图像进行平滑滤波操作；然后将滤波结果作为阈值，让原图与滤波结果图像进行减法运算，即为分割结果。设图像为 $f(x,y)$，平滑滤波结果为 $g(x,y)$，分割结果为 $t(x,y)$，考虑到相减之后的结果可能太小，通常在其结果上加上一个偏移值 b。则动态阈值分割可以表示为式（6-54）。

$$t(x,y)=\begin{cases}1 & f(x,y)+b\geqslant g(x,y)\\0 & f(x,y)+b<g(x,y)\end{cases} \tag{6-54}$$

平滑滤波的方法很多，如均值滤波、高斯滤波、双边滤波等。平滑滤波器的大小对结果的影响很重要。

如果采用固定阈值分割，光照不均会影响分割的结果。但是，在图像的任意局部区域，感兴趣的前景对象通常要比背景更亮或更暗。因此，如果能够评估出局部区域背景的灰度值，则可以通过局部区域的前景与背景灰度值之差，将前景区域分割出来。动态阈值正是利用这种原理，利用图像平滑操作来评估背景的灰度值，然后利用图像相减得到分割区域。如果平滑滤波的滤波器足够大，考虑到背景像素所占的比重更大，采用均值滤波或高斯滤波等操作，则可以评估出背景像素的灰度值，将原图像与局部背景图像进行比较，则可以得到比较好的分割结果，并且受光照不均的影响很小，此操作即为动态阈值分割处理。

（2）算子说明及作用

```
dyn_threshold(OrigImage, ThresholdImage:RegionDynThresh:Offset, LightDark:)
```

参数说明：

OrigImage：输入分割图像。

ThresholdImage：输入分割阈值图像，通常为平滑滤波结果图像。

RegionDynThresh：输入分割结果。

Offset：偏移量。

LightDark：选择前景还是背景。

作用：dyn_threshold 算子实现动态阈值分割。该算法简单、运算速度快，能适应不同光照的影响。平滑滤波器的大小对结果影响比较大，一般滤波器尺寸越大，越能代表局部背景。该算子实际上是 local_threshold 的一种特殊形式。分割结果不受光照变化的影响，分割效果较好。

6.5.8 可变阈值分割：var_threshold

（1）原理

可变阈值分割算法与局部阈值分割类似，都是利用局部均值和方差来确定阈值，只是计算阈值的方式有点不同。设图像为 $f(x,y)$ 中的一点 (x,y)，$d(x,y)$ 为标准偏差，λ 为标准偏差的系数。$\varDelta$ 为与平均值的最小灰度值差，$m(x,y)$ 为均值，则点 (x,y) 处的阈值 $v(x,y)$ 定义为：

当 $\lambda \geqslant 0$ 时，

$$v(x,y) = \max(\lambda \cdot d(x,y), \varDelta) \tag{6-55}$$

当 $\lambda < 0$ 时，

$$v(x,y) = \min(\lambda \cdot d(x,y), \varDelta) \tag{6-56}$$

（2）算子说明及作用

```
var_threshold(Image:Region:MaskWidth, MaskHeight, StdDevScale, AbsThreshold, LightDark:)
```

参数说明：

Image：输入图像。

Region：输出分割结果。

MaskWidth：掩码宽度。

MaskHeight：掩码长度。

StdDevScale：标准偏差的系数。

AbsThreshold：与平均值的最小灰度值差。

LightDark：背景或前景。

作用：var_threshold 算法是可变阈值分割，与 dyn_threshold 和 local_threshold 实现的结果是相似的，只是计算阈值的方法略有不同。参数 AbsThreshold 设置了最小灰度差，如果图像某一区域背景光照均匀，方差就很小，此时 AbsThreshold 就起作用。

6.5.9 区域生长分割：regiongrowing

（1）原理

区域生长是一种基于区域特征的分割算法，该算法的基本思想是将有相似特征的像素点合并到一起。首先，指定一个种子点作为生长的起点；然后，将种子点周围的点和种子点进行对比，将具有相似特征的点合并起来继续向外生长，直到没有满足条件的点被包括进来为止。

图 6.40 是区域生长算法的示意图。区域生长需要指定生长规则和种子点，根据规则，从种子点开始向外生长，遍历完整幅图像，直到没有满足生长条件的点，生长才结束。

采用区域生长的时候，种子点的选择以及生长规则的选择对结果有直接的影响。种子点的选取包括人工交互、自动提取物体内部点或者利用其它算法找到的特征点等。生长条件包括灰度值的差值、彩色图像的颜色、梯度特征、该点周围的区域特征等。图 6.41 是区域生长的具体计算过程，选择的生长条件是灰度值的差值小于等于 1。右下角是最后的生长结果。

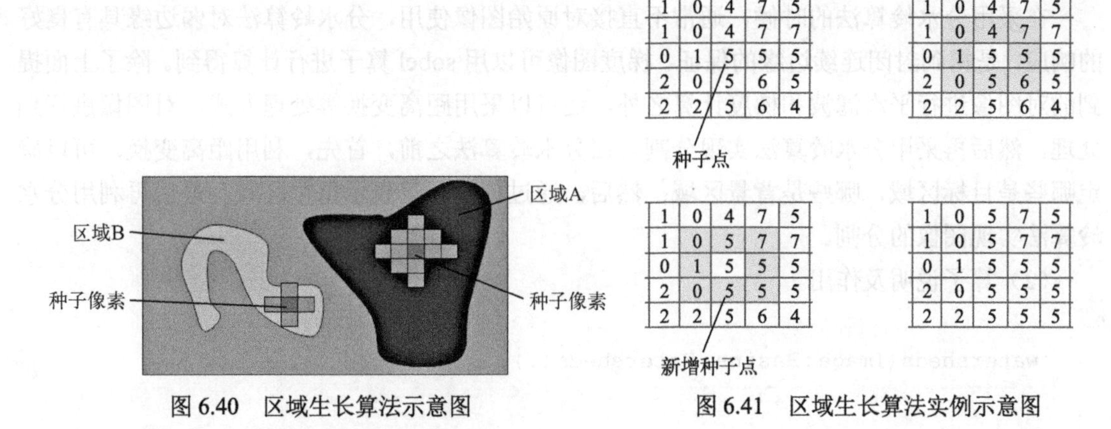

图 6.40　区域生长算法示意图

图 6.41　区域生长算法实例示意图

（2）算子说明及作用

```
regiongrowing(Image:Regions:Row, Column, Tolerance, MinSize:)
```

参数说明：

Image：输入图像。

Regions：输出分割结果。

Row：垂直距离。

Column；水平距离。

Tolerance：公差，灰度值差小于或等于公差的点将累积到同一对象中。

MinSize：输出区域的最小值大小。

作用：regiongrowing 实现图像区域生长分割。将图像分割成相同强度的矩形区域，为了确定两个相邻矩形是否属于同一区域，仅使用其中心点的灰度值。如果灰度值差小于或等于公差，则矩形将合并到一个区域中。HALCON 中类似的算子还有 regiongrowing_n、regiongrowing_mean 等。

6.5.10　分水岭分割：watersheds

（1）原理

分水岭分割是一种基于拓扑结构来实现图像分割的算法。该算法把图像中的每个像素点表示为海拔高度，每一个局部极小值及其影响区域称为集水盆，集水盆的边界形成分水岭，通过模拟浸入过程，在每个局部极小值表面，慢慢向外扩展，在两个集水盆汇合处形成分水岭。

分水岭的计算过程是一个迭代标注过程，其计算过程分两个步骤，一个是排序过程，一个是淹没过程。首先，对每个像素的灰度级进行从低到高排序；然后，在从低到高实现淹没过程中，对每一个局部极小值在高度上的影响域采用先进先出结构进行判断及标注。结果是输入图像的集水盆图像，集水盆之间的边界点，即为分水岭，显然，分水岭表示的是输入图像极值点。为了得到图像的边缘信息，通常把梯度图像作为分水岭算法的输入图像。

在采用分水岭算法的时候，通常不直接对原始图像使用，分水岭算法对弱边缘具有良好的响应，是得到封闭连续边缘的保证。梯度图像可以用 sobel 算子进行计算得到。除了上面提到的对图像进行平滑滤波和梯度计算之外，还可以采用距离变换等处理方式，对图像进行预处理，然后再采用分水岭算法实现分割。在分水岭算法之前，首先，利用距离变换，可以确定哪些是目标区域，哪些是背景区域；然后，通过创建标记表示每个区域；最后再利用分水岭算法实现图像的分割。

（2）算子说明及作用

```
watersheds(Image:Basins, Watersheds::)
```

参数说明：

Image：输入图像。

Basins：输出分割区域。

Watersheds：输出分割的边界。

作用：watersheds 实现图像的分水岭分割。如果图像中的目标物体是连在一起的，则采用分水岭算法可以处理这类问题，并且会取得比较好的效果。HALCON 中与此类似的算子还有 watersheds_threshold。

6.5.11 最大稳定极值区域：segment_image_mser

（1）原理

最大稳定极值区域（Maximally Stable External Regions，MSER）基于分水岭的概念。在对图像进行二值化过程中，二值化阈值分别取[0, 255]，这样二值化图像就经历一个从全黑到全白的过程，类似于水位不断上升。在这个过程中，有些连通区域面积随阈值上升的变化很小，这种区域就叫 MSER，MSER 用式（6-57）表示。

$$q(i)=\frac{|R(i+\Delta)-R(i)|}{|R(i)|} \tag{6-57}$$

式中，$R(i)$ 表示第 i 个连通区域的面积；Δ表示微小的阈值变化；$q(i)$ 表示阈值为 i 时的变化率；$|R(i)|$ 表示区域 $R(i)$ 的面积。当 $q(i)$ 小于给定阈值时，说明 $R(i)$ 区域的变化非常小，则认为该区域为最大稳定极值区域。

通过以上过程，只能检测黑色或白色区域，如果要检测两个区域，则可以将图像进行反转后再检测一次。

（2）算子说明及作用

```
segment_image_mser(Image:MSERDark, MSERLight:Polarity, MinArea, MaxArea,
Delta, GenParamName, GenParamValue:)
```

参数说明：

Image：输入图像。

MSERDark：输出检测出的黑色区域。

MSERLight：输出检测出的白色区域。

Polarity：是否黑色和白色区域都检测。

MinArea：最小面积阈值。

MaxArea：最大面积阈值。

Delta：区域稳定的阈值大小。

GenParamName：通用参数名称列表，一般取缺省值。

GenParamValue：通用参数值列表，一般取缺省值。

作用：segment_image_mser 实现 MSER 分割。参数 Polarity 决定抽取的类型，该算子特别适合在不均匀背景前或在照明变化的应用中分割目标对象。

6.5.12 图像分割实例

实例 6-16：检测车道标记

```
*一些参数设置
dev_update_window ('off')
dev_close_window ()
dev_open_window (0, 0, 768, 575, 'black', WindowID)
MinSize := 30
get_system ('init_new_image', Information)
set_system ('init_new_image', 'false')
*生成网格线
gen_grid_region (Grid, MinSize, MinSize, 'lines', 512, 512)
clip_region (Grid, StreetGrid, 130, 10, 450, 502)
*一些显示参数设置
dev_set_line_width (3)
dev_set_color ('green')
read_image (ActualImage, 'autobahn/scene_00')
dev_display (ActualImage)
stop ()
dev_display (StreetGrid)
stop ()
for i := 0 to 28 by 1
    read_image (ActualImage, 'autobahn/scene_' +(i$'02'))
    reduce_domain (ActualImage, StreetGrid, Mask)
    sobel_amp (Mask, Gradient, 'sum_abs', 3)
    *阈值分割
    threshold (Gradient, Points, 20, 255)
    dilation_rectangle1 (Points, RegionDilation, MinSize, MinSize)
    reduce_domain (ActualImage, RegionDilation, StripGray)
    threshold (StripGray, Strip, 190, 255)
    fill_up (Strip, RegionFillUp)
    dev_display (ActualImage)
    dev_display (RegionFillUp)
```

```
endfor
dev_set_line_width (1)
dev_update_window ('on')
set_system ('init_new_image', Information)
```

实例 6-16 是 HALCON 实例中提供的一个完整的快速检测车道标志的程序。如果快速分割出车道线，是现在自动驾驶中非常重要的检测要求。该实例中提供了一种有效的方法，其处理技巧值得学习，实例中主要用到了边缘检测、阈值分割、形态学等少量方法，即实现车道线检测。图 6.42 是车道线检测结果。

(a) 原图　　(b) 检测结果

图 6.42　车道线检测结果

实例 6-17：检测焊球质量

```
dev_close_window ()
dev_open_window (0, 0, 728, 512, 'black', WindowID)
read_image (Bond, 'die_03')
*阈值分割
threshold (Bond, Bright, 100, 255)
shape_trans (Bright, Die, 'rectangle2')
reduce_domain (Bond, Die, DieGrey)
*阈值分割
threshold (DieGrey, Wires, 0, 50)
*填充孔洞
fill_up_shape (Wires, WiresFilled, 'area', 1, 100)
*形态学开运算
opening_circle (WiresFilled, Balls, 15.5)
connection (Balls, SingleBalls)
select_shape (SingleBalls, IntermediateBalls, 'circularity', 'and', 0.85, 1.0)
*排序
sort_region (IntermediateBalls, FinalBalls, 'first_point', 'true', 'column')
*最小包围圆
smallest_circle (FinalBalls, Row, Column, Radius)
NumBalls := |Radius|
Diameter := 2 * Radius
meanDiameter := mean (Diameter)
minDiameter := min (Diameter)
dev_display (Bond)
disp_circle (WindowID, Row, Column, Radius)
```

```
    dev_set_color ('white')
    disp_message (WindowID, 'D:' +Diameter$'.4', 'image', Row -2 * Radius, Column,
'white', 'false')
    dev_update_window ('on')
```

实例 6-17 通过阈值分割、形态学运算等实现最终检测结果。由于图像光照比较均值，直接采用固定阈值分割也能得到比较好的效果。图 6.43 是焊球质量检测。

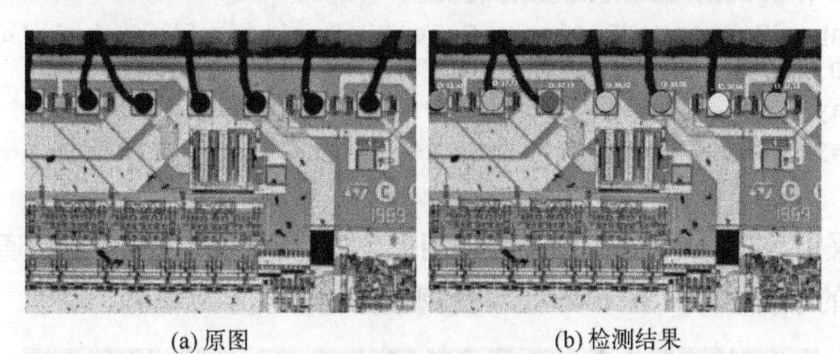

(a) 原图　　(b) 检测结果

图 6.43　焊球质量检测

实例 6-18：PCB 板缺陷检测

```
read_image (Image, 'pcb')
dev_close_window ()
get_image_size (Image, Width, Height)
dev_open_window (0, 0, Width, Height, 'black', WindowHandle)
dev_display (Image)
gray_opening_shape (Image, ImageOpening, 7, 7, 'octagon')
gray_closing_shape (Image, ImageClosing, 7, 7, 'octagon')
dyn_threshold (ImageOpening, ImageClosing, RegionDynThresh, 75, 'not_equal')
dev_display (Image)
dev_set_color ('red')
dev_set_draw ('margin')
dev_display (RegionDynThresh)
```

实例 6-18 实现 PCB 板的缺陷检测。该实例通过对原图进行形态学开运算和闭运算，最后利用动态阈值分割，实现 PCB 板的缺陷检测。图 6.44 是 PCB 板的缺陷检测。

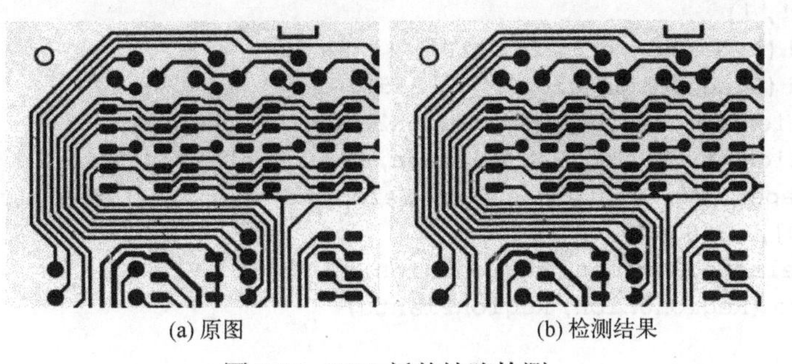

(a) 原图　　(b) 检测结果

图 6.44　PCB 板的缺陷检测

实例 6-19：使用 var_threshold 通过局部平均值和标准差分析对图像进行阈值

```
    read_image (Image, 'label_01.png')
    get_image_size (Image, Width, Height)
    dev_open_window_fit_size (0, 0, Width, Height, -1, -1, WindowHandle)
    set_display_font (WindowHandle, 16, 'mono', 'true', 'false')
    *可变阈值分割
    var_threshold (Image, Region, 15, 15, 1.01, 40, 'dark')
    connection (Region, ConnectedRegions)
    select_shape (ConnectedRegions, SelectedRegions, ['height','area'], 'and',
[20,100], [100,400])
    dev_display (Image)
    dev_display (SelectedRegions)
```

实例 6-19 采用 var_threshold 算子实现图像中的字符区域分割。最后通过面积和高度过滤，得到图像中的字符区域。图 6.45 是可变阈值分割实现字符检测。

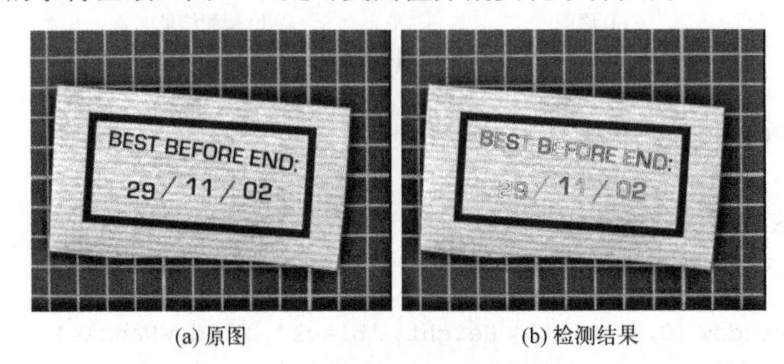

(a) 原图　　(b) 检测结果

图 6.45　可变阈值分割实现字符检测

实例 6-20：使用 MSER 分割图像中的植物

```
    read_image (Image, 'plants_02.png')
    *通道分离
    decompose3 (Image, Red, Green, Blue)
    *颜色空间转换
    trans_from_rgb (Red, Green, Blue, L, A, B, 'cielab')
    *MSER 分割，选择黑色部分
    segment_image_mser (A, MSERDark, MSERLight, 'dark', 60, 600000, 1, 'may_
touch_border', 1)
    threshold (A, TmpRegion1, 20, 110)
    threshold (Green, TmpRegion2, 30, 255)
    intersection (TmpRegion1, TmpRegion2, RegionGreen)
    intersection (MSERDark, RegionGreen, RegionIntersection)
    select_shape (RegionIntersection, SelectedRegions, ['area','compactness'],
'or', [2500,0], [2500000,10])
    union1 (SelectedRegions, RegionUnion)
    connection (RegionUnion, RegionPlants)
    * 显示结果
    dev_display (Image)
    dev_display (RegionPlants)
```

实例 6-20 使用 MSER 对植物图像进行了分割(图 6.46),先将图像进行了颜色空间转换,从 RGB 转换为 LAB,然后使用 MSER 进行分割。可以看出,虽然图像背景比较复杂,但还是实现了最终的结果。

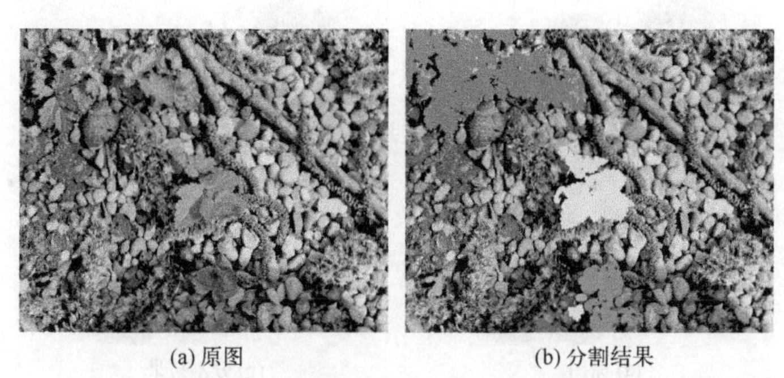

(a) 原图　　(b) 分割结果

图 6.46　使用 MSER 分割图像中的植物

实例 6-21:使用分水岭分割

```
    read_image (Watersheds, 'watersheds.jpg')
    get_image_size(Watersheds, Width, Height)
    threshold (Watersheds, Regions, 32, 132)
    connection(Regions, ConnectedRegions)
    *距离变换
    distance_transform(ConnectedRegions, DistanceImage, 'octagonal', 'true',
Width, Height)
    *转换距离变换之后的图像数据格式
    convert_image_type (DistanceImage, DistanceImageByte, 'byte')
    *反转图像
    invert_image (DistanceImageByte, DistanceImageInv)
    *分水岭分割
    watersheds_threshold (DistanceImageInv, Basins, 10)
    *分水岭分割结果与连通域求交,得到前景目标对象
    intersection (Basins, ConnectedRegions, SegmentedPellets)
    select_shape (SegmentedPellets, SelectedRegions, 'area', 'and', 184.69, 2000)
    opening_circle(SelectedRegions, RegionOpening, 3.5)
    smallest_circle(RegionOpening, Row, Column, Radius)
    *统计数量
    count_obj(RegionOpening, Number)
    *生成圆
    gen_circle(Circle, Row, Column, Radius)
```

实例 6-21 是使用分水岭进行分割的实例。首先对图像进行了阈值分割,然后进行距离变换。距离变换是图像处理中的一种变换,距离变换的处理图像通常都是二值图像,如果把前景目标的灰度值设为 255,即白色,背景的灰度值设为 0,即黑色。非零像素点即为前景目标,零像素点即为背景。距离变换中图像前景目标中的像素点距离背景越远,那么距离就越大,如果用这个距离值替换像素值,那么新生成的图像中这个点越亮。距离变换的应用就是找前景目标的中心位置,经过距离变换之后,再进行分水岭分割。可以看出,原图中的目标对

象是连在一起的，但是通过分水岭分割后，能够实现连通目标之间的分割。图 6.47 是分割结果。

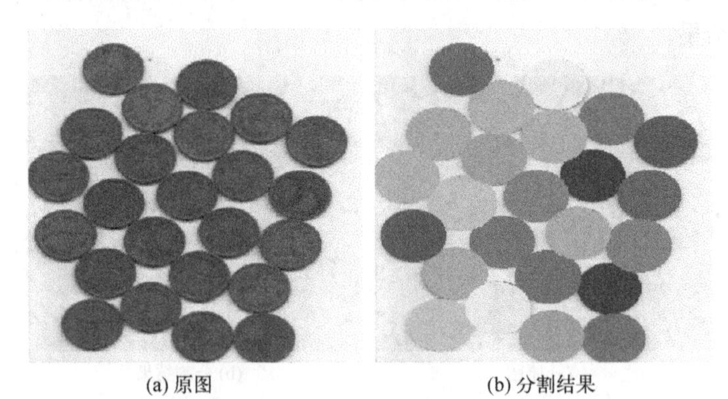

(a) 原图　　(b) 分割结果

图 6.47　使用分水岭分割图中目标对象

第7章 模板匹配

模板匹配是图像处理中常用的算法。该算法是在图像中查找与模板相似的部分。模板匹配有广泛的应用，如完整性检测中检测某个物体是否存在；物体识别中区别不同的物体；得到目标物体的位姿等。简单来说，在机器视觉中，检测目标对象的有无、识别、定位及缺陷检测等各种任务，皆可应用模板匹配。

大多数应用中，模板匹配的搜索图像只有一个目标物体，模板匹配的目的在于找到这个物体。在某些应用场合中，可能存在多个目标，模板匹配需要找出所有目标对象。如果事先知道图像中存在多少个目标，只需要找出确定数量的目标即可。还有一些应用中，不知道目标物体的数量，需要通过模板匹配找到究竟有多少个目标。

7.1 模板匹配相似度计算方法

模板匹配的计算过程如下：模板图像在被检测图像上滑动，在每个位置计算模板与其覆盖的被检测图像区域进行相似度计算，如果相似度满足一定的要求，则认为与模板一致。

理论上，如果目标图像和模板图像的光照一致、方向一致，只需要将模板图像在目标图像上逐像素移动，逐一计算每个位置原图像与模板图像的灰度差值，差值最小的位置即为检测目标，这是一种相似度计算方法。实际图像与模板图像往往存在各种差别，除了光照不同之外，两者的方向、大小等也存在差别，更极端的情况，还可能灰度值完全相反。因为在图像采集过程中，摄像机与被检测对象之间可能发生各种变化，如被检测对象放置角度变化，光照发生变换、距离发生变化等，尽管这种变化可能人眼看起来很小，但是对于图像而言，同一个位置的灰度值可能发生很大的变化，从而导致模板匹配出现错误，这种变化有可能只在二维平面上发生，也可能在三维空间发生，因此，模板匹配算法需要满足目标图像在旋转、缩放等变化的情况下，也能准确匹配目标对象。匹配中的相似度计算需要能够满足各种变化条件下都可以匹配的待检测对象。常用的相似度计算有以下几种方式：差值平方和匹配法、归一化差值平方和匹配法、相关匹配法、归一化相关匹配法、相关系数匹配法和归一化相关系数匹配法。

（1）差值平方和匹配法

设待匹配图像 $f(x,y)$，模板图像 $T(x',y')$，匹配结果 $R(x,y)$。差值平方和匹配法是计算模板图像与目标图像之间差值的平方和，根据平方和的大小来判断模板图像与目标图像之间的相似度。其计算过程可以用式（7-1）表示。

$$R(x,y)=\sum_{x',y'}\left(T(x',y')-f(x+x',y+y')\right)^2 \tag{7-1}$$

为了简化计算，有时候也用模板图像与目标图像之间差值的绝对值总和来代替差值的平方和。如果模板图像与目标图像完全匹配，则差值的平方和最小，此时结果为 0，如果两者之间差值越大，则越不匹配。因此，差值平方和匹配法的最好匹配为 0，匹配越差，匹配值越大。

采用此种方法计算相似度，需要保证模板图像与目标图像的光照保持一致。如果光照发生变化，即使在图像中存在与模板相同的目标对象，其返回的匹配值也会非常大，因为此时两者的灰度值已经不相等了。

（2）归一化差值平方和匹配法

归一化差值平方和匹配法计算相似度是在差值平方和的基础上，对计算结果进行了归一化处理。归一化可以方便设定阈值判断相似度，归一化差值平方和的计算如式（7-2）所示。

$$R(x,y)=\frac{\sum_{x',y'}(T(x',y')-f(x+x',y+y'))^2}{\sqrt{\sum_{x',y'}T(x',y')^2}\sqrt{\sum_{x',y'}f(x+x',y+y')^2}} \tag{7-2}$$

进行归一化之后，其结果在[0,1]范围内，方便通过阈值判定是否相似。此外，归一化操作能消除部分线性光照的影响。

（3）相关匹配法

相关匹配法利用模板图像与目标图像的相关性来判断是否相似。相关性通过两者之间的乘积之和来计算，其计算方式如式（7-3）所示。

$$R(x,y)=\sum_{x',y'}T(x',y')f(x+x',y+y') \tag{7-3}$$

如果两者之间完全匹配，则乘积之和达到最大值，反之，为最小值。因此，值越大越匹配，反之则越不匹配。

（4）归一化相关匹配法

与归一化差值平方和匹配法类似。归一化相关匹配计算如式（7-4）所示。

$$R(x,y)=\frac{\sum_{x',y'}(T(x',y')f(x+x',y+y'))}{\sqrt{\sum_{x',y'}T(x',y')^2}\sqrt{\sum_{x',y'}f(x+x',y+y')^2}} \tag{7-4}$$

（5）相关系数匹配法

不管是差值平方和匹配法还是相关匹配法，都需要保证模板图像与目标图像的光照一致。即使通过归一化操作，能够消除部分线性光照的影响。图像的光照变化在很多时候并不是线性变化的，而且一种稳定的匹配算法，应该是不受任何光照的影响。相关系数匹配法能够满足这种要求。

当图像受到不同光照影响的时候，图像可能变得更亮或更暗。同时，其平均灰度也相应地发生变化。如果将图像与其平均灰度进行减法运算，则可以消除光照的影响。此种方法实际上与计算图像梯度的方法类似，通过图像的差分来消除光照的变化。相关系数匹配法即采用这种方式，该方法不直接计算模板图像与目标图像的相关性，而是先让模板图像和目标图像分别减去自己的灰度平均值，消除光照的影响，然后再计算相关性。设模板图像大小为$w \times h$，定义模板图像与其灰度均值的差为$T'(x', y)$。即

$$T'(x',y') = T(x',y') - \frac{1}{w \times h}\sum_{x',y'} T(x',y') \tag{7-5}$$

同理，定义目标图像在模板大小区域与其灰度均值为$f'(x+x', y+y')$。即

$$f'(x+x',y+y') = f(x+x',y+y') - \frac{1}{w \times h}\sum_{x',y'} f(x+x',y+y') \tag{7-6}$$

则相关系数匹配法可以用式（7-7）表示。

$$R(x,y) = \sum_{x',y'} T'(x',y') f'(x+x',y+y') \tag{7-7}$$

采用相关系数匹配法，利用图像与平均灰度的差分计算，图像的差分结果不随任何线性光照变化而变化。因此，该算法的匹配结果更加稳定可靠。“1”表示完全匹配，“-1”表示匹配较差，“0”表示没有任何相关性。实际上，“-1”表示模板图像与目标对象灰度值完全相反，但是目标对象相同。因此，在等于“±1”的时候，模板与目标对象都是完全匹配的。相关系数的最后计算结果应该取绝对值，其值越接近于“0”，表示越不匹配。

（6）归一化相关系数匹配法

与其他归一化方法类似，归一化相关系数匹配法的数学表达式如式（7-8）所示。

$$R(x,y) = \frac{\sum_{x',y'} T'(x',y') f'(x+x',y+y')}{\sqrt{\sum_{x',y'} T'(x',y')^2} \sqrt{\sum_{x',y'} f'(x+x',y+y')}} \tag{7-8}$$

从式（7-8）可以看出，归一化的对象是模板图像与其灰度均值的差以及目标图像在模板区域内与其灰度均值的差。实际上，其归一化的过程也是计算图像标准偏差的过程。因此，归一化相关系数匹配法在不受线性光照变化的同时，通过减去平均灰度值可以消除加性噪声对图像的影响，通过计算图像的标准偏差消除了乘性噪声的影响。所以，该匹配方法能够取得更好的匹配准确率。

7.2 HALCON 模板匹配方法

7.2.1 快速匹配：fast_match

（1）原理

归一化差值绝对值之和匹配的相似度计算方法与归一化差值平方和匹配法的计算方法是类似的，只是为了简化计算，提高算子速度，即对式（7-2）中的分子部分进行了修改，将平方和修改为差值的绝对值。

（2）算子说明及作用

```
fast_match(Image : Matches : TemplateID, MaxError : )
```

参数说明：

Image：输入图像。

Matches：输出误差低于某一阈值的所有匹配位置点。

TemplateID：模板 ID，需要事先生成模板 ID。

MaxError：灰度值的最大平均差值。

作用：fast_match 算子采用归一化差值绝对值之和匹配。尽管 HALCON 已经不推荐使用该算子进行模板匹配，但是，该算子计算速度较快，对于光照变化很小的模板匹配还是很有用。另外，如果匹配误差太大，该算子将停止一个位置的匹配。这会减少运行时间，但可能会错过正确的匹配。因此，应该尽可能限制在非常有限的感兴趣区域中应用该方法。

7.2.2 最佳匹配：best_match

（1）原理

运算符 best_match 与 fast_match 关于相似度的计算是一样的。不同之处在于，每次发现更好的匹配时，MaxError 的值都会在内部更新为较低的值，以减少运行时间。

（2）算子说明及作用

```
best_match(Image::TemplateID, MaxError, SubPixel:Row, Column, Error)
```

参数说明：

Image：输入图像。

TemplateID：输入模板 ID，需要事先生成模板 ID。

MaxError：灰度值的最大平均差值。

SubPixel：设置为"true"情况下为亚像素精度匹配。

Row：匹配的行位置。

Column：匹配的列位置。

Error：最佳匹配灰度值的平均偏差。

作用：best_match 算子采用归一化差值绝对值之和匹配。尽管 HALCON 已经不推荐使用该算子进行模板匹配，但是，该算子计算速度较快，对于光照变化很小的模板匹配还是很有用。

7.2.3 相关匹配：find_ncc_model

（1）原理

相关匹配 find_ncc_model 所使用的相似度计算方法采用归一化相关系数来实现。该算子能够返回匹配位置的行、列以及角度。此外，如果待匹配图像中存在多个目标对象，该算子也可以找到每个匹配目标。

（2）算子说明及作用

```
find_ncc_model(Image : : ModelID, AngleStart, AngleExtent, MinScore, NumMatches, MaxOverlap, SubPixel,NumLevels : Row, Column, Angle, Score)
```

参数说明：

Image：输入待匹配图像。

ModelID：输入模板 ID，可以通过模板图像和 create_ncc_model 算子得到。

AngleStart：匹配起始角度。

AngleExtent：匹配终止角度。

MinScore：匹配最小得分。

NumMatches：匹配数量。

MaxOverlap：要查找的模型实例的最大重叠度。

SubPixel：需要亚像素精度。

NumLevels：匹配中使用的金字塔级别数。

Row：匹配位置的行坐标。

Column：匹配位置的列坐标。

Angle：匹配位置的旋转角度。

Score：匹配得分。

作用：find_ncc_model 算子实现归一化相关系数匹配。其匹配结果比快速匹配和最佳匹配效果好，HALCON 推荐使用该算子代替以上两种匹配方式。该算子能够很好地找到匹配目标对象。而且，通过设置匹配的角度，对于即使目标对象有旋转的情况、有线性光照变化的情况，也能够得到很好的匹配结果。但是，尽管该算子能够消除线性光照的影响，却无法消除非线性光照变化的影响。

7.3 模板匹配中的问题

7.3.1 匹配效率问题

在模板匹配中，模板图像在待匹配图像上滑动，每滑动一个步长，就需要计算一次相似度。因此，模板匹配的计算效率比较低下，计算比较耗时。例如，图像大小为 1000×1000，模板大小为 200×200，步长为 1，则模板在水平方向计算 1000-200+1=801 次，同理，垂直方向也要计算 801 次，并且，每个步长位置需要进行 200×200=40000 次计算，由此导致模板匹配速度极慢，无法满足机器视觉实时检测的要求。

为了提高匹配效率，一种常见的做法是对图像进行高斯金字塔采样。高斯金字塔用于图像向下采样，也称为降采样。如果要得到第 1 层采样结果，首先对第 0 层原始图像进行均值滤波，滤波器的大小通常为 2×2，而且没有频率响应问题。也可以采用高斯滤波，如果采用高斯滤波，为了避免造成图像平移，高斯滤波器的尺寸必须是偶数，最小尺寸为 4×4，由此将增加耗时。滤波之后删除所有的偶数行和列，即得到第 1 层高斯采样图像。因此，第 1 层的图像大小是第 0 层原始图像的 1/4。以此类推，即可完成所有层的高斯金字塔下采样。图 7.1 是图像高斯金字塔示意图。

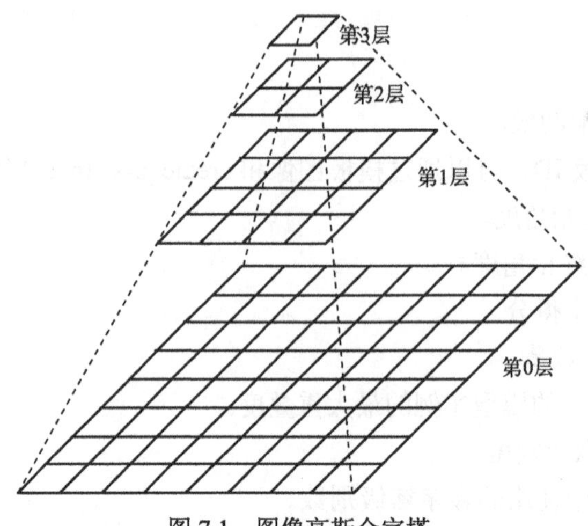

图 7.1　图像高斯金字塔

高斯金字塔采样的过程也是图像缩小的过程。在此过程中，图像的分辨率依次降低，图像的信息也会丢失。

如果利用高斯金字塔从高层重建下一层图像，称为向上采样。向上采样需要将图像在每个方向扩大为原图像的 2 倍，新增的行和列均用 0 来填充，并使用与向下取样相同的卷积核乘以 4，再与放大后的图像进行卷积运算，以获得“新增像素”的新值。但是，向上采样和向下采样并不是可逆的，向上采样并不能还原下一层的图像，其图像信息会出现丢失。为了避免向上采样图像信息丢失，一般采用拉普拉斯金字塔来还原图像。对于机器视觉而言，模板匹配的目的是找出图像中的匹配位置，很多时候并不需要还原图像，因此，通常不需要利用拉普拉斯金字塔进行图像重建。

将待匹配图像和模板图像同时缩小，当匹配结束后，根据缩小的倍数，将匹配位置映射在原图上，得到在原图上的匹配位置。假设图像还是 1000×1000，模板大小为 200×200，步长为 1。进行依次高斯金字塔降采样，原图大小为 500×500，模板大小为 100×100，此时可以看出，相对于原图匹配而言，计算量将大大减少。因此，如果对原图和模板图像进行多次高斯采样，将能够达到机器视觉实时检测的要求，从而解决匹配效率问题。具体采样次数根据图像和模板的大小而定，通常 3 到 4 次采样已经能够满足实时检测的要求。

7.3.2　缩放与旋转问题

除了光照变化之外，对于模板匹配而言，如果待匹配图像中的目标对象大小或者方向与模板图像不一致，匹配结果可能出现偏差。在多数机器视觉系统中，采集的图像并不是处于理想的位置。在实时采集的过程中，由于产品在传送带中不可避免会出现振动，导致图像可能出现相对于理想位置具有一定的旋转角度。同时，图像的大小也存在一定的变化，因为产品距离相机的位置会实时发生变化，尽管这种变化在多数情况下可能很小，但是为了准确匹配到目标对象，也必须考虑这种变化。

为了在目标图像中找到发生了旋转的对象，需要创建多个方向的模板图像，将目标的搜索空间扩大到各个角度。但是，不可能针对每个角度都制作一幅模板图像，因为太多的模板图像同样需要耗费大量的匹配时间。为了实现匹配旋转的目标对象，通常是将角度离散化，然后在指定的角度范围内进行匹配。一般情况下，对于半径为100个像素大小的模板图像，将角度的增长步长设定为1°。如果模板图像更大，需要更小的角度增长步长，更小的模板可以使用更大一些的增长步长。模板图像的增多，增加匹配时间的同时，也会增加内存的存储空间。因此，选择制作模板图像的旋转起止角度对匹配的性能有一定的影响。在实际使用中，应该根据目标对象实际可能的旋转角度来设定模板的起始角度。当然，由于图像匹配需要用到图像高斯金字塔采样，匹配所有角度都是在图像金字塔的最高层。由于图像金字塔每一层都会缩小为下层的1/4，因此，模板的角度增幅也要增大2倍，由此也可以减少模板的数量，提高匹配的速度。

为了保证图像存在缩放的情况下，也能准确匹配到目标对象，通常的做法是将目标图像在一定缩放范围内与模板图像进行匹配。当然，为了保证匹配的速度，缩放之后的图像也是需要在金字塔的最高层进行匹配，最后将匹配结果映射到底层原始图像中。目标图像缩放范围的大小以及增长幅度对匹配速度也有一定的影响，一般增长幅度为0.1左右。对于精度要求不高的匹配结果，如只是为了寻找目标对象中是否存在模板图像，其增长幅度可以适当增大，其匹配的准确性可以通过调节相似度阈值，即将错误匹配的阈值减小，也能够准确地找到目标对象。缩放范围一般为0.9到1.1之间，毕竟在实际运动线体上，产品与相机之间的距离变化不会很大，通常设置在0.8到1.2之间就能够满足绝大部分存在缩放的情况下的匹配要求。

7.4 稳定的匹配方法

7.4.1 基于边缘的匹配

尽管采用相关匹配计算相似度，能够满足大部分的基于灰度的模板匹配要求，但是，此方法也仅仅保证了图像存在线性光照变化或者比较小的非线性光照变化图像的匹配准确性。如果图像存在严重的非线性光照的影响，则该匹配方法将无法满足要求。

图像的边缘不受光照变化的影响。因此，如果采用图像边缘进行匹配，更能够保证即使图像光照变化比较明显的情况下，也能够得到稳定的匹配结果。与基于灰度值的匹配比较，基于边缘的匹配能适应的范围更加广泛。此方法是利用边缘检测算法先对模板图像和目标图像进行边缘检测，然后再进行相似度计算。边缘检测算法可以采用如Canny算子、Sobel算子等。相似度的计算方法与前面所提到的方式一致。

基于边缘的匹配需要注意的问题是，如何选择合适的阈值来提取边缘。比如，对于Canny边缘检测算子，相同的阈值对于不同光照的图像，可能得到的边缘有区别，有的图像可能缺失或增加了部分边缘。如Sobel算子通常不需要选择阈值，常采用3×3大小的区域进行边缘检测即可得到比较理想的结果。因此，根据不同的图像质量，选择不同的边缘检测算子也至关重要。

基于边缘的匹配方法中，匹配策略主要有以下几种：

（1）直接采用边缘检测的结果进行匹配

此种匹配策略与基于灰度的匹配一样，只是将灰度图变成了边缘检测的结果图。边缘检测是通过计算图像的梯度实现的，图像的梯度不受光照变化的影响。采用这种方式进行匹配是大多数基于边缘匹配常用的方法。

（2）基于几何基元的匹配

该匹配方法利用边缘检测的结果，将边缘分割成多种几何基元，如直线、圆弧等，然后匹配这些几何基元。

（3）利用边缘突变点进行匹配

边缘的突变点通常是边缘的角点、拐点等。检测边缘的突变点也可以不通过边缘检测实现，而直接通过特征点检测算法实现。

基于边缘的匹配方法是一种稳定的匹配方法，该方法不受光照变化的影响，配合图像金字塔以及旋转和缩放，在视觉处理中，常用于定位目标区域，能够得到比基于灰度值匹配更加准确的结果。但是，该方法不能处理图像目标存在遮挡的情况，因为此时相当于图像的边缘发生了缺失。

7.4.2 形状匹配：find_shape_model

（1）原理

如果待匹配图像中的目标对象存在遮挡、光照非线性变化等情况，前面所提到的匹配策略无法解决，但是，在某些应用场合，也需要知道是否存在目标对象，此时，基于形状的匹配可以解决此问题。

在 HALCON 中，实现了一种形状匹配方法，虽然其本质还是基于梯度的匹配方法，但是计算方法与前面所提到的有所不同，该算法是专利算法，HALCON 推荐使用该形状匹配算法。在此参考 Carsten Steger 等对此算法的描述。设模板图像表示为点集的形式，即 $p_i(r_i,c_i)^{\mathrm{T}}$，$(r_i,c_i)$ 表示模板图像的行列坐标。每个点有一个关联的方向，这个方向可以用梯度来表示。点的方向向量可以表示为 $d_i(t_i,u_i)^{\mathrm{T}}$。同理，目标图像中每个点 (r,c) 对应一个方向向量 $e_{r,c}(\upsilon_{r,c},\omega_{r,c})$。在进行匹配时，相似度的度量是通过计算图像中某一点 $q=(r,c)^{\mathrm{T}}$ 处，模板中所有点与图像中对应位置的方向向量的点积之和用式（7-9）表示如下：

$$s=\frac{1}{n}\sum_{i=1}^{n}d_i'^{\mathrm{T}}e_{q+p'}=\frac{1}{n}\sum_{i=1}^{n}t_i'\upsilon_{r+r_i',c+c_i'}+u_i'\omega_{r+r_i',c+c_i'} \tag{7-9}$$

为了在相似度量中方便指定阈值来判断匹配图像中是否存在目标对象，可以将式(7-10)进行归一化处理。即

$$s=\frac{1}{n}\sum_{i=1}^{n}\frac{d_i'^{\mathrm{T}}e_{q+p'}}{\|d_i'\|\|e_{q+p'}\|}=\frac{1}{n}\sum_{i=1}^{n}\frac{t_i'\upsilon_{r+r_i',c+c_i'}+u_i'\omega_{r+r_i',c+c_i'}}{\sqrt{t_i'^2+u_i'^2}\sqrt{\upsilon^2_{r+r_i',c+c_i'}+\omega^2_{r+r_i',c+c_i'}}} \tag{7-10}$$

如果目标图像中对应的边缘被遮挡，这些点的方向向量将变得很短，对点积的总和没有影响；如果目标图像中存在混乱的情况，将会出现很多其他的边缘，这些边缘点对应在模板图像上没有对应的点，或者其方向向量也非常短，因此，也不影响点积的总和。将方向向量进行归一化操作之后，所有的向量长度都变成了 1，因此相似度量也不受光照变化的影响。所以，该计算方法可以有效避免遮挡、混乱及光照变化的影响。如果要避免模板图像与目标图像之间有明显的明暗对比度的情况，比如模板图像与目标图像对比度刚好相反，可以通过将式（7-10）修改为计算绝对值的方式实现。

该算法实际上是利用梯度方向进行匹配的方法。梯度计算方法通常采用 Sobel 算子实现。将梯度的方向表示成向量，然后通过计算向量之间的点积来判断相似度。由于采用了梯度，所以光照的变化不会影响匹配结果。当存在遮挡、混乱等情况时，由于该方法计算的是整个模板图像区域的梯度方向，相对于边缘匹配只匹配了边缘信息而言，所利用的图像信息更加完备，即使遮挡或混乱对整体向量点积之和的影响也非常小，因此，能够得到更加准确的匹配结果。

（2）算子说明及作用

```
find_shape_model(Image : : ModelID, AngleStart, AngleExtent, MinScore, NumMatches, MaxOverlap, SubPixel,NumLevels, Greediness : Row, Column, Angle, Score)
```

参数说明：

Image：输入待匹配图像。

ModelID：输入模板 ID，需要通过 create_shape_model 算子创建。

AngleStart：起始角度。

AngleExtent：角度范围。

MinScore：最小得分。

NumMatches：匹配数量，如果设置为 0，则匹配所有。

MaxOverlap：要查找的模型实例的最大重叠度。

SubPixel：是否需要亚像素精度匹配。

NumLevels：金字塔层级。

Greediness：是否采用贪婪搜索。

Row：匹配位置的行坐标。

Column：匹配位置的列坐标。

Angle：匹配的角度。

Score：匹配得分。

作用：算子 find_shape_model 用于形状匹配，模板 ID 通过 create_shape_model 算子创建。该算子可以得到匹配对象的位置、方向等信息，通过仿射变换将模板形状变换到目标对象上。

7.5 其他匹配方法介绍

7.5.1 利用hu不变矩进行匹配

在图像处理中，图像矩通常作为一种特征来使用。通过计算图像矩，然后比较图像矩的大小，可以用于判断是否为同一目标对象。因此，基于图像矩的匹配可以认为是一种基于图像特征的匹配方式。

作为概率与统计中的概念，矩是随机变量的一种数字特征。矩在数字图像处理中有着广泛的应用，如模式识别、目标分类、图像编码与重构等。数字图像中的矩，更多时候用于描述图像中目标对象的轮廓形状特征，这种特征可以用于对图像做进一步的分析，如大小、位置、方向及形状等。利用这种特征可以实现模板图像与目标图像之间的匹配，用于查找目标图像中是否存在与模板相似的目标。

二维离散函数 $f(x,y)$ 表示的图像可以看成是关于二维随机变量 (x,y) 的密度函数。如果把图像看成是一个平面物体，每个像素点的灰度值表示该位置的密度，该点的期望就是图像在该点的矩。在连续函数中，矩的定义如式（7-11）所示。

$$m_{pq}=\iint x^p y^q f(x,y)d_x d_y \quad p,q=0,1,2,\cdots \tag{7-11}$$

式（7-11）中，p,q 取非负整数，$p+q$ 表示矩的阶。

对于图像大小为 $m\times n$ 的数字图像，矩的定义如式（7-12）所示。

$$m_{pq}=\sum_{x=1}^{m}\sum_{y=1}^{n}x^p y^q f(x,y) \tag{7-12}$$

式（7-12）是计算图像的原点矩。从式（7-12）可以看出，图像的0阶矩 m_{00} 表示了图像的灰度值总和。因此，0阶矩认为是目标区域的质量，而1阶矩表示目标区域的质心，2阶矩表示目标区域的旋转半径，3阶矩表示目标区域的方位和斜度，反应目标的扭曲。而更高阶的矩没有多大意义，通常对数字图像而言不再计算。利用0阶矩和1阶矩可以计算图像的重心坐标 (x_c,y_c)，如式（7-13）所示。

$$\begin{cases} x_c=\dfrac{m_{10}}{m_{00}}=\dfrac{\sum\limits_{x=1}^{n}\sum\limits_{y=1}^{m}xf(x,y)}{\sum\limits_{x=1}^{n}\sum\limits_{y=1}^{m}f(x,y)} \\ y_c=\dfrac{m_{01}}{m_{00}}=\dfrac{\sum\limits_{x=1}^{n}\sum\limits_{y=1}^{m}yf(y,y)}{\sum\limits_{x=1}^{n}\sum\limits_{y=1}^{m}f(x,y)} \end{cases} \tag{7-13}$$

由式（7-13）求得重心坐标，由此可以构造中心矩：

$$u_{pq}=\sum_{x=1}^{n}\sum_{y=1}^{m}(x-x_c)^p(y-y_c)^q f(x,y) \tag{7-14}$$

为抵消尺度变化对中心矩的影响，利用零阶中心矩 u_{00} 对各阶中心距进行归一化处理，得到归一化中心矩：

$$\eta_{pq} = \frac{u_{pq}}{u_{00}^{r}} \tag{7-15}$$

式中，$r=(p+q)/2$。

利用二阶和三阶归一化中心矩可以构造如式（7-16）所示 7 个不变矩，该矩称为 hu 不变矩。hu 不变矩是一种高度浓缩的图像特征，该特征具有平移、尺度、旋转不变性等特性。

$$\begin{aligned}
M_1 &= \eta_{20} + \eta_{02} \\
M_2 &= (\eta_{20} - \eta_{02})^2 + 4\eta_{11}^2 \\
M_3 &= (\eta_{30} - 3\eta_{12})^2 + (3\eta_{21} - \eta_{03})^2 \\
M_4 &= (\eta_{30} + \eta_{12})^2 + (\eta_{21} + \eta_{03})^2 \\
M_5 &= (\eta_{30} - 3\eta_{12})(\eta_{30} + \eta_{12})\left((\eta_{30} + \eta_{21})^2 - 3(\eta_{21} + \eta_{03})^2\right) \\
&\quad + (3\eta_{21} - \eta_{03})(\eta_{21} + \eta_{03})\left(3(\eta_{30} + \eta_{12})^2 - (\eta_{21} + \eta_{03})^2\right) \\
M_6 &= (\eta_{20} - \eta_{02})\left((\eta_{30} + \eta_{12})^2 - (\eta_{21} + \eta_{03})^2\right) + 4\eta_{11}(\eta_{30} + \eta_{12})(\eta_{21} + \eta_{03}) \\
M_7 &= (3\eta_{21} - \eta_{03})(\eta_{30} + \eta_{12})\left((\eta_{30} + \eta_{12})^2 - 3(\eta_{21} + \eta_{03})^2\right) \\
&\quad - (\eta_{30} - 3\eta_{12})(\eta_{21} + \eta_{03})\left(3(\eta_{30} + \eta_{12})^2 - (\eta_{21} + \eta_{03})^2\right)
\end{aligned} \tag{7-16}$$

利用 hu 不变矩进行匹配即利用了该特征具有平移、尺度、旋转不变性等特性。尽管在 HALCON 中只提供了计算矩的算子，没有提供基于 hu 不变矩的匹配算子，但是作为一种图像特征，利用 hu 不变矩作为图像分类的一种手段，还是有很大的用处。理论上 hu 不变矩可以实现完美的基于特征的匹配，但是，实际图像中，每一幅图像总会有一些区别。因此，即使人眼看起来是相同形状的目标对象，计算得到的 hu 不变矩也会有一定的区别，而且，可能导致不同的形状得到的 hu 不变矩结果比较接近，所以采用这种匹配方法其结果往往出现较多的错误匹配。在实际使用中，通常计算轮廓的 hu 不变矩来实现，该方法对轮廓的精度要求比较高。

7.5.2 Hausdorff 距离匹配

Hausdorff 距离匹配是基于图像中的特征点进行匹配，通过计算两幅图像中提取的特征点集的距离，判断是否是同一目标对象。图像中的特征点是指图像中目标对象的角点、拐点以及极值点等，这些点在图像上表现为图像边缘上曲率较大的点或灰度值发生剧烈变化的点。特征点通常不受光照变化的影响，同时，即使图像出现了平移、旋转、缩放的变化，特征点依然不变。因此，特征点是比较稳定的一种特征，但是，首先需要准确检测出这些特征点，才能进行匹配。

特征点检测算法有很多，其检测结果是点集。因此，其匹配方法是判断模板图像中的特征点与目标图像中对应位置的特征点之间的相似性，也就是判断两个点集之间的相似性。Hausdorff 距离可以判断两个点集的相似度并且不需要点之间有一一对应的关系，只是计算两个点集的相似度。所以，Hausdorff 距离可以处理有多个特征点的情况。给定两组点集 $A=\{a_1,a_2,a_3,\cdots\}$，$B=\{b_1,b_2,b_3,\cdots\}$。Hausdorff 距离的定义如式（7-17）所示。

$$H(A,B)=\max(h(A,B),h(B,A)) \tag{7-17}$$

其中，

$$h(A,B)=\max_{a_i\in A}\min_{b_j\in B}\left\|a_i-b_j\right\| \tag{7-18}$$

$$h(B,A)=\max_{b_i\in A}\min_{a_j\in B}\left\|b_i-a_j\right\| \tag{7-19}$$

式中，$H(A,B)$称为双向 Hausdorff 距离；$h(A,B)$是点集 A 到点集 B 的单向 Hausdorff 距离；$h(B,A)$是点集 B 到点集 A 的单向 Hausdorff 距离。Hausdorff 距离量度可以理解成一个点集中的点到另一个点集的最短距离的最大值。其距离的计算方式可以采用欧式距离、曼哈顿距离等。

采用特征点进行匹配需要考虑的问题是，特征点的检测算法是否足够稳定。即对于不同光照、不同旋转角度以及缩放的图像，都能够准确检测出特征点。此外，图像中必须有一定数量的特征点，如果模板图像中没有检测出特征点，该算法也是失效的。一种改进方法是直接将图像中的边缘点作为特征点，如果图像中存在遮挡、混乱的情况，此时也可以采用 Hausdorff 距离进行匹配。只是，这时候不再求最大距离，可以给定一个阈值，距离满足阈值要求的认为是匹配的。另一个需要考虑的问题是，Hausdorff 距离的计算比较耗时，如果机器视觉系统对时间的要求比较高，则需要慎重使用该算法。

7.6 模板匹配实例

实例 7-1：利用快速匹配检测焊球位置

```
dev_close_window ()
dev_open_window (0, 0, 728, 512, 'black', WindowID)
read_image (Bond, 'die/die_03.png')
*在原图上生成一个原型区域，用于制作模板图像
gen_circle (ROI_0, 131, 430, 29.0689)
reduce_domain(Bond, ROI_0, ImageReduced)
crop_domain(ImageReduced, ImagePart)
get_image_size(ImagePart, Width, Height)
*创建模板
create_template(ImagePart, 255, 3, 'sort', 'original', TemplateID)
*快速匹配
fast_match(Bond,Matches, TemplateID, 25)
*得到匹配结果连通域
connection (Matches, ConnectedRegions)
*计算匹配结果数量
count_obj(ConnectedRegions, Number)
```

```
*得到匹配的位置
area_center(ConnectedRegions, Area, Row1, Column1)
*根据位置生成匹配区域
gen_rectangle1(Rectangle1, Row1-Height/2, Column1-Width/2, Row1+Height/
2,Column1+Width/2)
```

实例 7-1 的运行结果如图 7.2 所示。该例子是利用快速匹配检测焊球位置。从检测结果来看，该算子能够检测出大部分的焊球位置，由于采用灰度值的差值绝对值作为相似度计算方法，最终漏掉了一个检测位置。可以看出，该方法是一种不太稳定的匹配方法。

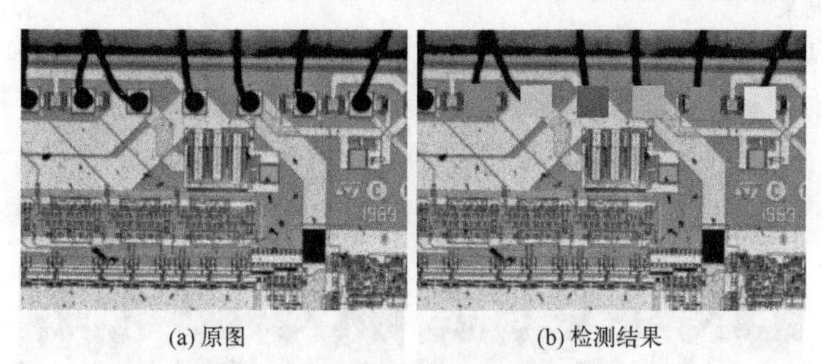

(a) 原图　　(b) 检测结果

图 7.2　利用快速匹配检测焊球位置

实例 7-2：利用最佳匹配检测焊球位置

```
read_image (Bond, 'die/die_03.png')
gen_circle (ROI_0, 134, 432, 30.8869)
reduce_domain(Bond, ROI_0, ImageReduced)
crop_domain(ImageReduced, ImagePart)
*得到模板图像的大小
get_image_size(ImagePart, Width, Height)
*创建模板
create_template(ImagePart, 255, 4, 'sort', 'original', TemplateID)
*匹配
best_match(Bond, TemplateID, 10, 'false', Row, Column, Error)
*绘制匹配区域
gen_rectangle1(Rectangle,Row-Height/2,Column-Width/2,Row+Height/2,
Column+Width/2)
```

图 7.3 是实例 7-2 利用最佳匹配的结果。利用 fast_match 可以找到最好的匹配位置，该算子只能找出一个匹配目标对象。尽管 HALCON 推荐使用相关匹配和形状匹配来查找图像中的目标地点，但是，fast_match 和 best_match 两种匹配方法主要针对光照变化极小的情况，由于其匹配速度快，因此，也有广泛的应用。

实例 7-3：利用相关匹配检测光照变化情况下的目标对象

```
read_image (Image, 'smd/smd_on_chip_05')
gen_rectangle1 (Rectangle, 175, 156, 440, 460)
```

```
    reduce_domain (Image, Rectangle, ImageReduced)
    *创建 ncc 模板
    create_ncc_model (ImageReduced, 'auto', 0, 0, 'auto', 'use_polarity',
ModelID)
    *循环读取图像并匹配
    for J := 1 to 11 by 1
      read_image (Image, 'smd/smd_on_chip_' +J$'02')
    *ncc 匹配
      find_ncc_model (Image, ModelID, 0, 0, 0.5, 1, 0.5, 'true', 0, Row, Column,
Angle, Score)
      *显示匹配结果
      dev_display_ncc_matching_results (ModelID, 'green', Row, Column, Angle, 0)
    *停止
      stop ()
    endfor
```

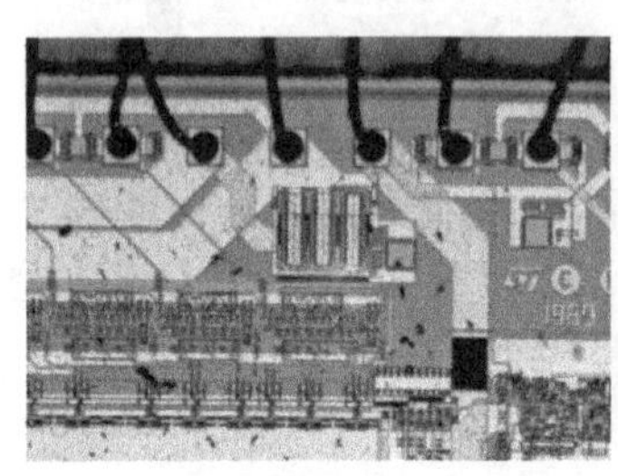
(a) 原图

(b) 匹配结果

图 7.3 利用最佳匹配检测焊球位置

图 7.4 是实例 7-3 的运行结果。

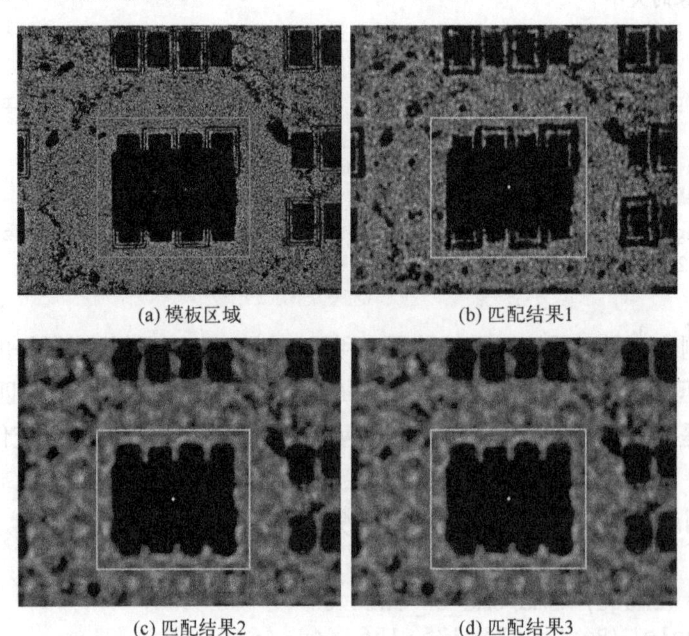
(a) 模板区域 (b) 匹配结果1 (c) 匹配结果2 (d) 匹配结果3

图 7.4 实例 7-3 的运行结果

图 7.4 只显示了部分图像匹配结果，代表了不同的光照情况以及图像的清晰度。采用相关匹配可以准确找到目标区域，即使在目标图像与模板图像之间存在光照不均或者图像质量比较差的情况下，也能够准确找到匹配的目标对象。

实例 7-4： 利用形状匹配检测目标对象

```
read_image (Image, 'green-dot.png')
get_image_size (Image, Width, Height)
*设置显示颜色
dev_set_color ('red')
dev_display (Image)
threshold (Image, Region, 0, 128)
connection (Region, ConnectedRegions)
*根据面积选择区域
select_shape (ConnectedRegions, SelectedRegions, 'area', 'and', 10000,
20000)
*填充
fill_up (SelectedRegions, RegionFillUp)
dilation_circle (RegionFillUp, RegionDilation, 5.5)
*提取模板区域
reduce_domain (Image, RegionDilation, ImageReduced)
*创建多尺度旋转缩放形状模板
create_scaled_shape_model (ImageReduced, 5, rad(-45), rad(90), 'auto', 0.8,
1, 'auto', 'none', 'ignore_global_polarity', 40, 10, ModelID)
*得到模板的形状
get_shape_model_contours (Model, ModelID, 1)
*计算模板区域面积和中心
area_center (RegionFillUp, Area, RowRef, ColumnRef)
*生成仿射变换矩阵
vector_angle_to_rigid (0, 0, 0, RowRef, ColumnRef, 0, HomMat2D)
*仿射变换，将模板的形状变换到模板原始图像上
affine_trans_contour_xld (Model, ModelTrans, HomMat2D)
dev_display (Image)
dev_display (ModelTrans)
*读取待匹配图像
read_image (Image1, 'green-dots.png')
dev_display (Image1)
dev_set_line_width (3)
*形状匹配
find_scaled_shape_model (Image1, ModelID, rad(-45), rad(90), 0.8, 1.0, 0.3,
0, 0.5, 'least_squares', 5, 0.8, Row, Column, Angle, Scale, Score)
*依次找出匹配结果
for i := 0 to |Score|-1 by 1
*将匹配结果通过仿射变换对应在目标图像上
hom_mat2d_identity (HomMat2DIdentity)
    hom_mat2d_translate (HomMat2DIdentity, Row[i], Column[i], HomMat2D-
Translate)
    hom_mat2d_rotate (HomMat2DTranslate, Angle[i], Row[i], Column[i], HomMat-
2DRotate)
```

```
    hom_mat2d_scale (HomMat2DRotate, Scale[i], Scale[i], Row[i], Column[i], 
HomMat2DScale)
    affine_trans_contour_xld (Model, ModelTrans, HomMat2DScale)
    *显示匹配结果
    dev_display (ModelTrans)
endfor
```

图 7.5 是实例 7-4 的运行结果，所用的图像是 HALCON 自带的示例图像。在待匹配的图像中，存在三个与模板图像相似的目标对象，但是，三个目标对象的姿态、大小与模板图像不一致。同时，还有一个目标对象存在严重遮挡的情况。从图 7.5 可以看出，采用形状匹配方法，能够完美地找出待匹配对象。

(a) 模板原始图像　(b) 从原始图像提取的模板图像

(c) 模板的轮廓　(d) 匹配结果

图 7.5　利用形状匹配检测目标对象

形状匹配能够更加准确地查找目标对象中存在混乱、遮挡以及受非线性光照影响下的对象。该方法比较适合于目标对象的定位。比如，需要查找模板图像在目标图像中的位置和数量。如果需要进行产品的缺陷检测，如 OCR 字符是否存在缺失，还需要在定位的基础上对其进行进一步的处理，而不能直接用匹配结果作为检测结果。同理，对于其他的匹配方式也一样，因为匹配结果并不能表示目标对象与模板图像完全一致。

实例 7-5：利用形状匹配查找模糊图像 PCB 板上的位置

```
read_image (Image, 'pcb_focus/pcb_focus_telecentric_060')
dev_update_off ()
dev_close_window ()
dev_open_window_fit_image (Image, 0, 0, 640, 640, WindowHandle)
set_display_font (WindowHandle, 16, 'mono', 'true', 'false')
dev_set_color ('lime green')
dev_set_line_width (3)
```

```
   * 创建形状匹配模板
   gen_rectangle1 (Rectangle, 50, 120, 400, 600)
   reduce_domain (Image, Rectangle, ImageReduced)
   create_shape_model (ImageReduced, 'auto', -0.39, 0.78, 'auto', 'auto',
'use_polarity', 'auto', 'auto', ModelID)
   area_center (Rectangle, Area, Row, Column)
   dev_clear_window ()
   dev_display (Image)
   dev_display_shape_matching_results (ModelID, 'lime green', Row, Column,
0.0, 1.0, 1.0, 0)
   disp_message (WindowHandle, 'The model edges used for the matching',
'window', 12, 12, 'lime green', 'false')
   disp_continue_message (WindowHandle, 'black', 'true')
   *循环匹配每张图像
   for Index := 1 to 121 by 1
       read_image (Image, 'pcb_focus/pcb_focus_telecentric_' +Index$'03d')
       count_seconds (Seconds1)
        find_shape_model (Image, ModelID, -0.39, 0.78, 0.7, 1, 0.5, 'least_
squares', [0,-1], 0.9, Row, Column, Angle, Score)
       count_seconds (Seconds2)
       dev_display (Image)
       dev_display_shape_matching_results (ModelID, 'lime green', Row, Column,
Angle, 1.0, 1.0, 0)
        disp_message (WindowHandle, |Row| +' Match found in ' +((Seconds2 -
Seconds1) * 1000.0)$'.1f' +' ms', 'window', 12, 12, 'lime green', 'false')
       if (Index < 5 or Index == 121)
           disp_continue_message (WindowHandle, 'black', 'true')
           stop ()
       endif
   endfor
   dev_clear_window ()
```

实例 7-5 运行结果如图 7.6 所示。

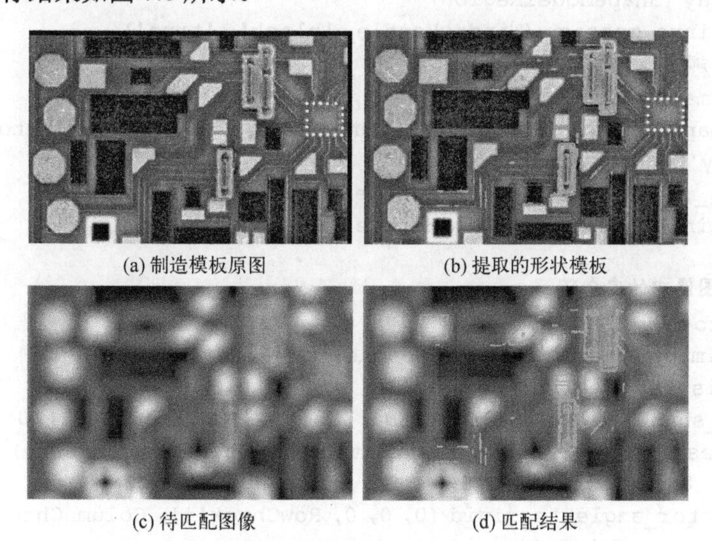

(a) 制造模板原图　(b) 提取的形状模板

(c) 待匹配图像　(d) 匹配结果

图 7.6　利用形状匹配查找模糊图像 PCB 板上的位置

该实例中，通过制作形状匹配模板，利用形状匹配查找 PCB 图像中某些元件的位置。可以看出，即使待匹配图像有模糊、光照变化的情况，也可以准确匹配。

实例 7-6：利用形状匹配搜索安全环

```
    dev_update_window ('off')
    * 获取图像
    open_framegrabber ('File', 1, 1, 0, 0, 0, 0, 'default', -1, 'default', -1,
'default', 'rings/rings.seq', 'default', -1, 1, FGHandle)
    grab_image (ModelImage, FGHandle)
    get_image_pointer1 (ModelImage, Pointer, Type, Width, Height)
    dev_close_window ()
    dev_open_window (0, 0, Width, Height, 'white', WindowHandle)
    dev_set_part (0, 0, Height -1, Width -1)
    dev_display (ModelImage)
    * 显示相关的设置
    dev_set_color ('blue')
    dev_set_draw ('margin')
    dev_set_line_width (2)
    set_display_font (WindowHandle, 14, 'mono', 'true', 'false')
    disp_continue_message (WindowHandle, 'black', 'true')
    * 选择区域
    Row := 251
    Column := 196
    Radius := 103
    gen_circle (ModelROI, Row, Column, Radius)
    dev_display (ModelROI)
    disp_continue_message (WindowHandle, 'black', 'true')
    * 检查模板区域
    reduce_domain (ModelImage, ModelROI, ImageROI)
    inspect_shape_model (ImageROI, ShapeModelImage, ShapeModelRegion, 1, 30)
    dev_clear_window ()
    dev_display (ShapeModelRegion)
    disp_continue_message (WindowHandle, 'black', 'true')
    *创建形状匹配模板
    reduce_domain (ModelImage, ModelROI, ImageROI)
    create_shape_model  (ImageROI,  'auto',  0,  rad(360),  'auto',  'none',
'use_polarity', 30, 10, ModelID)
    get_shape_model_contours (ShapeModel, ModelID, 1)
    disp_continue_message (WindowHandle, 'black', 'true')
    stop ()
    * 循环查找图像中的安全环
    for i := 1 to 7 by 1
        grab_image (SearchImage, FGHandle)
        dev_display (SearchImage)
         find_shape_model  (SearchImage, ModelID, 0, rad(360), 0.6, 0, 0.55,
'least_squares', 0, 0.8, RowCheck, ColumnCheck, AngleCheck, Score)
        for j := 0 to |Score| -1 by 1
            vector_angle_to_rigid (0, 0, 0, RowCheck[j], ColumnCheck[j], Angle-
Check[j], MovementOfObject)
```

```
        affine_trans_contour_xld (ShapeModel, ModelAtNewPosition, Movement-
OfObject)
        dev_set_color ('cyan')
        dev_display (ModelAtNewPosition)
        dev_set_color ('blue')
        affine_trans_pixel (MovementOfObject, -120, 0, RowArrowHead, Column-
ArrowHead)
        disp_arrow (WindowHandle, RowCheck[j], ColumnCheck[j], RowArrowHead,
ColumnArrowHead, 2)
      endfor
      disp_continue_message (WindowHandle, 'black', 'true')
  endfor
  * 清空
  dev_update_window ('on')
  clear_shape_model (ModelID)
  close_framegrabber (FGHandle)
```

实例 7-6 是利用形状匹配查找图中安全环的例子。从该例子可以看出，即使对于检测目标存在旋转、缩放以及光照变化的情况，也可以准确找出目标对象，并且，可以得到目标对象的方向。图 7.7 是实例 7-6 的运行结果。

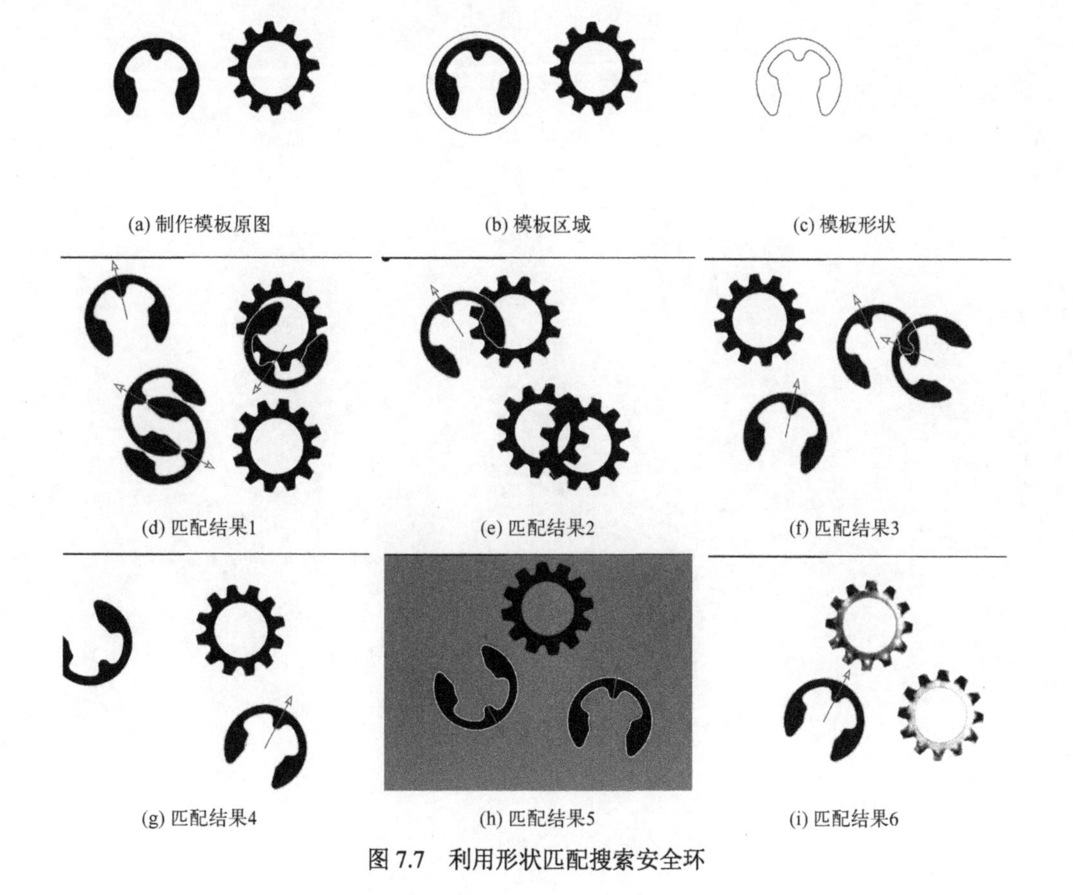

(a) 制作模板原图　(b) 模板区域　(c) 模板形状

(d) 匹配结果1　(e) 匹配结果2　(f) 匹配结果3

(g) 匹配结果4　(h) 匹配结果5　(i) 匹配结果6

图 7.7　利用形状匹配搜索安全环

模板匹配在机器视觉中有很多用途，在使用过程中，需要注意的问题是，快速匹配和最佳匹配只能适应光照没有变化的情况，速度快；相关匹配可以适应线性光照变化的匹配，速度较快；形状匹配对于非线性光照变化也可以准确找出目标对象，其速度受到多种因素的影响，包括模板图像的大小、金字塔层数、旋转的角度范围和步长、缩放的范围大小和步长等，在使用中，需要注意这些参数的配合使用。

第8章 图像特征

图像特征是从图像中提取出来的，表示图像具有的某一种特性。特征在图像中以多种方式呈现出来，如几何特征、纹理特征。有的特征人眼可以直接观察到，有的特征不能直接观察得到，如一些特征点、梯度方向特征等。图像特征检测是指利用一些计算方法，从图像中提取出特征，如一些特殊的点、线、纹理及其它类型的特征。特征的表达方式有很多种，如直线特征，可以通过数学方程或者直线中的两点来表示；特征点可以通过像素点坐标来表示；纹理特征可以通过进行纹理编码后的直方图来表示；梯度方向特征可以通过多维向量来表示。图像的特征类型有很多，检测图像特征的方法有很多。图像的特征检测非常重要，在整个机器视觉图像处理过程中属于后处理阶段，提取出图像特征之后，就可以利用特征对图像进行分类、识别、检测、测量及定位等操作，从而实现整个图像处理任务。几乎所有的视觉任务都离不开特征检测，因此，熟练掌握图像的特征检测算法极其重要。计算图像特征的方法有很多，如霍夫变换、梯度方向直方图（Histogram of Oriented Gradient，HOG）、局部二元模式（Local Binary Pattern，LBP）、SIFT（Scale Invariant Feature Transform）、灰度共生矩阵等。

8.1 几何特征检测

几何特征主要指图像中的直线、圆、椭圆以及多边形等各种几何形状，这些特征通常可以在图像中直接观察发现。检测图像中的几何特征，可以用于识别图像中包含的目标对象。几何特征检测的方法很多，如 LSD（Line Segment Detector）直线检测、基于边界的曲线拟合以及经典的霍夫变换检测方法等。在此主要介绍霍夫变换的几何特征检测方法。霍夫（Hough）变换来源于 Paul Hough 在 1962 年获得的美国专利。该专利对直线采用斜截距参数化。Hough 的专利清楚地揭示了一个关键思想，它是现在霍夫变换的基础，即图像平面中的共线点可以通过将它们映射到在变换中相交的几何结构来识别。但需要注意的是，Hough 所描述的几何变换和现在为计算机视觉使用的几何变换有一定差别。现在使用的霍夫变换是 1972 年由 Richard Duda 和 Peter Hart 发明，称为“广义霍夫变换”。霍夫变换是一种特征提取方法，被广泛应用于图像分析中。霍夫变换用来提取图像中的几何特征，如直线、圆、椭圆等。霍夫变换的算法流程大致如下：给定一个物件及要辨别的形状种类，算法会在参数空间中执行投票来决定物体的形状，而这是由累加空间里的局部最大值来决定。

8.1.1 霍夫变换直线检测：hough_lines

（1）原理

要理解霍夫变换，首先需要理解参数及参数空间的概念。参数，也叫参变量，是一个变量。在研究问题的时候，通常会关心某几个变量的变化及它们之间的相互关系，其中有一个或一些叫自变量，另一个或另一些叫因变量。如果引入一个或一些另外的变量来描述自变量与因变量的变化，引入的变量本来并不是当前问题必须研究的变量，把这样的变量叫做参变量或参数。参数空间是由参数构成的空间。

霍夫变换算法主要用于二值图像，因此在对灰度图像进行霍夫变换前需要对其进行二值化或进行边缘检测处理。霍夫变换是一种使用表决原理的参数估计方法，利用图像空间和霍夫参数空间的点-线对偶性，把图像空间中的检测问题转换到参数空间，通过参数空间进行简单的累加统计，然后在霍夫参数空间寻找累加器峰值的方法检测指定的对象。霍夫变换的实质是将图像空间内具有一定关系的像元进行聚类，寻找能把这些像元用某一解析形式联系起来的参数空间累积对应点。

设直线方程为 $y=ax+b$，其中 a 为斜率，b 为截距。在图像空间 $x-y$ 中，所有共线的点 (x, y)，其斜率和截距是相等的。因此，如果将 a 和 b 表示为 x 和 y 的函数，则为 $b=-xa+y$，称为将图像空间转换到参数空间。由于 a 和 b 是定值，在图像空间的一条直线，霍夫变换到参数空间中就变成一个点。如果将 a 和 b 限定在一定范围的离散空间内，在图像中，寻找所有点 (x,y) 对应的 a 和 b 的值并建立一个累加器，如果点 (x,y) 计算结果与 a 和 b 所确定的离散空间中某个 a 和 b 值相同，对应累加器加 1。最后统计累加器值最大的 a 和 b 的值，即找到对应的直线。图 8.1 是霍夫变换检测直线的原理。

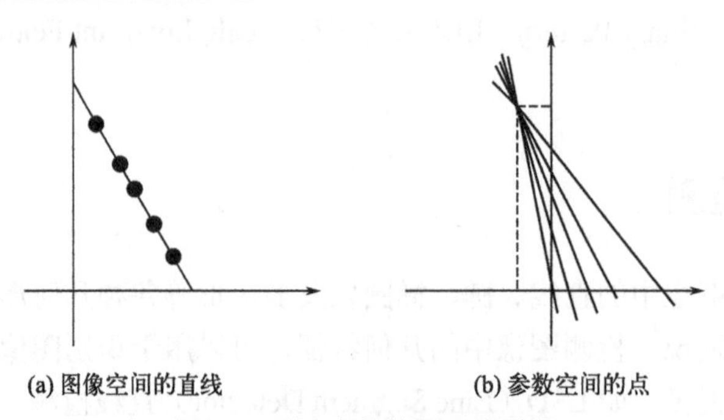

图 8.1　霍夫变换检测直线原理

上述检测方法有一个缺点，即当直线的斜率无穷大时，采用这种点-线对偶方法无法完成检测。如果将直线方程转换为极坐标的表示方式，则可以避免这种问题。直线的极坐标如式（8-1）所示。

$$\begin{cases} x=r\cos\theta \\ y=r\sin\theta \end{cases} \tag{8-1}$$

在参数空间，也可以表示为式（8-2）。

$$r=x\cos\theta+y\sin\theta \tag{8-2}$$

式（8-1）和式（8-2）中，$r=\sqrt{x^2+y^2}$，$\tan\theta=y/x$。由此，确定 θ 的范围，建立累加

器，则可检测出直线。通常，$\theta \in [0,\pi]$，将θ离散化，以1°为增量，共分为180段，由此确定(r,θ)对应的累加器最大值，即为找到的直线。如果图像中有多条直线，可以通过设定阈值的方式，只要累加器的值大于设定的阈值，即可确定为直线。霍夫变换进行直线检测的步骤如下：

① 在参数中选择合适的最大值和最小值，对参数空间进行离散化；

② 建立一个累加器，并设置每一个元素为0；

③ 对图像空间中的每一点作霍夫变换，即算出该点在参数空间上的对应曲线，并在相应的累加器加1；

④ 把累加器中超过所设阈值的参数空间点进行霍夫逆变换，在图像空间进行显示。

（2）算子说明及作用

```
hough_lines(RegionIn : : AngleResolution, Threshold, AngleGap, DistGap :
Angle, Dist)
```

参数说明：

RegionIn：输入要检测的二值图像。

AngleResolution：调整角度区域中的分辨率。

Threshold：霍夫图像中的阈值。

AngleGap：霍夫图像中两个最大角度值的最小距离。

DistGap：霍夫图像中两个最大距离值的最小距离。

Angle：检测到的线的法向量的角度。

Dist：检测到的线与原点的距离。

作用：算子hough_lines用于在二值图像中检测直线。在使用该算子的时候，需要注意各个参数值对结果的影响比较大。

8.1.2 霍夫变换圆检测：hough_circles

霍夫变换进行圆检测的原理与霍夫直线检测类似，只是点对应的二维极坐标空间被三维的圆心(x,y)和半径r空间取代。对直线来说，一条直线能在参数空间由(r,θ)表示。对于圆而言，需要三个参数来表示一个圆，即圆心坐标和半径。在笛卡尔坐标系下，圆的方程可以表示为式（8-3）。

$$(x-a)^2+(y-b)^2=r^2 \tag{8-3}$$

对于一个圆来讲，圆周上的坐标(x,y)不管取什么值，其对应的(a,b,r)都不变，由(a,b,r)组成的参数称为圆的参数空间。将式（8-3）变换成式（8-4）表示如下：

$$\begin{cases} a=x-r\cos\theta \\ b=y-r\sin\theta \end{cases} \tag{8-4}$$

图像的边缘任意点对应的经过这个点的所有可能圆在三维空间由这三个参数来表示，其对应一条三维空间的曲线。与霍夫直线变换一样的原理，越多边缘点对应的三维空间曲线交于一点，那么它们经过的共同圆上的点就越多，在累加器中的值就越大，通过查找累加器中的最大值，即找到对应的圆。同样，如果图像中存在多个圆，也可以采用阈值的方法来判断一个圆是否被检测到，这就是标准霍夫圆变换的原理。霍夫圆检测的步骤与直线检测的步骤类似，在此就不再累述。

上述霍夫圆检测方法为经典的检测方法。对于霍夫直线检测而言，只需要两个参数，所以检测速度较快。但是，霍夫圆检测需要三个参数，算法复杂度比较高，资源需求较大，处理时间也比较长。因此，该方法在实际应用中是不可取的。但是，可以通过一些改进方法，让霍夫圆检测变得实用。比如，如果已知检测圆的半径，可以将半径参数限制在一定范围内，从而提高检测速度。

霍夫变换除了检测直线、圆等几何特征之外，也可以检测其它类型的几何特征，如椭圆等。其检测原理类似。但是，该方法随着参数的增加，计算复杂度太高，而且，对图像中的几何特征边界要求比较严格，需要比较清晰的边界。因此，在实际应用中，需要注意两点，首先，对于确定大小的几何特征，可以通过固定某些参数值，提高检测速度；其次，需要通过一些预处理方法，将几何特征边界清晰地展现出来。

8.1.3 霍夫几何特征检测实例

实例 8-1：利用霍夫变换检测直线

```
read_image (Image, ' hough.bmp')
*设定检测区域
rectangle1_domain (Image, ImageReduced, 230, 180, 330, 280)
*sobel 算子
sobel_amp (ImageReduced, EdgeAmplitude, 'thin_sum_abs', 3)
dev_set_color ('red')
threshold (EdgeAmplitude, Region, 10, 255)
*霍夫直线检测
hough_lines (Region, 4, 50, 5, 5, Angle, Dist)
*生成直线
gen_region_hline (Regions, Angle, Dist)
```

图 8.2 是实例 8-1 的运行结果。

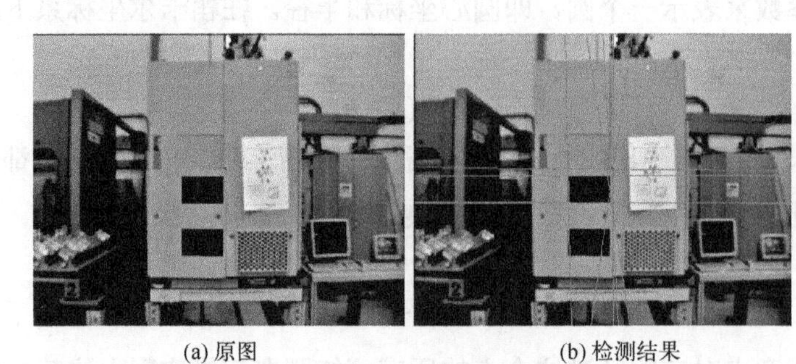

(a) 原图　　(b) 检测结果

图 8.2　利用霍夫变换检测直线

实例 8-2 是利用霍夫变换检测圆的例子。在 HALCON 中，为了提高圆的检测速度，将圆的半径参数 *r* 设为了固定值。

实例 8-2：利用霍夫变换检测圆

```
read_image (Image, 'hough.bmp')
*利用 canny 算子进行边缘检测
edges_image(Image, ImaAmp, ImaDir, 'canny', 1, 'nms', 20, 40)
threshold (ImaAmp, Regions, 135, 255)
*霍夫圆检测
hough_circles (Regions, RegionOut, 35, 35, 0)
connection (RegionOut, ConnectedRegions)
*得到连通域的面积和中心位置
area_center (ConnectedRegions, Area, Row, Column)
*创建十字交叉点，用于显示圆的圆心
gen_cross_contour_xld (Cross, Row, Column, 5, rad(45))
*统计数量
tuple_gen_const (|Area|, 35, Radiuses)
*生成圆区域
gen_circle (Circle, Row, Column, Radiuses)
gen_contour_region_xld (Circle, Contours, 'border')
dev_set_line_width (3)
dev_set_color ('red')
dev_clear_window ()
dev_display (Image)
dev_display (Cross)
dev_display (Contours)
```

图 8.3 是实例 8-2 的运行结果。

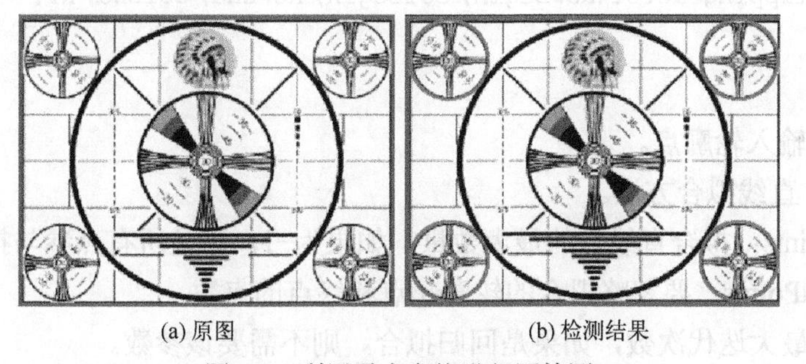

(a) 原图　　(b) 检测结果

图 8.3　利用霍夫变换进行圆检测

实例 8-2 中，只检测了四个角上的圆，如果要检测中间位置的圆，只需要修改圆的半径参数即可，在此不再累述。

8.2 常用几何特征拟合

常用几何特征主要指直线、圆或圆弧、椭圆等几何特征。在利用机器视觉进行测量过程中，这些几何特征的准确拟合对最终的测量结果至关重要。直线、圆、椭圆等几何特征的拟合是针对提取出的轮廓点进行的。

8.2.1 直线拟合：fit_line_contour_xld

（1）原理

给定一系列点集，直线拟合就是根据这些点集拟合出一条直线，并且尽量让更多的点都在直线方程 $y = ax + b$ 上。通常很难保证点集在拟合的直线上，为了减少拟合误差，一种常见的做法是采用最小二乘法，即让这些点到拟合的直线的距离的平方和最小，此时拟合的直线认为是最合适的。为此，直线方程 $y = ax + b$ 不能满足要求，但是，可以采用另一种方式来表示直线方程，即式（8-5）所示。

$$ax + by + c = 0 \tag{8-5}$$

由此，拟合的直线如果满足式（8-6）的结果，认为是最佳拟合直线。

$$\varepsilon^2 = \sum_{i=0}^{n}(ax_i + by_i + c)^2 \tag{8-6}$$

式（8-6）即按照最小二乘法进行直线拟合。但是，如果提取的轮廓点本身就存在一些点远远偏离了直线，则直线拟合可能出现较大的偏差。为了避免这种情况出现，可以给每个点加上权重系数，让远离拟合直线的点的权重系数尽量小，但是如何定义权重是个问题。解决方法是通过多次迭代来拟合直线，设初始权重都为 1，每个点的权重系数可以通过多次迭代优化来得到。有两个权重函数可以用于迭代优化权重系数，即 Huber 函数和 Tukey 函数。这两种权重优化函数效果都比较好。

（2）算子说明及作用

```
fit_line_contour_xld(Contours::Algorithm, MaxNumPoints, ClippingEndPoints,
Iterations, ClippingFactor:RowBegin, ColBegin, RowEnd, ColEnd, Nr, Nc, Dist)
```

参数说明：

Contours：输入轮廓点。

Algorithm：直线拟合方法。

MaxNumPoints：拟合直线点的最大数量，如果为-1，则是所有点参与拟合。

ClippingEndPoints：要忽略拟合的轮廓起点和终点的点数。

Iterations：最大迭代次数，如果是回归拟合，则不需要该参数。

ClippingFactor：用于消除异常值的剪切因子。

RowBegin：起始点行坐标。

ColBegin：起始点列坐标。

RowEnd：终止点行坐标。

ColEnd：终止点列坐标。

Nr：直线法向量的行坐标。

Nc：直线法向量的列坐标。

Dist：直线参数，直线与原点的距离。

作用：fit_line_contour_xld 算子用于将轮廓点拟合为直线，但是不会显示结果。轮廓可能由多种类型几何特征组成，采用 segment_contours_xld 算子可以将轮廓分割成直线、圆等类型，配合 gen_contour_polygon_xld 算子可以实现直线的生成和显示。

8.2.2 圆拟合：fit_circle_contour_xld

（1）原理

将轮廓点集拟合成圆的方法与拟合直线类似。圆弧是圆的一部分，也是采用同样的方法。为了得到最佳拟合圆，也是采用最小二乘法进行拟合。即拟合结果满足式（8-7）所示的误差最小。

$$\varepsilon^2=\sum_{i=0}^{n}\left(\sqrt{(x_i-a)^2+(y_i-b)^2}-r\right)^2 \tag{8-7}$$

与直线拟合的区别在于，该优化是一个非线性优化问题。与直线拟合类似的问题是，对于离群点，该拟合同样可能出现较大的偏差。因此，如果为了避免离群点的影响，同样可以引入权重系数，通过多次迭代达到最优。极端情况下，可能采用随机抽样一致集 RANSAC 算法来实现最优拟合。

（2）算子说明及作用

```
fit_circle_contour_xld(Contours::Algorithm,MaxNumPoints,MaxClosureDist,
ClippingEndPoints, Iterations,ClippingFactor:Row, Column, Radius, StartPhi,
EndPhi, PointOrder)
```

参数说明：

Contours：输入轮廓点集。

Algorithm：选择拟合方法。

MaxNumPoints：用于拟合的点的最大数量，如果为-1，则所有点参与拟合。

MaxClosureDist：轮廓端点之间被视为闭合的最大距离。

ClippingEndPoints：要忽略拟合的轮廓起点和终点的点数。

Iterations：迭代次数。

ClippingFactor：用于消除异常值的因子。

Row：输出圆心行坐标。

Column：输出圆心列坐标。

Radius：输出圆半径。

StartPhi：输出开始点角度。

EndPhi：输出终止点角度。

PointOrder：沿边界的点顺序。

作用：fit_circle_contour_xld 算子实现轮廓的圆拟合。该算子会输出拟合结果参数，根据拟合结果生成的参数，调用算子 gen_circle 或 gen_circle_contour_xld 来生成圆。

8.2.3 椭圆拟合：fit_ellipse_contour_xld

（1）原理

椭圆拟合的方法与圆或直线也是类似的。同样采用最小二乘法进行拟合。即要求每个点到椭圆的距离最近，误差最小的就是最佳拟合。但是需要注意的是，由于椭圆拟合需要求解四次多项式，其求解过程比较耗时。与直线拟合和圆拟合一样，对于离群点，椭圆拟合结果可能出现较大的偏差。当然，处理该问题的方法也是一样的，就是引入点的权重系数，进行多次迭代，让离群点的权重系数足够小。

（2）算子说明及作用

```
fit_ellipse_contour_xld(Contours : : Algorithm, MaxNumPoints, MaxClosureDist, ClippingEndPoints, VossTabSize,Iterations, ClippingFactor : Row, Column, Phi, Radius1, Radius2, StartPhi, EndPhi, PointOrder)
```

参数说明：

Contours：输入轮廓。

Algorithm：拟合椭圆的方法。

MaxNumPoints：用于拟合椭圆的点的最大数量，-1表示所有点参与拟合。

MaxClosureDist：轮廓端点之间被视为闭合的最大距离。

ClippingEndPoints：要忽略的拟合轮廓起点和终点的点数。

VossTabSize：用于Voss方法的圆形段数。

Iterations：迭代次数。

ClippingFactor：用于消除异常值的系数。

Row：椭圆中心的行坐标。

Column：椭圆中心的列坐标。

Phi：椭圆主轴方向。

Radius1：半长轴。

Radius2：半短轴。

StartPhi：起点的角度。

EndPhi：终点的角度。

PointOrder：沿边界的点顺序。

作用：fit_ellipse_contour_xld算子用于轮廓椭圆拟合。根据拟合得到的参数，调用gen_ellipse或gen_ellipse_contour_xld算子可以生成椭圆。椭圆拟合在摄像机标定中非常有用。因为误差的影响，标定板和摄像机不可能在同一平面，圆形标记的标定板在摄像机图像中呈现出椭圆形状，此时用椭圆拟合将得到更准确的结果。

8.2.4 几何特征拟合实例

实例8-3：通过拟合线和圆来检查金属零件

```
    dev_close_window ()
    dev_update_window ('off')
    read_image (Image, 'metal-parts/metal-parts-01')
    get_image_size (Image, Width, Height)
    dev_open_window_fit_image (Image, 0, 0, Width, Width, WindowID)
    set_display_font (WindowID, 14, 'mono', 'true', 'false')
    dev_set_draw ('margin')
    dev_set_line_width (3)
    dev_display (Image)
    *边缘检测
    edges_sub_pix (Image, Edges, 'lanser2', 0.5, 40, 90)
    dev_display (Edges)
    *分割边缘为直线、圆等
    segment_contours_xld (Edges, ContoursSplit, 'lines_circles', 6, 4, 4)
    sort_contours_xld (ContoursSplit, SortedContours, 'upper_left', 'true',
'column')
    dev_clear_window ()
    dev_set_colored (12)
    dev_display (SortedContours)
    ROI := [115,225,395,535]
    dev_open_window (0, round(Width / 2), (ROI[3] -ROI[1]) * 2, (ROI[2] -ROI[0])
* 2, 'black', WindowHandleZoom)
    dev_set_part (round(ROI[0]), round(ROI[1]), round(ROI[2]), round(ROI[3]))
    set_display_font (WindowHandleZoom, 14, 'mono', 'true', 'false')
    count_obj (SortedContours, NumSegments)
    dev_display (Image)
    NumCircles := 0
    NumLines := 0
    for i := 1 to NumSegments by 1
        select_obj (SortedContours, SingleSegment, i)
        get_contour_global_attrib_xld (SingleSegment, 'cont_approx', Attrib)
        if (Attrib == 1)
            NumCircles := NumCircles +1
            *拟合圆
            fit_circle_contour_xld (SingleSegment, 'atukey', -1, 2, 0, 5, 2, Row,
Column, Radius, StartPhi, EndPhi, PointOrder)
            *拟合椭圆
            gen_ellipse_contour_xld (ContEllipse, Row, Column, 0, Radius, Radius,
0, rad(360), 'positive', 1.0)
            dev_set_color ('white')
            dev_display (ContEllipse)
            set_tposition (WindowHandleZoom, Row -Radius -10, Column)
            write_string (WindowHandleZoom, 'C' +NumCircles)
            ResultText := 'C' +NumCircles +': radius = ' +Radius
        else
            NumLines := NumLines +1
            *拟合直线
            fit_line_contour_xld (SingleSegment, 'tukey', -1, 0, 5, 2, RowBegin,
ColBegin, RowEnd, ColEnd, Nr, Nc, Dist)
           gen_contour_polygon_xld (Line, [RowBegin,RowEnd], [ColBegin,ColEnd])
            dev_set_color ('yellow')
```

```
        dev_display (Line)
        distance_pp (RowBegin, ColBegin, RowEnd, ColEnd, Length)
         set_tposition (WindowHandleZoom, (RowBegin +RowEnd) / 2 -Nr * 10,
(ColBegin +ColEnd) / 2)
        write_string (WindowHandleZoom, 'L' +NumLines)
        ResultText := 'L' +NumLines +': length = ' +Length
    endif
    set_tposition (WindowHandleZoom, 275 +i * 10, 230)
    write_string (WindowHandleZoom, ResultText)
endfor
```

图 8.4 是实例 8-3 的运行结果。

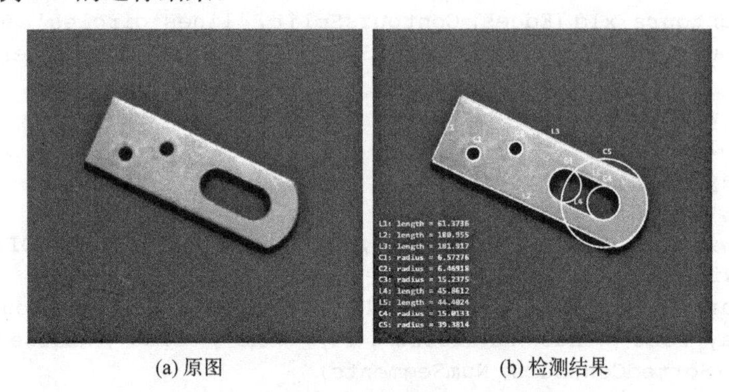

(a) 原图　　　　(b) 检测结果

图 8.4　通过拟合线和圆检查金属零件

8.3 特征点检测

图像中的特征点主要指图像灰度值发生剧烈变化的点或者在图像边缘上曲率较大的点。在图像中，某个区域的边界曲线上的特征点一般可以观察发现，如曲线的角点、拐点等。但是灰度值发生变化的点不容易通过观察发现，需要通过一些计算方法提取出来。特征点通常具有仿射不变性和光照不变性等特点。特征点可以用于图像分类、图像拼接、图像识别等视觉任务。特征点检测方法有很多，如 Moravec 角点检测、SUSAN（Small Univalue Segment Assimilating Nucleus）角点检测、Harris 角点检测、Shi-Tomasi 角点检测、FAST（Features from Accelerated Segment Test）特征点检测、SIFT（Scale Invariant Feature Transform）特征点检测、SURF（Speeded Up Robust Features）特征点检测、ORB（Oriented Fast and Rotated Brief）特征点检测以及 BRISK（Binary Robust Invariant Scalable Keypoints）特征点检测等。在此主要介绍几种有代表性的特征点检测算法。尽管这些算法可能并没有在 HALCON 中实现，但是，对于理解特征点检测算法及应用有很大的帮助。

8.3.1 Harris 角点检测：points_harris

（1）原理

Harris 角点检测算法出现之前，已经存在一些角点检测算法，但是这些方法都有一些明显的缺陷，如对噪声敏感、不具有光照不变性和旋转不变性等。Harris 算法从 Moravec 算子改进而来，尽管如此，该算法同样具有一些缺陷。

如果使用一个滑动窗口在图像中滑动，可以知道，当图像是一个平坦区域，在各方向移动，窗口内像素值均没有太大变化；如果是边界，则沿着水平方向移动，像素值会发生跳变；如果沿着边缘移动，像素值不会发生变化；如果是角点，不管向哪个方向移动，像素值都会发生很大变化。像素值发生很大变化可以用图像梯度进行描述，可以采用 Prewitt、Sobel 等算子进行计算。

Harris 算法的核心是利用局部窗口在图像上进行移动，判断灰度是否发生较大的变化。如果窗口内的灰度值都有较大的变化，那么这个窗口所在区域就存在角点。该方法检测局部区域内的灰度变化计算公式如式（8-8）所示。

$$E_{u,v}=\sum_{x,y}w_{x,y}[f(x+u,y+v)-f(x,y)]^2 \tag{8-8}$$

式中，$f(x,y)$ 表示图像位置 (x,y) 处的灰度值；$w_{x,y}$ 可以看成是滤波器或权重系数，如果每个点的权重相同，$w_{x,y}$ 就是均值滤波器。通常，考虑到距离中心像素值远近不同，其权重有一定差别，$w_{x,y}$ 采用高斯滤波器。即 $w_{x,y}=\mathrm{e}^{-\frac{x^2+y^2}{2\sigma^2}}$。

将 $f(x+u,y+v)$ 采用泰勒级数展开近似如式（8-9）所示。

$$f(x+u,y+v)\approx f(x,y)+\left([f_x(x,y)\quad f_y(x,y)]\begin{bmatrix}u\\v\end{bmatrix}\right) \tag{8-9}$$

其中，$f_x(x,y)$ 和 $f_y(x,y)$ 分别表示在 x 和 y 方向的导数。将式（8-9）带入式（8-8）并整理，得式（8-10）。

$$E_{u,v}=\sum_{x,y}w_{x,y}\left([f_x(x,y)\quad f_y(x,y)]\begin{bmatrix}u\\v\end{bmatrix}\right)^2=[u\quad v]M\begin{bmatrix}u\\v\end{bmatrix} \tag{8-10}$$

式（8-10）中，M 是 2×2 的对称矩阵，如果 $w_{x,y}$ 采用高斯滤波器，则

$$M=\mathrm{e}^{-\frac{x^2+y^2}{2\sigma^2}}\begin{bmatrix}\sum_{x,y}(f_x)^2 & \sum_{x,y}f_xf_y\\ \sum_{x,y}f_xf_y & \sum_{x,y}(f_y)^2\end{bmatrix}=\begin{bmatrix}A & C\\ C & B\end{bmatrix} \tag{8-11}$$

设矩阵 M 的特征值分别为 λ_1 和 λ_2。如果特征值在两个方向都比较大，则对应的就是角点；如果特征值在一个方向比较大，则对应的是边；如果两个特征值都很小，则对应的就是平面。为了避免求解矩阵的特征值，采用行列式的值和矩阵的迹来代替特征值 λ_1 和 λ_2。即：

$$\begin{cases}\mathrm{Trace}(M)=\lambda_1+\lambda_2=A+B\\ \mathrm{Det}(M)=\lambda_1\lambda_2=AB-C^2\end{cases} \tag{8-12}$$

定义角点相应函数 R 如下：

$$R=\mathrm{Det}(M)-k\left(\mathrm{Trace}(M)\right)^2 \tag{8-13}$$

式（8-13）中，k 是常数，由此可以通过设定阈值，只有当计算 R 大于一定的阈值时，才认为该点是角点。

Harris 角点检测算法实现步骤如下：

① 当局部窗口同时向 x 和 y 两个方向移动时，计算窗口内部的像素值变化量 $E_{u,v}$；

② 对于每个窗口，都计算其对应的一个角点响应函数 R；

③ 设定阈值 t，当 $R>t$，表示该窗口对应一个角点特征。

（2）算子说明及作用

```
points_harris(Image : : SigmaGrad, SigmaSmooth, Alpha, Threshold : Row, Column)
```

参数说明：

Image：输入待检测图像。

SigmaGrad：用于计算梯度的平滑量。

SigmaSmooth：用于渐变积分的平滑量。

Alpha：平方梯度矩阵的平方迹权重。

Threshold：最小滤波器响应阈值。

Row：特征点的行坐标。

Column：特征点的列坐标。

作用：算子 points_harris 实现 Harris 角点检测。根据检测出的角点，可以实现图像分类、识别、图像拼接等处理任务。

8.3.2 FAST 特征点检测

FAST 算法由 Edward Rosten 和 Tom Drummond 在 2006 年提出。它不仅计算速度快，还具有较高的精确度。该方法认为如果某像素与其周围邻域内足够多的像素点相差较大，则该像素可能是角点。由于该算法不涉及尺度、梯度等运算，因此速度非常快。它使用一定邻域内像元的灰度值与中心点比较大小去判断是否为一个角点。

设半径为 r 的圆周上，中心点 p 的像素值为 I_p，在圆周上取 16 个像素点，设圆周上的像素值为 I_x，如图 8.5 所示。

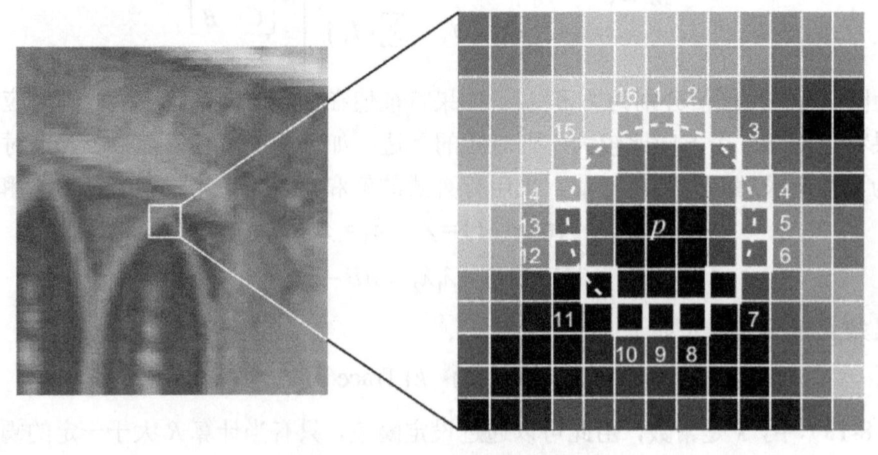

图 8.5　FAST 特征点检测示意

给定一个阈值t，如果在圆周上选取的 16 个点中，存在连续的n个像素值，如果满足下列两个条件，则认为可能是特征点。

（1）一系列n个连续的像素点S，$\forall s \in S, I_x \geqslant I_p + t$

（2）一系列n个连续的像素点S，$\forall s \in S, I_x \leqslant I_p - t$

所谓n个连续的像素点，指的是在圆周上 16 个点中，按照图 8.5 所示进行编号后，编号上连续的n个像素点。如果对于图像中的每一个点，都要去遍历其圆上的 16 个点的像素，效率较低。为了提高检测速度，通过检查在位置 1、9、5 和 13 四个位置的像素来判断是否是角点，首先检测位置 1 和位置 9，如果它们都比阈值暗或亮，再检测位置 5 和位置 13。如果点p是一个角点，那么上述四个像素点中至少有 3 个应该必须都大于$I_p + t$或者小于$I_p - t$，因为若是一个角点，超过 3/4 圆的部分应该满足判断条件，如果不满足，那么点p不可能是一个角点。对于所有点做上面这一部分初步的检测后，符合条件的将成为候选的角点，再对候选的角点，做完整的检测，即检测圆上的所有点。由此得到特征点检测结果。这种方法的检测效率很高，但是也有一些缺点，如当设置n<12 时，就不能使用这种快速算法来过滤非角点的点；检测出来的角点不是最优的，这是因为它的效率取决于问题的排序与角点的分布；对于角点分析的结果被丢弃了；可能检测到多个彼此相邻的特征。由此，作者提出了采用机器学习的方式训练一个角点分类器以及非极大值抑制方法来解决上述问题。

对于给定的多张的测试图像，首先使用上述算法找出每幅图像的特征点。对每一个特征点，将其周围的 16 个像素存储构成一个向量，将得到的角点存储在P中。对于图像上的每一个像素点，圆上位置为$x \in \{1 \cdots 16\}$，相对于点p表示为$p \to x$，用式（8-14）将该点分为三类。

$$S_{p \to x} = \begin{cases} d, & I_{p \to x} \leqslant I_p - t \quad \text{(darker)} \\ s, & I_p - t < I_{p \to x} < I_p + t \quad \text{(similar)} \\ b, & I_{p \to x} \geqslant I_p + t \quad \text{(brighter)} \end{cases} \tag{8-14}$$

通过式（8-14），$S_{p \to x}$被分成三部分d、s、b，分别记为：P_d、P_s、P_b。对于训练集中的所有可能的特征点集合记为P，显示$p \in P$。对于每个$S_{p \to x}$都属于P_d、P_s、P_b中的一个。然后，定义K_p为布尔变量，如果点P是特征点，K_p为 true，否则为 false。通过 ID3 决策树算法计算最大信息增益来决定是否为特征点。最大信息增益用K_p的熵来衡量。计算方法如式（8-15）所示。

$$H(P) = (c + \overline{c})\log_2(c + \overline{c}) - c\log_2 c - \overline{c}\log_2 \overline{c} \tag{8-15}$$

式中，c表示角点数量；$\overline{c}$表示非角点数量。信息增益的计算方式如下：

$$H(P) - H(P_d) - H(P_s) - H(P_b) \tag{8-16}$$

为了解决从邻近的位置选取了多个特征点的问题，该方法使用非极大值抑制来解决。为每一个检测到的特征点计算它的响应大小V，这里定义为点p和它周围 16 个像素点的绝对偏差之和，考虑两个相邻的特征点，并比较它们的V值，V值较低的点会被删除。响应大小V计算如式（8-17）所示。

$$V = \max\left(\sum_{x \in S_{\text{bright}}} \left| I_{p \to x} - I_p \right| - t, \sum_{x \in S_{\text{dark}}} \left| I_p - I_{p \to x} \right| - t \right) \tag{8-17}$$

8.3.3 SIFT特征检测

尽管HALCON没有实现SIFT算法，但是，作为影响深远的特征点检测算法，有必要了解该算法的原理。理解该算法对理解其它类似的特征点检测算法大有好处。SIFT特征检测算子是尺度不变特征点检测和描述算子，于1999年提出，2004年对算法进行完善。SIFT算子包括特征点检测和特征点描述两部分，在此只说明SIFT算子的特征点检测方法。SIFT算子通过构建高斯差分金字塔，在三维空间检测图像的局部极值，通过去除边界影响和低对比度极值点，然后通过拟合三维二次函数来精确定位关键点的位置和尺度，从而得到稳定的极值点。

SIFT算法首先在尺度空间进行极值检测，尺度空间核采用高斯核。定义图像的尺度空间为函数$L(x,y,\sigma)$，由尺度可变高斯函数$G(x,y,\sigma)$与输入图像$I(x,y)$进行卷积得到。如式（8-18）所示。

$$L(x,y,\sigma)=G(x,y,\sigma)*I(x,y) \tag{8-18}$$

式中，$G(x,y,\sigma)=\frac{1}{2\pi\sigma^2}\mathrm{e}^{\frac{-(x^2+y^2)}{2\sigma^2}}$。

为了有效地检测尺度空间中稳定的关键点位置，SIFT算法计算了在尺度空间的高斯差分。

$$D(x,y,\sigma)=(G(x,y,k\sigma)-G(x,y,\sigma))*I(x,y)=L(x,y,k\sigma)-L(x,y,\sigma) \tag{8-19}$$

高斯差分与高斯-拉普拉斯算法检测效果差不多，但是计算效率更高。图8.6是在尺度空间进行高斯差分的示意图。

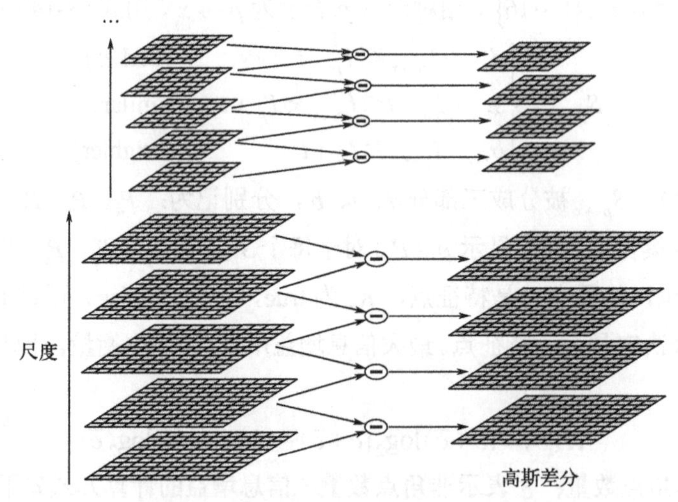

图8.6 尺度空间进行高斯差分示意图

为了检测$D(x,y,\sigma)$的局部最大值和最小值，将每个采样点与当前图像中的八个相邻点和上下尺度中的九个相邻点进行比较。如果大于所有这些邻域或小于所有邻域点时，就认为是局部极值。

将上述方法找到的局部极值点作为候选极值点，为了去除低对比度以及沿边缘定位不佳的点。利用三维二次函数拟合这些局部极值点，以确定最大值的插值位置。SIFT算法采用对尺度空间函数$D(x,y,\sigma)$进行泰勒展开。

$$D(x)=D+\frac{\partial D^{\mathrm{T}}}{\partial x}x+\frac{1}{2}x^{\mathrm{T}}\frac{\partial^2 D}{\partial x^2}x \tag{8-20}$$

在采样点位置计算 D 及其导数，$x=(x,y,\sigma)^{\mathrm{T}}$。通过该函数对 x 的导数并将其设置为零，即得到最终的极值点 $\hat{x}$。

$$\hat{x}=-\frac{\partial^2 D^{-1}}{\partial x^2}\frac{\partial D}{\partial x} \tag{8-21}$$

上述方法仅消除了低对比度的点，由于高斯差分函数沿边缘也会有强烈的响应，所以这类点也需要去除。SIFT 借鉴了 Harris 的方法，采用 2×2 的 Hessian 计算主曲率。最终采用式（8-22）所示方式过滤掉这类点。

$$\frac{Trace(H)^2}{Det(H)}<\frac{(r+1)^2}{r} \tag{8-22}$$

式（8-22）中，H 表示 Hessian 矩阵，$H=\begin{bmatrix} D_{xx} & D_{xy} \\ D_{xy} & D_{yy} \end{bmatrix}$，$Trace$ 和 Det 分别表示矩阵的迹和行列式的值。通过设置 r 的大小，实现去掉边缘响应点。

上述就是 SIFT 算子检测特征点的大致过程，该算子检测出来的特征点稳定，不受光照变化的影响，不受图像仿射变换的影响，但是，其计算速度较慢，需要采用一定的方法进行优化加速才能用在实时检测中。在 HALCON 中并没有该算子，但是，作为特征点检测算子中影响比较大的一种算子，后来很多特征点检测算子都是在此基础上发展出来的，因此，有必要了解该算子的计算方法。图 8.7 是 OpenCV 中使用 SIFT 算子检测出来的特征点，有兴趣的可以查阅相关资料，在此不再详述。

(a) 原图

(b) 检测结果

图 8.7 利用 SIFT 算子检测特征点

8.3.4 特征点检测实例

实例 8-4：利用 Harris 算子进行角点检测

```
read_image (Image, 'fabrik.png')
*设置检测参数
SigmaGrad := 1.0
SigmaSmooth := 2.0
Threshold := 100000
*Harris 角点检测
```

```
points_harris (Image, SigmaGrad, SigmaSmooth, 0.04, Threshold, Row, Col)
*显示
gen_cross_contour_xld (Cross, Row, Col, 6, rad(45))
dev_set_line_width (2)
dev_display (Image)
dev_set_color ('yellow')
dev_display (Cross)
```

图 8.8 是实例 8-4 运行结果。

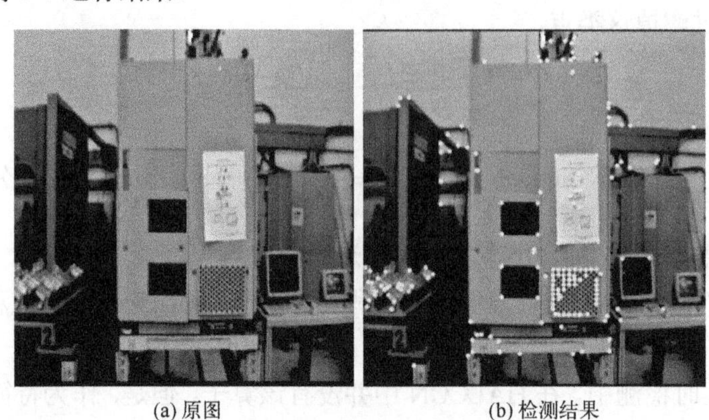

(a) 原图　　(b) 检测结果

图 8.8　利用 Harris 算子进行角点检测

实例 8-5：利用 points_lepetit 算子进行特征点检测

在 HALCON 中有与 FAST 算法类似的算子 points_lepetit 进行特征点检测。以下是利用 points_lepetit 进行特征点检测的例子，从中可以体会 FAST 算子的检测结果。

```
read_image (Image, ' fabrik.png')
dev_close_window ()
dev_open_window_fit_image (Image, 0, 0, [500,800], [400,800], WindowHandle)
*设置参数
Radius := 3
CheckNeighbor := 0
MinCheckNeighborDiff := 20
MinScore := 25
Subpix := 'none'
count_seconds (S1)
*特征点检测
points_lepetit (Image, Radius, CheckNeighbor, MinCheckNeighborDiff,
MinScore, Subpix, Row, Column)
count_seconds (S2)
gen_cross_contour_xld (Cross, Row, Column, 6, rad(45))
dev_display (Image)
dev_display (Cross)
disp_message (WindowHandle, |Row| +' points found in ' +(1000 * (S2 -S1))$'.3'
+' ms', 'window', 12, 12, 'black', 'true')
```

图 8.9 是实例 8-5 运行结果，从统计算子的检测时间可以看出，该算子检测特征点只用了 8.21ms，其检测速度非常快。

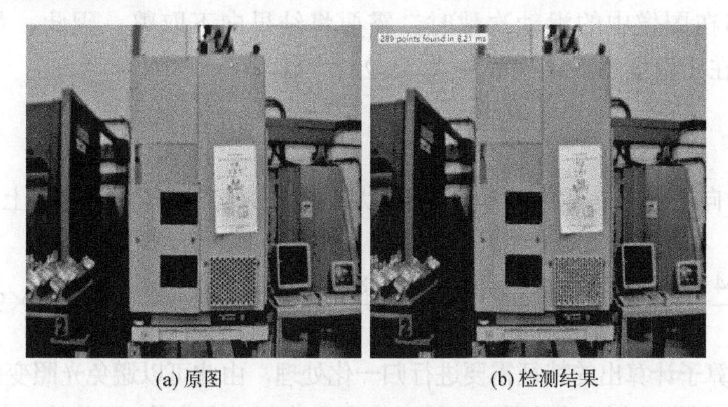

(a) 原图　　(b) 检测结果

图 8.9　points_lepetit 算子特征点检测结果

8.4 HOG 特征

HOG（Histogram of Oriented Gradient）称为梯度方向直方图。该算法虽然在 HALCON 中没有实现，但是，有必要了解该算法，很多算法都是基于 HOG 改进或者借鉴其思路。梯度特征有很多种，如边缘检测，所利用的就是图像的梯度特征。该方法最早是由法国人 Dalal 等在 2005 年的 IEEE 国际计算机视觉与模式识别会议（CVPR）上提出来的，一种解决人体目标检测的图像描述算子，是一种用于表征图像局部梯度方向和梯度强度分布特性的描述符。其主要思想是，在边缘具体位置未知的情况下，边缘方向的分布也可以很好地表示行人目标的外形轮廓。

要理解 HOG 特征，需要理清楚几个概念。首先是窗口的概念，窗口由用户设置其大小，窗口在图像上滑动，将图像分成多个部分；其次是块（block）的概念，块的大小同样由用户设置，块在窗口上以一定步长滑动，将窗口分为多个块，窗口大小设置成块大小的整数倍；然后是单元格（cell），单元格的大小由用户设定，单元格在块上不滑动，将块分割成多个相同大小的单元格。最后是 bins，bins 是指将梯度方向划分的区间数量。例如，如果在 180° 内划分 9 个 bins，则每个 bins 间隔 20°，将计算出的梯度方向分别对应在各自的 bins 内，由此得到梯度方向直方图。图 8.10 是关于窗口、块和单元格的图示。

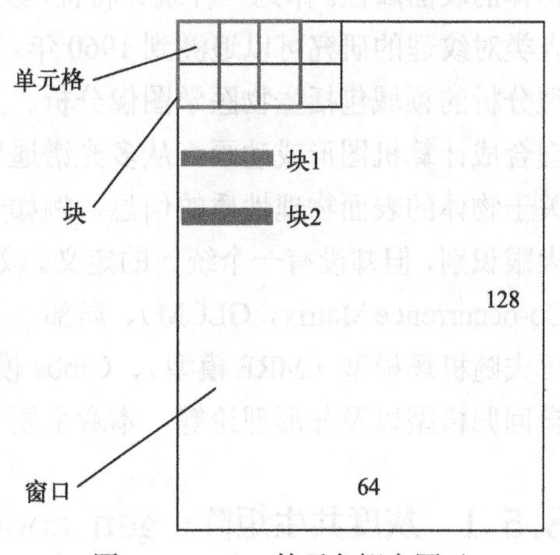

图 8.10　HOG 算子各概念图示

假设图像大小为 64×128，窗口大小也是 64×128，块大小为 16×16，块的滑动步长为 8，单元格大小为 8×8，bins 的数量为 9，通常窗口和滑动步长和块的滑动步长一致，由此可以计算得到 HOG 特征数量为

$$\left[\frac{64-64}{8}+1\right]\times\left[\frac{128-128}{8}+1\right]\times\left[\frac{64-8}{8}\right]\times\left[\frac{128-8}{8}\right]\times\left[\frac{16}{8}\right]\times\left[\frac{16}{8}\right]\times 9=3780 \quad (8\text{-}23)$$

在计算窗口在图像中的滑动次数时，需要将结果向下取整。因此，如果图像大小为70×128，窗口在图像上的滑动次数与式（8-23）一样，为

$$\left[\frac{70-64}{8}+1\right]\times\left[\frac{128-128}{8}+1\right]=1 \quad (8\text{-}24)$$

即式（8-24）向下取整之后为1，如果图像大小为72×128，其他条件与上面一致，则HOG特征数量为

$$\left[\frac{72-64}{8}+1\right]\times\left[\frac{128-128}{8}+1\right]\times\left[\frac{64-8}{8}\right]\times\left[\frac{128-8}{8}\right]\times\left[\frac{16}{8}\right]\times\left[\frac{16}{8}\right]\times 9=7560 \quad (8\text{-}25)$$

采用HOG算子计算出的特征需要进行归一化处理，由此可以避免光照变化对结果的影响。

HOG算子将图像分割成多个窗口，然后将窗口分割成多个块，再将块分割成多个单元格，最后统计每个单元格上的梯度方向，将每个方向归纳到各自的角度区间，由此得到图像的特征描述算子。该描述算子常结合SVM（支持向量机）算法实现图像分类，具有很好的效果。尽管HALCON中没有该算子，但是，作为影响深远的一种特征计算方法，有必要掌握该算法的原理，在OpenCV中有对应的函数，有兴趣的可以查阅相关资料，在此不再详述。图8.11是计算出的部分特征示意图。

```
HOG特征数量=3780
0.3119866    0.3119866    0.03141481   0.01239365   0.003104477  0.0004713814 0.002956222  0.01225988   0.1473199    0.3119866    0.3119866    0.02739897   0.03947539   0.01211803
0.001795958  0.003823899  0.01900498   0.217086     0.3119866    0.3119866    0.0581919    0.05640561   0.0697762    0.06454321   0.02503379   0.02906293   0.2574004    0.3119866
0.2367889    0.05574609   0.1194721    0.09994505   0.05888107   0.03492656   0.06380285   0.2589085    0.2992024    0.2992024    0.01620092   0.03074072   0.02015658   0.009776741
0.0136138    0.02338889   0.2773347    0.2992024    0.1656338    0.02692757   0.03652269   0.05905528   0.09683727   0.2235422    0.199811     0.2992024    0.2992024    0.09874942
0.02996594   0.07780921   0.06011772   0.02913723   0.01259675   0.03898231   0.2992024    0.2992024    0.1321594    0.1034427    0.07538362   0.09887081   0.05223695   0.05620423
0.05420195   0.2889348    0.1592584    0.0488164    0.03148242   0.03258898   0.0378576    0.08784384   0.2948912    0.3001178    0.3001178    0.3001178    0.03016276   0.03528171
0.01297573   0.009582744  0.009558348  0.05792329   0.1569527    0.3001178    0.1709717    0.1414975    0.244872     0.1066784    0.06566573   0.04229124   0.07202774   0.1195479
0.2861477    0.2820311
```

图8.11 HOG算法计算出的特征示意图

8.5 纹理特征

纹理特征作为图像的一种重要特征，它主要反映图像在空域的灰度分布，描述图像对应物体的表面属性。作为一种统计特征，纹理常常具有旋转不变性，它不是基于像素点的统计。人类对纹理的研究可以追溯到1960年。纹理在计算机视觉中扮演着重要的角色。传统应用纹理分析的领域包括生物医学图像分析、工业检验、分析卫星或航空影像、文件图像分析和纹理合成计算机图形或动画。从多光谱遥感数据到显微镜图像中可以看出，图像纹理可以提供关于物体的表面物理性质的信息，例如光滑度或粗糙度、表面反射率等。虽然纹理很容易用肉眼识别，但却没有一个统一的定义。纹理特征分析的方法很多，如灰度共生矩阵（Gray-level Co-occurrence Matrix，GLCM）、局部二元模式（Local Binary Pattern，LBP）、小波变换、马尔可夫随机场模型（MRF模型）、Gibbs模型、高斯马尔可夫随机场模型（GMRF模型）、同步自回归模型以及分形理论等。本章主要介绍经典的图像纹理特征提取算法。

8.5.1 灰度共生矩阵：gen_cooc_matrix

灰度共生矩阵是一个统计局部或整个区域相邻像素或间隔一定距离像素内灰度的某种关系的矩阵。该矩阵中的值代表图像灰度之间的联合条件概率密度。灰度共生矩阵通常是指像

素距离和角度关系的矩阵。设集合 S 为目标区域 R 中具有某种空间关系的像素对集合，则其共生矩阵 $GLCM$ 可以定义为式（8-26）所示。

$$GLCM(p_i,p_j\,|\,d,\theta)=\{[(x_i,y_i),(x_j,y_j)]\in S\,|\,f(x_i,y_i)=p_i\ \&\ f(x_j,y_j)=p_j\} \tag{8-26}$$

式（8-26）中，p_i 和 p_j 代表灰度值为 p_i 和 p_j 的像素对，d 和 θ 表示像素对之间的某种关系。比如 d 可以代表像素 p_i 和 p_j 的距离，θ 可以代表 p_i 和 p_j 两点连线与水平方向的角度。图 8.12 是灰度共生矩阵的计算示意图。计算的是水平方向距离为 1 的灰度共生矩阵。以 (4,1)点为例，$GLCM$(4,1)值为 2，说明有两对灰度为 4 和 1 的像素水平相邻。灰度共生矩阵反映了不同灰度级别的相对位置关系。

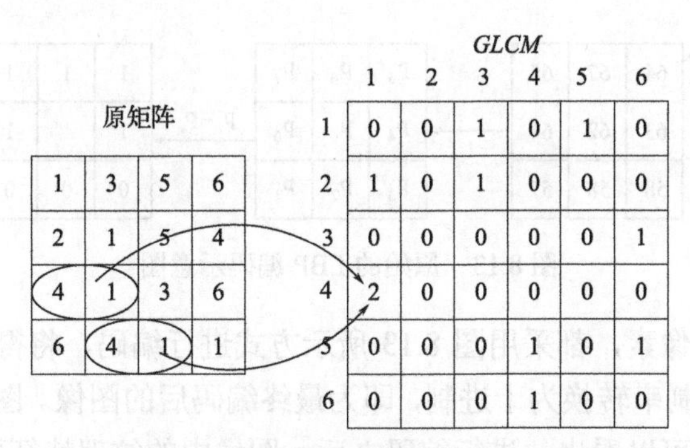

图 8.12　灰度共生矩阵的计算示意图

灰度共生矩阵一般不直接使用，而是在此矩阵基础上再进行一些特征量的计算。如式（8-27）到式（8-33）所示。

均值：
$$Mean=\sum_{p_i}\sum_{p_j}GLCM(p_i,p_j)*p_i \tag{8-27}$$

方差：
$$Variance=\sum_{p_i}\sum_{p_j}GLCM(p_i,p_j)*(i-Mian)^2 \tag{8-28}$$

纹理二阶矩：
$$ASM=\sum_{p_i}\sum_{p_j}GLCM(p_i,p_j) \tag{8-29}$$

熵：
$$Entropy=-\sum_{p_i}\sum_{p_j}GLCM(p_i,p_j)\log(GLCM(p_i,p_j)) \tag{8-30}$$

对比度：
$$Contrast=\sum_{p_i}\sum_{p_j}|p_i-p_j|\,GLCM(p_i,p_j) \tag{8-31}$$

统一性：
$$W_H=\sum_{p_i}\sum_{p_j}\frac{GLCM(p_i,p_j)}{1+|p_i-p_j|} \tag{8-32}$$

相关性：
$$Correlation=\sum_{p_i}\sum_{p_j}\frac{(p_i-Mean)*(p_j-Mean)*GLCM(p_i,p_j)^2}{Variance} \tag{8-33}$$

通过计算灰度共生矩阵以及相关的特征量，可以实现图像识别、分类的任务。

8.5.2　LBP 特征

LBP 称为局部二元模式，是经典的局部纹理特征编码算法。虽然该算法在 HALCON 中没有实现，但是理解该算法对于理解相关局部纹理算法有一定帮助。该算法于 1996 年提出，在 2002 年进行了进一步完善，主要用于图像局部纹理编码。由于该算法具有灰度不变性和旋转不变性等优点，并且，该算子计算简单、速度快，在图像分类中有着广泛的应用。原始的 LBP 算子存在一些缺陷，在此基础上，提出了很多改进的 LBP 编码算法。

原始 LBP 采用 3×3 的邻域大小进行编码。对于图像中每一个像素，取以该像素为中心的 3×3 邻域像素作为一个邻域。LBP 编码方式是将邻域内每个像素与中心像素进行大小比较，结果为“1”或“0”。将比较结果组合在一起，得到中心像素的二元表示结果。图 8.13 是原始的 LBP 编码示意图。

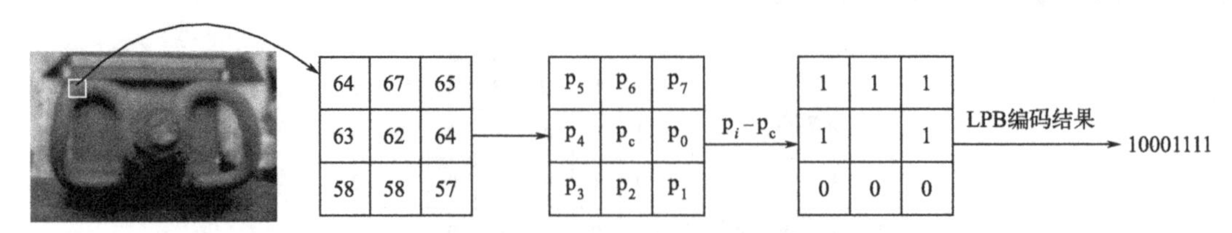

图 8.13　原始的 LBP 编码示意图

对于图像中每一个像素，都采用图 8.13 所示方式进行编码，将得到一个 8 位二进制串，之后，将每个 8 位二进制串转换为十进制，即为最终编码后的图像。图 8.14 是进行 LBP 编码后的图像结果。从图中可以看出，进行编码之后，图像中的纹理特征更加明显。

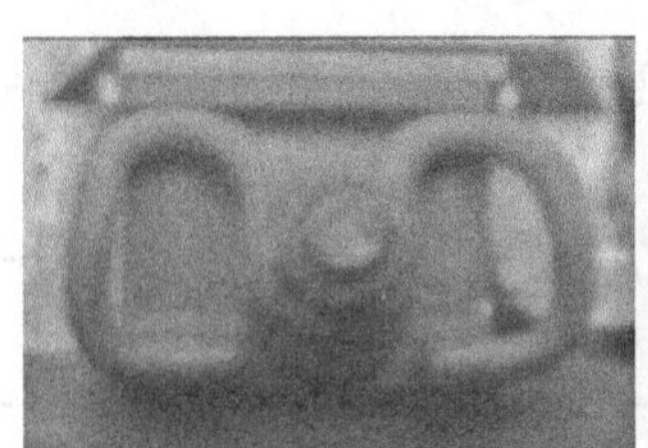
(a) 原图

(b) 原始LBP编码

(c) 改进LBP编码

图 8.14　LBP 编码后的图像结果

本质上，LBP 编码也是采用梯度信息，只是该算子采用的是中心像素和邻域像素的联合梯度分布来表达图像纹理。但是，原始的 LBP 编码不具有旋转不变性，由此提出了很多改进的编码方式，其中一种是原作者将 3×3 邻域扩展到任意邻域，并用圆形邻域代替了正方形邻域，改进后的 LBP 算子允许在半径为 R 的圆形邻域内有任意多个像素点。从而得到了诸如半径为 R 的圆形区域内含有 P 个采样点。图 8.15 是这种采样方式的示意图。

图 8.15　圆形 LBP 编码的像素点分布

采用这种方式进行编码，圆周上的点并不一定落在图像中某个像素点位置上，为此，需要对这些位置点进行插值计算来得到。设圆周半径 $r=2$，采样点数量为 8，则每个采样点的位置采用式（8-34）的方式进行计算。

$$\begin{cases} x_p = x_c + r\cos\left(\dfrac{2\pi p}{P}\right) \\ y_p = y_c + r\sin\left(\dfrac{2\pi p}{P}\right) \end{cases} \tag{8-34}$$

式（8-34）中，(x_c, y_c) 为采样点中心位置，(x_p, y_p) 为采样点位置，P 为采样点数量，p 为某个采样点编号。通过式（8-34）计算出采样位置之后，就可以通过插值算法得到相应的像素值，常用的插值算法是双线性插值。

尽管在 HALCON 中并没有集成 LBP 算子，但是，作为一种影响比较大的局部纹理算子，有必要了解该算法的原理以及应用。该算子主要用于图像分类，比如人脸分类。其使用方法通常是将编码后的图像进行直方图统计，然后，将直方图特征作为训练特征来训练分类器，最后进行识别。但是，直方图没有位置信息，为了保留图像中的位置信息，更常见的做法是将编码后的图像进行分块，分别统计每一块的直方图，然后，将这些直方图直接连接在一起作为训练特征。除了上面提到的改进方法之外，还有很多种改进方法，有兴趣的可以查阅相关资料。在 OpenCV 中有关于 LBP 编码的实现，在此不再详述。

图像特征检测方法有很多，掌握相关的特征检测方式是实现机器视觉系统的关键。本质上讲，所有的图像处理任务，到最后都是将图像用某一种特征进行表达，然后，根据特征对图像进行分类、识别、检测以及测量和定位等任务。除了本章介绍的几种特征之外，图像直方图、熵、均值、方差、相关性、边缘特征等，也是在机器视觉中常用的图像特征，需要熟练掌握这些特征计算方法以及相关算子的使用。

8.5.3 纹理特征实例

实例 8-6： 计算灰度共生矩阵以及相关的特征

```
read_image (Image, 'mreut.png')
get_image_size (Image, Width, Height)
*生成计算区域矩形
gen_rectangle1 (Rectangle1, 350, 100, 450, 200)
inner_circle (Rectangle1, Row1, Column1, Radius1)
dev_open_window (Height -320, 0, 320, 320, 'black', WindowID)
set_display_font (WindowID, 16, 'mono', 'true', 'false')
for Direction := 0 to 135 by 45
    *计算灰度共生矩阵
    gen_cooc_matrix (Rectangle1, Image, Matrix1, 6, Direction)
    *计算相关特征
     cooc_feature_matrix (Matrix1, Energy1, Correlation1, Homogeneity1,
Contrast1)
    dev_display (Image)
     disp_message (WindowID, 'Direction: ' +Direction$'3d' +' degrees',
'window', 260, 100, 'black', 'true')
    dev_display (Rectangle1)
    gen_arrow_contour_xld (Arrow1, Row1, Column1, Row1 -sin(rad(Direction)) *
0.9 * Radius1, Column1 +cos(rad(Direction)) * 0.9 * Radius1, 8, 8)
```

```
dev_display (Arrow1)
String := ['Energy: ','Correlation: ','Homogeneity: ','Contrast: ']
dev_set_window (WindowID)
dev_display (Matrix1)
get_domain (Matrix1, Domain)
dev_display (Domain)
*显示特征计算结果
disp_message (WindowID, String$'-14s' +[Energy1,Correlation1, Homogeneity1,
Contrast1]$'6.3f', 'window', 12, 12, 'white', 'false')
endfor
```

图 8.16 是实例 8-6 运行结果。实例 8-6 是利用灰度共生矩阵计算相关特征的示例。利用计算出来的特征，尽管该实例比较简单，但是，理解如何利用灰度共生矩阵及如何进行特征计算，对于图像分类、识别等任务尤其重要。

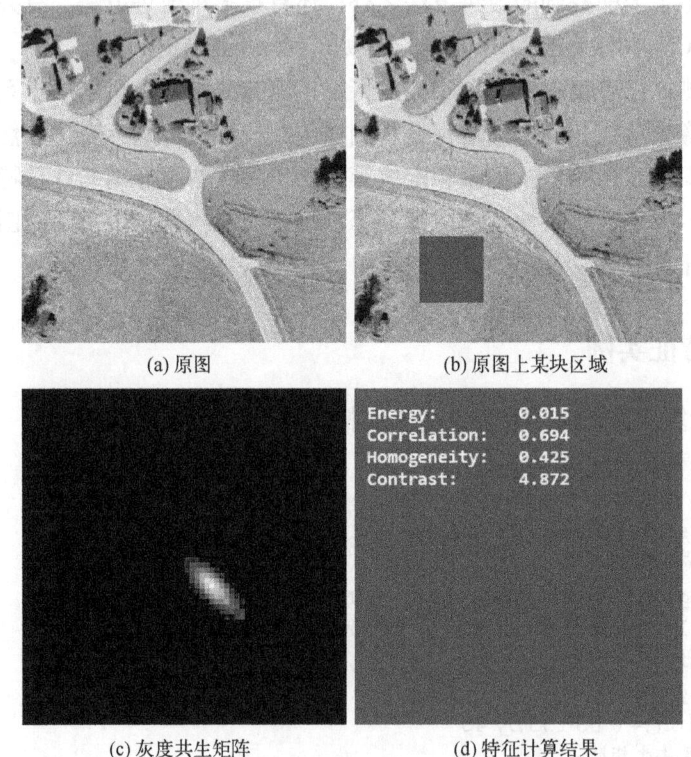

(a) 原图 (b) 原图上某块区域

(c) 灰度共生矩阵 (d) 特征计算结果

图 8.16 灰度共生矩阵以及相关特征计算

第9章 机器学习

人类认识某个事物或对象是因为在人脑中有一个学习过程。例如，教小孩认识某个物品，之后小孩见到类似的物品，就可以叫出该物品的名称。机器学习是指用计算机模拟人的学习过程，学习之后实现对目标对象的识别或分类。

机器学习的推动者主要有卡内基梅隆大学 Tom Mitchell 教授、加州大学伯克利分校 Michael Jordan 教授和美国科学院院士 Larry Wasserman 等。按照学习方法，通常将机器学习分为有监督学习、弱监督学习和无监督学习。有监督学习是在已知输入和输出的情况下训练出一个模型，将输入映射到输出。例如，给定多张图像，并人为指定每一张图像的类别或名称标签，将图像和标签输入计算机，计算机就记住了每张图像以及其标签，此后再输入相同类别图像，计算机就可以自动识别其类别或名称。弱监督学习是利用少量标签数据和大量无标签数据进行算法改善，挖掘隐藏在数据背后的规律，从而实现目标对象的识别。而无监督学习则没有任何数据标签，它通过对无标记训练样本的学习来揭示数据内在的规律，将样本点划分为若干类，属于同一类的样本点非常相似，属于不同类的样本点不相似。

机器学习方法发展了几十年，已经涌现出多种学习算法，如决策树、随机森林、k-近邻、支持向量机、多层感知机、聚类、自编码器、深度学习、强化学习、迁移学习等。目前，机器学习方法在实际生产中已经有应用。机器学习算法原理比较难，作为应用而言，主要掌握相关算法的应用。因此，本章主要简单介绍几种常用的机器学习方法。

9.1 k-近邻算法

9.1.1 k-近邻算法原理

k-近邻（k-Nearest Neighbor，KNN）是一种最经典和最简单的有监督学习方法之一。该算法的核心思想是，如果一个样本在特征空间中的 k 个最临近的样本中，与最多的一类训练样本接近，则这个样本就属于这一类训练样本类别。如图 9.1 所示，要判断图中的黑色小圆圈属于哪一类，在 k=3 的时候，与三角形样本接近的数量是 2，与圆样本接近的数量是 1，则黑色小圆圈属于三角形样本类别；当 k=6 时，与三角形样本接近的数量是 2，与圆样本接近的数量是 4，则黑色小圆圈属于圆形样本类别。

显然，k-近邻算法中的 k 值选取至关重要。当 k 选择不同的值时，可能得到不同的分类结果。对于 k 值的选择，没有一个固定的经验，选择较小的 k 值，就相当于用较小的区域中的训练实例进行预测，训练误差会减小，只有与输入实例较近或相似的训练实例才会对预测结果起作用，与此同时带来的问题是泛化误差会增大。

选择较大的 k 值，就相当于用较大区域中的训练实例进行预测，其优点是可以减少泛化误差，但缺点是训练误差会增大。这时候，与输入实例较远的训练实例也会对预测起作用，使预测发生错误。

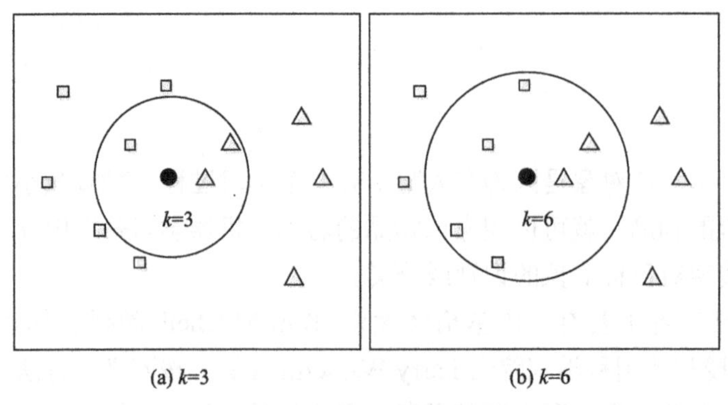

(a) k=3　　(b) k=6

图 9.1　k-近邻算法示意

一种更好的选择 k 值的方式是通过交叉验证的方式来选择。将样本数据按照一定比例分为训练数据集合验证数据集，然后，开始选择一个较小的 k 值，然后不断增加 k 值，计算在验证集中的分类错误率。通常，随着 k 值的增加，分类错误率刚开始会下降，然后再上升，由此，找到分类错误率最小时的 k 值，即为选择结果。

除了 k 值的选择之外，k-近邻算法的距离度量方式也对结果有影响。常用的距离度量方式有欧式距离、曼哈顿距离、闵可夫斯基距离等。

k-近邻算法的具体计算过程可以描述如下：

① 输入训练集数据和标签，输入测试数据。

② 计算测试数据与各个训练数据之间的距离。

③ 按照距离的递增关系进行排序，选取距离最小的 k 个点。

④ 确定前 k 个点所在类别的出现频率，返回前 k 个点中出现频率最高的类别作为测试数据的预测分类。

相比其他算法，k-近邻算法简洁明了、模型训练时间快、预测效果好、对异常值不敏感。但是，该算法在特征数比较多时，计算量很大，如果样本各类别数量不平衡时，对样本比较少的类别，其预测准确率比较低。实例 9-1 是 HALCON 自带的利用 k-近邻算法进行字符识别的例子，其中，将一些不太重要的代码进行了删除。通过解读该例子，可以更加深刻理解 k-近邻算法的应用。

9.1.2　k-近邻实例

实例 9-1：利用 k-近邻算法进行字符识别

```
*读取图像
read_image (Image, 'letters.png')
get_image_size (Image, Width, Height)
dev_close_window ()
dev_open_window_fit_image (Image, 0, 0, -1, -1, WindowHandle)
dev_set_colored (12)
set_display_font (WindowHandle, 16, 'mono', 'true', 'false')
*训练文件保存路径
TrainFile:='letters.trf'
dev_display (Image)
*对字符进行分割
gen_rectangle1 (Rectangle, 0, 0, Height -1, 400)
reduce_domain (Image, Rectangle, Image)
binary_threshold (Image, Region, 'max_separability', 'dark', UsedThreshold)
dilation_circle (Region, RegionDilation, 3.5)
connection (RegionDilation, ConnectedRegions)
intersection (ConnectedRegions, Region, RegionIntersection)
*对分割字符进行排序，目的是让训练字符和对应的标签一致
sort_region (RegionIntersection, Characters, 'character', 'true', 'row')
dev_display (Characters)
disp_message  (WindowHandle,  'Training  characters',  'window',  12,  12,
'black', 'true')
disp_continue_message (WindowHandle, 'black', 'true')
stop ()
count_obj (Characters, Number)
Length := Number / 27
Classes := []
for J := 0 to 25 by 1
    Classes := [Classes,gen_tuple_const(Length,chr(ord('a') +J))]
endfor
Classes := [Classes,gen_tuple_const(Length,'.')]
*将字符信息写入训练文件
write_ocr_trainf (Characters, Image, Classes, TrainFile)
read_ocr_trainf_names (TrainFile, CharacterNames, CharacterCount)
create_ocr_class_knn (8, 10, 'constant', 'default', CharacterNames, [], [],
OCRHandle)
*训练
trainf_ocr_class_knn (OCRHandle, TrainFile, [], [])
full_domain (Image, Image)
binary_threshold (Image, Region, 'max_separability', 'dark', UsedThreshold1)
dilation_circle (Region, RegionDilation, 3.5)
connection (RegionDilation, ConnectedRegions)
intersection (ConnectedRegions, Region, RegionIntersection)
sort_region (RegionIntersection, Characters, 'character', 'true', 'row')
*识别
do_ocr_multi_class_knn (Characters, Image, OCRHandle, Class, Confidence)
area_center (Characters, Area, Row, Column)
dev_display (Image)
*显示识别结果
set_display_font (WindowHandle, 16, 'sans', 'true', 'false')
```

```
    disp_message (WindowHandle, Class, 'image', Row -16, Column +8, 'blue',
'false')
    set_display_font (WindowHandle, 16, 'mono', 'true', 'false')
    disp_message (WindowHandle, 'Classification result', 'window', 12, 12,
'black', 'true')
```

图 9.2 是实例 9-1 运行结果。

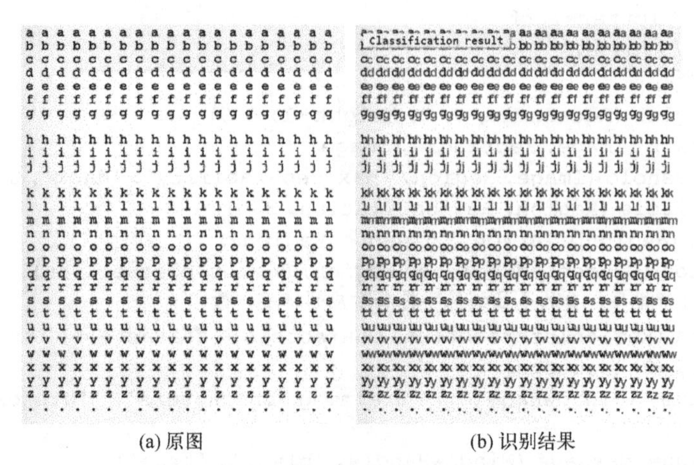

(a) 原图　　(b) 识别结果

图 9.2　k-近邻算法识别字符

9.2　多层感知机

9.2.1　多层感知机原理

多层感知机属于人工神经网络中的一种（Multilayer Perceptron，MLP）。1943 年，美国神经科学家 Warren Sturgis McCulloch 和数理逻辑学家 Walter Pitts 从生物神经元的结构上得到启发，提出了人工神经元的数学模型，这进一步被美国神经物理学家 Frank Rosenblatt 发展并提出了感知机(Perceptron）模型。1957 年，Frank Rosenblatt 在一台 IBM-704 计算机上面模拟实现了他发明的感知机模型，这个网络模型可以完成一些简单的视觉分类任务，如区分三角形、圆形、矩形等。图 9.3 是最早的感知机模型。

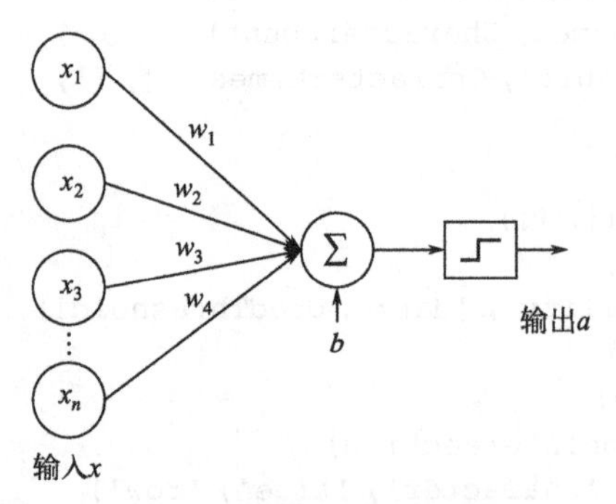

图 9.3　最早的感知机模型

最早的感知机模型只有输入层和输出层，输入是一维向量 $x = [x_1, x_2, \cdots, x_n]$，每个节点通过权值 w_i 连接，如式（9-1）所示。

$$z = w_1x_1 + w_2x_2 + \cdots + w_nx_n + b \tag{9-1}$$

式（9-1）中，b 称为感知机的偏值（Bias)。写成向量形式如式（9-2）所示。

$$z = w^{\mathrm{T}}x + b \tag{9-2}$$

感知机是线性模型，不能处理线性不可分问题，可以在线性模型后添加激活函数，如式（9-3）所示。

$$a = \sigma(z) = \sigma(w^{\mathrm{T}}x + b) \tag{9-3}$$

激活函数有很多种，如式（9-4）所示为采用阶跃函数作为激活函数。

$$a = \begin{cases} 1 & w^{\mathrm{T}}x + b \geqslant 0 \\ 0 & w^{\mathrm{T}}x + b < 0 \end{cases} \tag{9-4}$$

所谓激活函数代表了一个阈值，表示神经元的感知达到某一个阈值时，就切换到某一种输出。添加激活函数之后，感知机可以用来完成二分类问题。激活函数不能是线性函数。

以上所介绍的是最早的感知机模型，也称为单层感知机。多层感知机从单层感知机推广而来。多层感知机与单层感知机的基本原理是差不多的，理解单层感知机有利于理解多层感知机。多层感知机在输入层和输出层之间增加了隐藏层。隐藏层的数量并没有规定，最简单的多层感知机隐藏层只有一层。多层感知机是一种前向结构的人工神经网络，映射一组输入向量到一组输出向量，它由多个节点层组成，每一层全连接到下一层。除了输入节点，每个节点都是一个带有非线性激活函数的神经元。1986 年，Rummelhart、McClelland 以及 Hinton 在多层感知机中使用反向传播算法的监督学习方法来训练，采用 Sigmoid 函数进行非线性映射，有效解决了非线性分类和学习的问题。图 9.4 是多层感知机的模型。

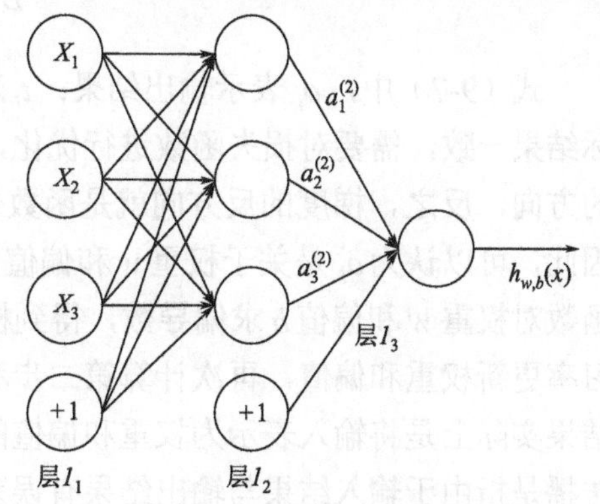

图 9.4 多层感知机模型

从图 9.4 可以看出，多层感知机的层与层之间是全连接的，激活函数 Sigmoid 函数形式如式（9-5）所示。

$$\sigma(x) = \frac{1}{1 + \mathrm{e}^{-x}} \tag{9-5}$$

与单层感知机类似，使用激活函数能够给神经元引入非线性因素，使得神经网络可以任意逼近任何非线性函数，这样神经网络就可以利用到更多的非线性模型中。如果不使用激活函数，每一层输出都是上层输入的线性函数，无论神经网络有多少层，输出都是输入的线性组合。激活函数通常需要满足以下性质：

① 连续并可导（允许少数点上不可导）的非线性函数。可导的激活函数可以直接利用数值优化的方法来学习网络参数。

② 激活函数及其导函数要尽可能的简单，有利于提高网络计算效率。

③ 激活函数的导函数的值域要在一个合适的区间内，不能太大也不能太小，否则会影响训练的效率和稳定性。

以只有一个隐藏层的多层感知机为例，其计算可以描述为以下过程：

① 与式（9-1）类似，将所有输入表达为权重和偏值的函数。如式（9-6）所示。

$$\begin{cases} z_1 = w_{11}x_1 + w_{12}x_2 + \cdots + w_{1n}x_n + b_1 \\ z_2 = w_{21}x_2 + w_{22}x_2 + \cdots + w_{2n}x_n + b_2 \\ \vdots \\ z_n = w_{n1}x_1 + w_{n2}x_2 + \cdots + w_{nn}x_n + b_n \end{cases} \tag{9-6}$$

② 与式（9-3）类似，添加激活函数，多层感知机的激活函数常采用 Sigmoid 函数。添加激活函数，得到输出结果。

③ 根据输出结果与实际结果的差异，建立损失函数，对损失函数进行优化，直到损失最小，也就是输出结果与实际结果一致。损失函数有很多种，比如交叉熵损失函数，均方差损失函数等。

在第三步对损失函数进行优化的过程中，采用的是梯度下降法。假设损失函数采用的是均方差损失函数，如式（9-7）所示。

$$L = \frac{1}{2}\sum_{i=1}^{n}(o_i - t_i)^2 \tag{9-7}$$

式（9-7）中，o_i 表示输出结果；t_i 表示实际结果。为了让损失最小，即让输出结果与实际结果一致，需要对损失函数进行优化，根据梯度的概念，梯度的方向表示函数值上升最快的方向，反之，梯度的反方向就是函数值下降最快的方向。输出结果 o_i 与权重和偏值有关，因此，可以认为 o_i 是关于权重 w 和偏值 b 的函数。同理，求损失函数最小，就可以采用损失函数对权重 w 和偏值 b 求偏导数，得到梯度，设置梯度下降的步长，也称为学习率，根据学习率更新权重和偏值，再次计算第二步和第三步，直到损失函数最小，即为最后的结果，其结果实际上是将输入表示为权重和偏值的函数。多层感知机用到了反向传播算法，所谓反向传播是指由于输入结果与输出结果有误差，则计算估计值与实际值之间的误差，并将该误差从输出层向隐藏层反向传播，直至传播到输入层。采用的方法是梯度下降法，求导的方法采用的是链式求导法则。

通过以上步骤，就建立了多层感知机的训练模型，其结果可以类似描述为每一个训练样本都表示为某些权重和偏值的函数。其中，权重和偏值是训练好的已知的参数。由此，当一个新的样本需要识别时，将该样本同样表示权重和偏值的函数，通过比较与训练模型中哪一类样本最接近，就识别为哪一类。

以上只是关于多层感知机的简单介绍，详细的公式推导在此就不再详述，感兴趣的可以查阅相关资料。在 HALCON 中同样实现了利用多层感知机进行字符识别。其使用方法与 k-近邻算法的使用类似，可以查阅 HALCON 中的示例程序 letters_mlp.hdev，通过解读该实例程序熟悉多层感知机的使用方法。

9.2.2 多层感知机实例

实例 9-2：利用多层感知机实现字符识别（图 9.5）

```
read_image (Image, 'letters')
get_image_size (Image, Width, Height)
dev_close_window ()
```

```
    dev_open_window_fit_image (Image, 0, 0, -1, -1, WindowHandle)
    dev_set_colored (12)
    set_display_font (WindowHandle, 16, 'mono', 'true', 'false')
    *训练文件保存路径
    TrainFile := 'letters.trf'
    dev_display (Image)
    *对字符进行分割
    gen_rectangle1 (Rectangle, 0, 0, Height -1, 400)
    reduce_domain (Image, Rectangle, Image)
    binary_threshold (Image, Region, 'max_separability', 'dark', UsedThreshold)
    dilation_circle (Region, RegionDilation, 3.5)
    connection (RegionDilation, ConnectedRegions)
    intersection (ConnectedRegions, Region, RegionIntersection)
    *对分割字符进行排序，目的是让训练字符和对应的标签一致
    sort_region (RegionIntersection, Characters, 'character', 'true', 'row')
    dev_display (Characters)
    disp_message (WindowHandle, 'Training characters', 'window', 12, 12, 'black',
'true')
    disp_continue_message (WindowHandle, 'black', 'true')
    count_obj (Characters, Number)
    Length := Number / 27
    Classes := []
    for J := 0 to 25 by 1
       Classes := [Classes,gen_tuple_const(Length,chr(ord('a') +J))]
    endfor
    Classes := [Classes,gen_tuple_const(Length,'.')]
    *将字符信息写入训练文件
    write_ocr_trainf (Characters, Image, Classes, TrainFile)
    read_ocr_trainf_names (TrainFile, CharacterNames, CharacterCount)
    create_ocr_class_mlp (8, 10, 'constant', 'default', CharacterNames, 20,
'normalization', 26, 42, OCRHandle)
    * 训练
    trainf_ocr_class_mlp (OCRHandle, TrainFile, 100, 0.01, 0.01, Error, ErrorLog)
    full_domain (Image, Image)
    binary_threshold (Image, Region, 'max_separability', 'dark', UsedThreshold1)
    dilation_circle (Region, RegionDilation, 3.5)
    connection (RegionDilation, ConnectedRegions)
    intersection (ConnectedRegions, Region, RegionIntersection)
    sort_region (RegionIntersection, Characters, 'character', 'true', 'row')
    *识别
    do_ocr_multi_class_mlp (Characters, Image, OCRHandle, Class, Confidence)
    * 显示识别结果
    area_center (Characters, Area, Row, Column)
    dev_display (Image)
    set_display_font (WindowHandle, 16, 'sans', 'true', 'false')
    disp_message (WindowHandle, Class, 'image', Row -16, Column +8, 'blue',
'false')
    set_display_font (WindowHandle, 16, 'mono', 'true', 'false')
```

```
    disp_message (WindowHandle, 'Classification result', 'window', 12, 12,
'black', 'true')
    dev_set_check ('~give_error')
    delete_file (TrainFile)
    dev_set_check ('give_error')
```

实例 9-2 实现的是与实例 9-1 同样的结果，只是采用的方法是多层感知机。两者的使用方法是类似的。

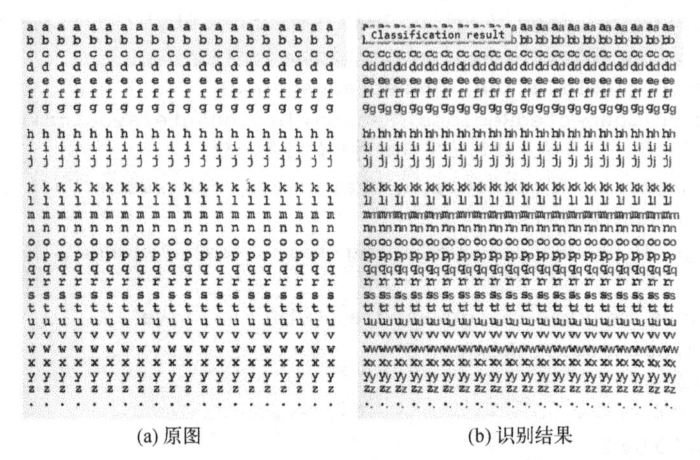

(a) 原图　　(b) 识别结果

图 9.5　多层感知机识别字符

9.3　支持向量机

9.3.1　支持向量机原理

支持向量机算法最初是用来处理二分类问题的，是一种有监督学习的分类算法。单层感知机算法出现的时候，引起了人工神经网络的学习热潮。1969 年，Marvin Lee Minsky 提出了著名的异或（XOR）问题和感知机数据线性不可分的情形。此后,神经网络的研究几乎处于停滞状态。直到 20 世纪 80 年代提出多层感知机和 Sigmoid 函数，有效解决了非线性分类和学习的问题。自 20 世纪 90 年代以来，支持向量机（Support Vector Machine, SVM）的出现，让多层感知机遇到了强劲的对手。支持向量机的理论相对比较复杂，要掌握其原理需要一定的理论知识。在此只做简单的介绍，要深刻理解该算法，还需要查询相关的资料。

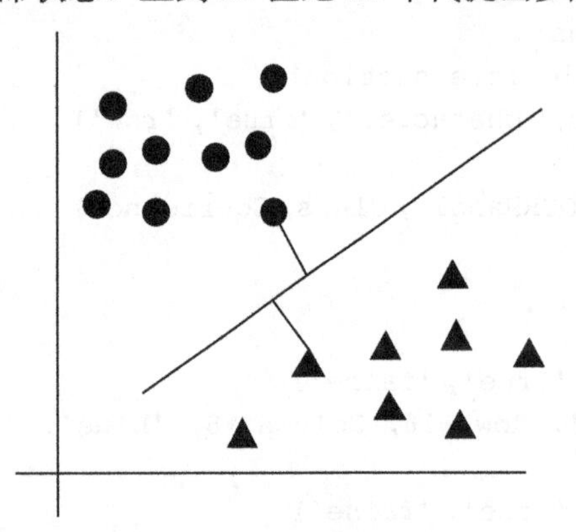

图 9.6　支持向量机示意

如图 9.6 所示，在一个二维平面上有两类点数据，圆和三角形，可以找一条直线将两类点分开。这个将数据分开的直线称为超平面，在二维平面上超平面是一条直线，在三维空间上是一个平面，在更高维空间以此类推。这个超平面也是数据分类的决策边界。以图 9.6

所示的二维平面上的点为例，这类直线有很多，但是，哪一条直线是最好的呢？

支持向量机希望构造这样一种分类器，即如果数据点离分类超平面的边界越远，那么其后面的预测结果越可信。因此，支持向量机在寻找距离超平面最近的点，让这些点距离超平面尽可能距离最大。支持向量就是指距离超平面最近的那些点。该方法就是要最大化支持向量到超平面的距离，需要找到解决该问题的优化方法。设点 $p(x_0, y_0)$，直线 l: $ax+by+c=0$。点到直线的距离可以表示为式（9-8）。

$$d=\frac{|ax_0+by_0+c|}{\sqrt{a^2+b^2}} \tag{9-8}$$

将直线方程写成向量的形式如式（9-9）所示。

$$w^{\mathrm{T}}x+b=0 \tag{9-9}$$

式（9-9）中，w 对应列向量 $\begin{bmatrix}a\\b\end{bmatrix}$，$x$ 对应列向量 $\begin{bmatrix}x\\y\end{bmatrix}$。因此，对于数据点 x_i 到直线的距离可以表示为式（9-10）。

$$d_i=\frac{|w^{\mathrm{T}}x_i+b|}{\|w\|} \tag{9-10}$$

对于每一类输入数据，都有一类标签，以二分类问题为例，设标签 label 用“1”和“−1”分别代表两种类型。如果数据处于正方向并且距离超平面很远，label=1，$w^{\mathrm{T}}x_i+b$ 将是很大正数，同时，$\text{label}*\left(w^{\mathrm{T}}x_i+b\right)$ 也将是一个很大的正数，同理，如果数据处于负方向并且距离超平面很远，label=−1，$\text{label}*\left(w^{\mathrm{T}}x_i+b\right)$ 也将是一个很大的正数。

因此，现在的目标就变成了寻找分类器中的 w 和 b。为此，需要找到具有最小间隔的点，也就是前面提到的支持向量，并对这些支持向量到超平面的距离最大化。即：

$$\underset{w,b}{\arg\max}\left\{\min_n\left(\text{label}*\left(w^{\mathrm{T}}x_i+b\right)\right)\cdot\frac{1}{\|w\|}\right\} \tag{9-11}$$

假设超平面到正负方向最近样本点的距离为 a，即式（9-12）所示。

$$\begin{cases}w^{\mathrm{T}}x+b=a\\ w^{\mathrm{T}}x+b=-a\end{cases} \tag{9-12}$$

为了处理方便，两边分别除以 a，并令 $w=w/a$，$b=b/a$，式（9-12）则可以简化为式（9-13）。

$$\begin{cases}w^{\mathrm{T}}x+b=1\\ w^{\mathrm{T}}x+b=-1\end{cases} \tag{9-13}$$

显然，对于所有的正负方向样本，距离超平面的距离最小为“1”，因此，式（9-11）中，始终存在 $\text{label}*\left(w^{\mathrm{T}}x_i+b\right)\geqslant 1$。由此，式（9-11）的优化问题就变成带约束条件的优化问题，即满足 $\text{label}*\left(w^{\mathrm{T}}x_i+b\right)\geqslant 1$ 的条件下，求 $\max_{w,b}\frac{1}{\|w\|}$。用式（9-14）表示如下：

$$\begin{cases} \max_{w,b} \dfrac{1}{\|w\|} \\ \text{s.t.label} * \left(w^{\mathrm{T}} x_i + b\right) \geqslant 1 \quad i = 1,2,\cdots,n \end{cases} \tag{9-14}$$

将式（9-14）向对偶问题转化，即 $\max_{w,b} \dfrac{1}{\|w\|}$ 转化为 $\min_{w,b} \|w\|^2$，两者是等价的。经过变换之后，得到凸优化问题，即式（9-15）所示。

$$\begin{cases} \min_{w,b} \|w\|^2 \\ \text{s.t.label} * \left(w^{\mathrm{T}} x_i + b\right) \geqslant 1 \quad i = 1,2,\cdots,n \end{cases} \tag{9-15}$$

对于式（9-15）的优化问题，有一个著名的求解方法，就是拉格朗日乘子法。通过引入拉格朗日乘子，将带约束的优化问题转换为无约束的优化问题，可以得到最终的优化结果，在此就不再详述，有兴趣的可以查阅相关资料。

以上只是关于支持向量机的简单介绍。在 HALCON 中同样实现了利用支持向量机进行字符识别。其使用方法与 k-近邻算法的使用类似，可以查阅 HALCON 中的示例程序 letters_svm.hdev，通过解读该实例程序熟悉支持向量机的使用方法。

9.3.2 支持向量机实例

实例 9-3：利用 SVM 进行字符识别（图 9.7）

```
    read_image (Image, 'letters')
    get_image_size (Image, Width, Height)
    dev_close_window ()
    dev_open_window_fit_image (Image, 0, 0, -1, -1, WindowHandle)
    dev_set_colored (12)
    set_display_font (WindowHandle, 16, 'mono', 'true', 'false')
    TrainFile := 'letters.trf'
    dev_display (Image)
    gen_rectangle1 (Rectangle, 0, 0, Height -1, 400)
    reduce_domain (Image, Rectangle, Image)
    * 分割图像
    binary_threshold (Image, Region, 'max_separability', 'dark', UsedThreshold)
    dilation_circle (Region, RegionDilation, 3.5)
    connection (RegionDilation, ConnectedRegions)
    intersection (ConnectedRegions, Region, RegionIntersection)
    * 排序
    sort_region (RegionIntersection, Characters, 'character', 'true', 'row')
    dev_display (Characters)
    disp_message  (WindowHandle,  'Training  characters',  'window',  12,  12,
'black', 'true')
    disp_continue_message (WindowHandle, 'black', 'true')
    stop ()
    count_obj (Characters, Number)
    Length := Number / 27
```

```
Classes := []
for J := 0 to 25 by 1
   Classes := [Classes,gen_tuple_const(Length,chr(ord('a') +J))]
endfor
Classes := [Classes,gen_tuple_const(Length,'.')]
* 写入训练文件
write_ocr_trainf (Characters, Image, Classes, TrainFile)
read_ocr_trainf_names (TrainFile, CharacterNames, CharacterCount)
create_ocr_class_svm (8, 10, 'constant', 'default', CharacterNames, 'rbf',
0.02, 0.05, 'one-versus-one', 'normalization', 0, OCRHandle)
*训练
trainf_ocr_class_svm (OCRHandle, TrainFile, 0.001, 'default')
full_domain (Image, Image)
binary_threshold (Image, Region, 'max_separability', 'dark',
UsedThreshold1)
dilation_circle (Region, RegionDilation, 3.5)
connection (RegionDilation, ConnectedRegions)
intersection (ConnectedRegions, Region, RegionIntersection)
sort_region (RegionIntersection, Characters, 'character', 'true', 'row')
*识别
do_ocr_multi_class_svm (Characters, Image, OCRHandle, Class)
*显示结果
area_center (Characters, Area, Row, Column)
dev_display (Image)
set_display_font (WindowHandle, 16, 'sans', 'true', 'false')
disp_message (WindowHandle, Class, 'image', Row -16, Column +8, 'blue',
'false')
set_display_font (WindowHandle, 16, 'mono', 'true', 'false')
disp_message (WindowHandle, 'Classification result', 'window', 12, 12,
'black', 'true')
dev_set_check ('~give_error')
delete_file (TrainFile)
dev_set_check ('give_error')
```

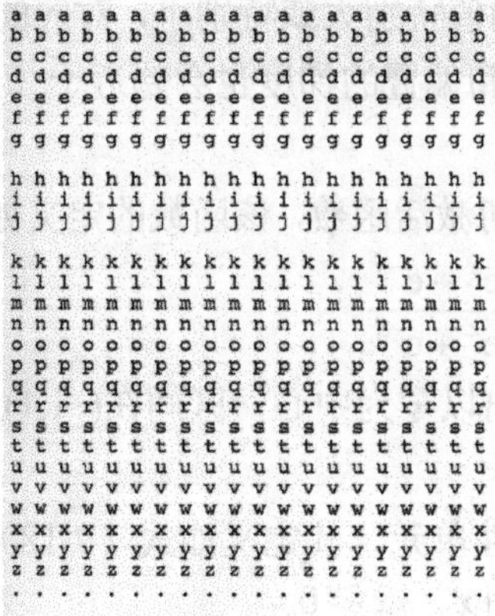

(a) 原图 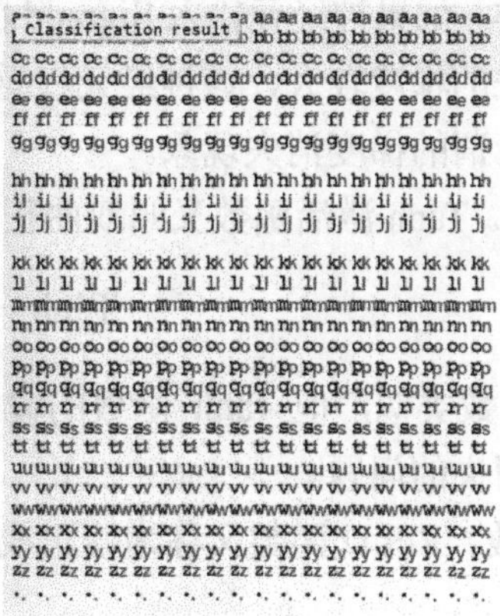　　　　(b) 识别结果

图 9.7　SVM 识别字符

9.4 卷积神经网络

9.4.1 卷积神经网络原理

卷积神经网络（Convolutional Neural Network, CNN）属于人工神经网络的一种，是一种深度神经网络模型。卷积神经网络广泛应用于图像分类和识别。传统的人工神经网络可以认为是一种浅层神经网络，其网络结构的层数较少。深度神经网络的层数较多，因此称为深度神经网络。两者的原理基本是一致的。最早的单层感知机只有输入和输出两层，多层感知机在输入和输出之间增加了隐藏层，深度神经网络可以认为是多层感知机的扩展，可以有很多隐藏层。当然，多层感知机也可以有多个隐藏层，所以有时候也将深度神经网络称为多层感知机。卷积神经网络算法属于深度学习算法的一种，其原理与前面提到的多层感知机类似。

要理解深度神经网络和卷积神经网络，首先要弄清楚以下几个概念：

（1）前向传播

前向传播是指网络从输入层开始，逐层向前运行的过程。即按照输入层到输出层依次计算每一层的结果。比如，对于多层感知机而言，前向传播首先计算输入层到隐藏层的结果，然后，将隐藏层作为下一个输入层，继续计算到下一层的结果，一直到输出层。在卷积神经网络中，也是采用这样的方式进行计算的。只是，卷积神经网络的计算方法采用的是卷积计算的方法。

（2）激活函数

激活函数的作用在介绍多层感知机的时候已经进行了说明。此处的激活函数与前面介绍的一样。激活函数可以实现从线性到非线性的转换，同时，也可以实现分类或概率的形式输出神经元激活的结果。类似于人类的某一类神经元被激活了。常用的激活函数有如下几种形式：

① Sigmod 函数。该函数也叫 Logistic 函数，其定义如式（9-16）所示。

$$\mathrm{Sigmod}(x)=\frac{1}{1+\mathrm{e}^{x}} \tag{9-16}$$

Sigmod 函数用于神经元输出，取值范围为(0,1)，它可以将一个实数映射到(0,1)的区间，可以用来做二分类。如果神经元输入 Sigmod 的值特别大或特别小，对应的梯度约等于 0，即使从上一步传导来的梯度较大，该神经元权重和偏置的梯度也会趋近于 0，导致参数无法得到有效更新。即所谓的梯度消失现象。

② Tanh 函数。Tanh 激活函数又叫双曲正切激活函数，该函数的定义如式（9-17）所示。

$$\mathrm{Tanh}=\frac{\mathrm{e}^{x}-\mathrm{e}^{-x}}{\mathrm{e}^{x}+\mathrm{e}^{-x}} \tag{9-17}$$

与 Sigmod 函数类似，但 Tanh 函数的输出以零为中心，区间在(−1,1)之间。此外，Tanh 函数也会有梯度消失的问题。

③ ReLU 函数。ReLU 函数又称为修正线性单元，其定义如式（9-18）所示。

$$\mathrm{ReLU}(x)=\begin{cases} x & x \geqslant 0 \\ 0 & x<0 \end{cases} \tag{9-18}$$

从式（9-18）可以看出，ReLU 函数实际上是一种分段线性函数，该函数没有梯度消失问题，在目前的深度神经网络中被广泛使用。但是，如果输入负数，则梯度将完全为零。如果在训练网络模型时，某个 ReLU 神经元自身的梯度为 0，则在以后的训练过程中永远不能被激活。

为了改进 ReLU 函数的问题，当 $x<0$ 时，对 x 乘上一个很小的数，由此得到改进的 ReLU 函数，如式（9-19）所示，称为 LeakyReLU 函数。

$$\text{LeakyReLU}(x)=\begin{cases} x & x>0 \\ \lambda x & x\leqslant 0 \end{cases} \tag{9-19}$$

式（9-19）中的 λ 代表一个很小的数，如 0.01。此外，还有其他的改进方式，如式（9-20）所示，称为 ParametricReLU 函数。

$$\text{ParametricReLU}_i(x)=\begin{cases} x & x>0 \\ \gamma_i x & x\leqslant 0 \end{cases} \tag{9-20}$$

式（9-20）中，γ_i 称为超参数，下标 i 表示不同神经元对应不同的参数。

④ Softmax 激活函数。该函数的定义如式（9-21）所示。

$$\text{Softmax}(x)=\frac{e^{x_i}}{\sum_i e^{x_i}} \tag{9-21}$$

Softmax 是用于多分类问题的激活函数，它将多个神经元的输出，映射到（0,1）区间内，可以采用概率的形式输出分类结果。

（3）梯度下降法

在神经网络算法中，梯度下降法至关重要，该方法是通过计算梯度，得到梯度的反方向，然后更新权值，实现在训练过程中让输出与输入一致或接近的方法。虽然还有其它的方法如牛顿法可以实现该结果。梯度方向是变化最快的方向，选梯度的反方向，也就是梯度下降最快的方向。在深度神经网络或卷积神经网络中，每次训练过程，正向传播都会得到输出值和真实值的损失值，这个损失值越小，代表模型越好，梯度下降法用于寻找最小损失值，从而可以反推出对应的权重和偏值，达到优化模型的效果。

（4）反向传播算法

网络模型在训练过程中，通过前向传播算法最后得到的输出结果，与实际结果可能存在一定的差异，因此，需要不停地调整参数，让最终的输出结果与实际结果一致。反向传播算法就是根据实际值与输出结果之间的误差，反向推导来调整权重和偏值，从而更新权重和偏值，经过不停地迭代，直到输出结果与实际结果一致或误差小于人为给定的一个极小值。在反向传播过程中，用到了梯度下降法和链式求导法则。所谓链式求导法则即复合函数求导的链式法则。

以上是深度神经网络中的基本概念，也是很重要的概念。在卷积神经网络中，也将用到这些概念。此外，卷积神经网络与其它的深度神经网络又有些区别。在卷积神经网络中，除了以上提到的概念，还有其他一些比较重要的概念需要理解。

① 卷积运算。在卷积神经网络中，卷积核的数量远不止一个，通常都是采用多个卷积核与图像进行卷积运算。每个卷积核可以提取图像中的一种特征，卷积核中的数值可以看成是

权重，同一个卷积核对整幅图像适用，因此称为权值共享。

② 池化。在卷积神经网络中，经过卷积运算之后，通常下一步运算就是池化，也有的在卷积运算之后，采用 ReLU 激活函数，再进行池化操作。常用的池化操作有两种：最大值池化和均值池化。池化操作实际上是一种降采样运算。该运算使卷积之后的特征图维度更小。同时，减少了网络中参数和计算的数量，一定程度上防止网络过拟合。还可以使网络对于输入图像中的小变形、畸变和平移等具有不变性。

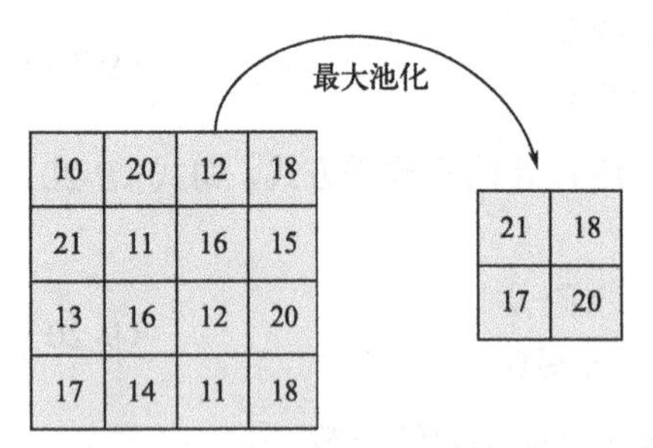

图 9.8　最大池化法操作示意

图 9.8 是采用最大池化法进行池化操作的示意。对于左边的 4×4 大小的特征图，采用 2×2 大小的池化操作，由此将左边的特征图分为四部分，每一部分取其最大值，得到右边的池化结果，此即为最大池化运算。均值池化与其类似，只是不再取最大值，而是取每个局部区域的均值。

③ 全连接层。经过一系列卷积核池化操作之后，将进行全连接层操作。全连接层用于将学到的特征映射到样本标记空间，从而实现图像的识别或分类。卷积神经网络的全连接层与深度神经网络的模型结构一样。经过了全连接层之后，在卷积神经网络中，通常采用 Softmax 激活函数，得到图像分类或识别的概率。

以上是卷积神经网络中不同于深度神经网络的概念，其实也是整个卷积神经网络的前向传播运算过程。在完整的卷积神经网络模型训练过程中，从输入图像刚开始，经过一系列的卷积核池化操作，最后进行全连接层操作，通过 Softmax 激活函数得到训练图像的类别概率，通过与真实结果进行比较，建立损失函数，然后对损失函数进行优化，让损失最小，也就是训练结果与真实结果基本一致，对损失函数进行优化的过程就是利用梯度下降法和反向传播算法不断迭代，更新权重和偏值，最后得到训练结果与真实结果基本一致的训练模型。

卷积神经网络广泛应用在图像识别和分类中，在 HALCON 中有一个已经训练好的卷积神经网络模型，实例 9-4 是利用训练好的卷积神经网络进行字符识别的例子，该例子是 HALCON 自带的示例程序，可以通过该示例程序了解卷积神经网络的使用方法。

9.4.2 HALCON 卷积神经网络实例解读

实例 9-4: 利用训练好的卷积神经网络进行字符识别

```
read_image (Image, 'letters')
get_image_size (Image, Width, Height)
dev_close_window ()
dev_open_window_fit_image (Image, 0, 0, -1, -1, WindowHandle)
dev_set_colored (12)
set_display_font (WindowHandle, 16, 'mono', 'true', 'false')
* 读取卷积神经网络分类器
```

```
read_ocr_class_cnn ('Universal_Rej.occ', OCRHandle)
* 字符分割
binary_threshold (Image, Region, 'max_separability', 'dark', UsedThreshold1)
dilation_circle (Region, RegionDilation, 3.5)
connection (RegionDilation, ConnectedRegions)
intersection (ConnectedRegions, Region, RegionIntersection)
sort_region (RegionIntersection, Characters, 'character', 'true', 'row')
* 利用卷积神经网络模型进行识别
do_ocr_multi_class_cnn (Characters, Image, OCRHandle, Class, Confidence)
* 结果显示
area_center (Characters, Area, Row, Column)
dev_display (Image)
set_display_font (WindowHandle, 16, 'sans', 'true', 'false')
dev_disp_text (Class, 'image', Row -16, Column +8, 'orange red', 'box',
'false')
set_display_font (WindowHandle, 16, 'mono', 'true', 'false')
dev_disp_text ('Classification result with pretrained CNN font', 'window',
12, 12, 'black', [], [])
```

图 9.9 是实例 9-4 运行结果。

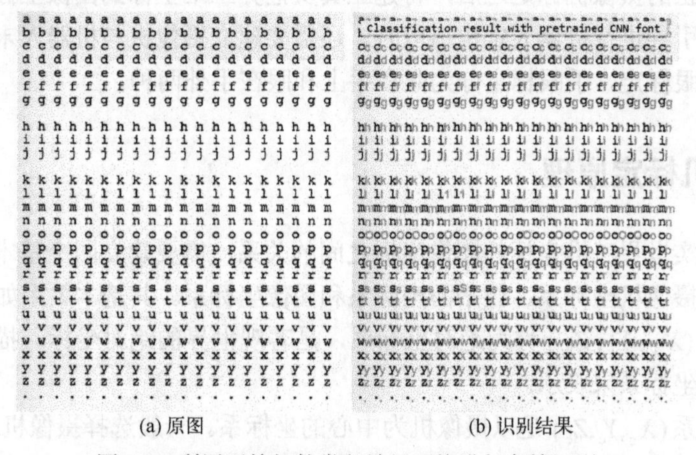

(a) 原图　　(b) 识别结果

图 9.9　利用训练好的卷积神经网络进行字符识别

第10章 摄像机标定和手眼标定

图像的像素坐标反映的是目标对象在图像中的位置。摄像机标定的过程是建立真实世界三维坐标与图像上二维坐标之间的关系。建立这种关系是利用图像进行准确测量的必要过程。摄像机在安装时，无法保证成像平面与被测对象平行，将导致透视失真，如实际的圆在图像中将变成一个椭圆。镜头在制造、安装过程中，不可避免地存在误差，这种误差也会导致真实位置投影在图像中的位置出现偏差。因此，有必要对镜头进行畸变校正，如对图像进行亚像素准确度的边缘提取，机器人视觉引导以及准确的长度测量等，必须对摄像机进行标定。包括镜头畸变校正的摄像机标定之后，将建立真实世界三维坐标到图像坐标之间的转换。此外，在利用视觉引导进行机器人定位抓取时，还需要建立摄像机与机器人末端之间的关系，这种标定称为手眼标定，手眼标定分为眼在手上和眼在手外两种。

10.1 摄像机标定原理

为了描述真实世界三维坐标与图像坐标之间的关系，需要建立四个基本的坐标系。分别是世界坐标系、摄像机坐标系、像平面坐标系和图像坐标系。其基本关系如图 10.1 所示。

世界坐标系 (X_w, Y_w, Z_w) 称为绝对坐标系，是客观世界的绝对坐标。描述现实世界的目标位置常采用该坐标系来表示。

摄像机坐标系 (X_c, Y_c, Z_c) 是以摄像机为中心的坐标系。一般选择摄像机的光轴为 Z 轴，以摄像机光心为坐标原点。

像平面坐标系 (x, y) 是成像平面上的坐标系，其坐标原点为光轴与像平面的交点，x 轴和 y 轴的方向与摄像机坐标系的 x、y 轴分别平行。$O_c o$ 的连线长度为 f，表示摄像机常量或主距，不是摄像机的焦距。

图像坐标系是以图像的左上角为原点，u 方向与像平面坐标系的 x 轴平行，v 方向与像平面坐标系的 y 轴平行。

在以上坐标系中，图像坐标系是以像素为单位，而其他的坐标系是以长度为单位，坐标单位一般为 mm。

10.1.1 坐标系转换关系

摄像机标定涉及的硬件主要是摄像机和镜头，有时候会用到图像采集卡。摄像机类型有面阵和线阵两种，镜头有普通镜头和远心镜头。在此以面阵摄像机和普通镜头为例，来说明摄像机标定的坐标转换关系，该组合也是针孔摄像机模型。标定的过程也是世界坐标系下三维坐标到图像二维坐标的映射过程，该映射可以用固定数量的参数来表示。这些参数也称为摄像机参数，标定即为确定这些摄像机参数。其中，摄像机相对于视觉坐标的位置参数称为摄像机外方位参数或外部参数，简称外参。摄像机本身的参数称为摄像机内方位参数或内部参数，简称内参。

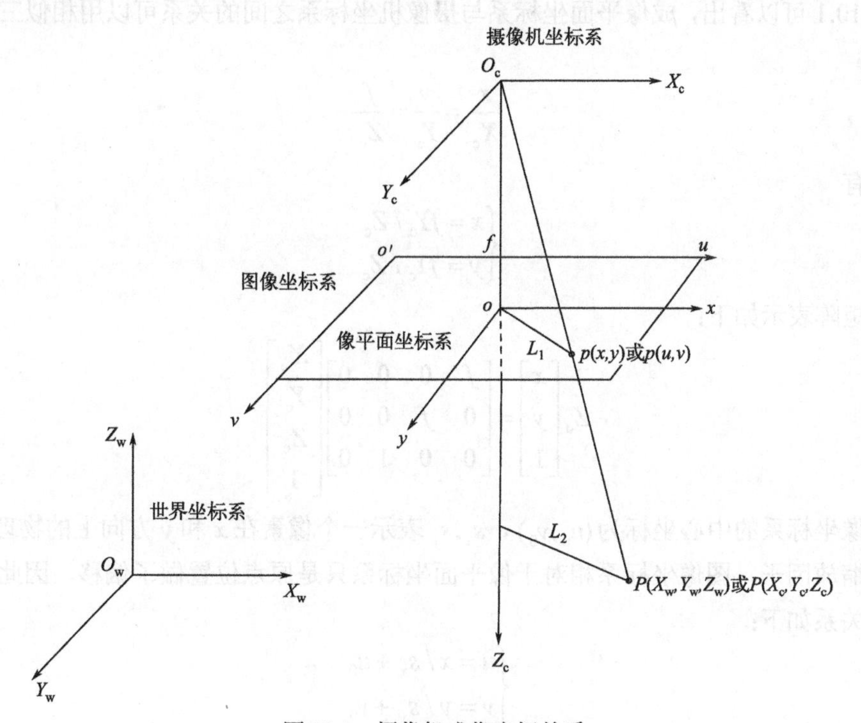

图 10.1 摄像机成像坐标关系

从图 10.1 可以看出，真实世界上一点 $P(X_w,Y_w,Z_w)$ 需要通过摄像机坐标、像平面坐标和图像坐标转换到图像中对应点位置 $p(u,v)$。从世界坐标到摄像机坐标之间的转换属于刚性变换，也就是通过平移和旋转可以完成该转换。设旋转矩阵为 R，平移矩阵为 T，则世界坐标与摄像机坐标之间的关系可以用式（10-1）所示的矩阵表示。

$$\begin{bmatrix} X_c \\ Y_c \\ Z_c \\ 1 \end{bmatrix} = \begin{bmatrix} R & T \\ 0 & 1 \end{bmatrix} \begin{bmatrix} X_w \\ Y_w \\ Z_w \\ 1 \end{bmatrix} = \begin{bmatrix} r_{11} & r_{12} & r_{13} & t_x \\ r_{21} & r_{22} & r_{23} & t_y \\ r_{31} & r_{32} & r_{33} & t_z \\ 0 & 0 & 0 & 1 \end{bmatrix} \begin{bmatrix} X_w \\ Y_w \\ Z_w \\ 1 \end{bmatrix} \tag{10-1}$$

设绕摄像机坐标系 Z 轴旋转的角度为 γ，绕 Y 轴旋转角度为 β，绕 X 轴旋转角度为 α。因此，旋转矩阵 R 也可以表示为如式（10-2）所示。

$$R(\alpha,\beta,\gamma) = \begin{bmatrix} 1 & 0 & 0 \\ 0 & \cos\alpha & -\sin\alpha \\ 0 & \sin\alpha & \cos\alpha \end{bmatrix} \begin{bmatrix} \cos\beta & 0 & \sin\beta \\ 0 & 1 & 0 \\ -\sin\beta & 0 & \cos\beta \end{bmatrix} \begin{bmatrix} \cos\gamma & -\sin\gamma & 0 \\ \sin\gamma & \cos\gamma & 0 \\ 0 & 0 & 1 \end{bmatrix} \tag{10-2}$$

由式（10-1）和式（10-2）计算可知，旋转矩阵 R 满足如下约束条件：

$$\begin{cases} r_{11}^2 + r_{12}^2 + r_{13}^2 = 1 \\ r_{21}^2 + r_{22}^2 + r_{23}^2 = 1 \\ r_{31}^2 + r_{32}^2 + r_{33}^2 = 1 \end{cases} \tag{10-3}$$

由三个旋转角度α、β、γ和三个平移距离t_x、t_y、t_z就决定了摄像机相对于世界坐标系的位置，因此，这六个参数就是摄像机的外参。

从图 10.1 可以看出，成像平面坐标系与摄像机坐标系之间的关系可以用相似三角形成比例得出。

$$\frac{x}{X_c} = \frac{y}{Y_c} = \frac{f}{Z_c} \tag{10-4}$$

因此有

$$\begin{cases} x = fY_c / Z_c \\ y = fY_c / Z_c \end{cases} \tag{10-5}$$

采用矩阵表示如下：

$$Z_c \begin{bmatrix} x \\ y \\ 1 \end{bmatrix} = \begin{bmatrix} f & 0 & 0 & 0 \\ 0 & f & 0 & 0 \\ 0 & 0 & 1 & 0 \end{bmatrix} \begin{bmatrix} X_c \\ Y_c \\ Z_c \\ 1 \end{bmatrix} \tag{10-6}$$

设图像坐标系的中心坐标为(u_0, v_0)，s_x, s_y表示一个像素在x和y方向上的物理尺寸，也可以称为缩放因子，图像坐标系相对于像平面坐标系只是原点位置做了偏移。因此，两者之间的转换关系如下：

$$\begin{cases} u = x / s_x + u_0 \\ v = y / s_y + v_0 \end{cases} \tag{10-7}$$

以上即为世界坐标系到图像坐标系之间的转换。在式（10-6）和式（10-7）中，参数f、s_x、s_y、u_0、v_0只与摄像机内部结构有关，即为摄像机内参。标定过程就是确定摄像机外参和内参的过程。联立以上公式，就可以得到世界坐标到图像坐标之间的关系，写成矩阵形式如下：

$$\begin{aligned} Z_c \begin{bmatrix} u \\ v \\ 1 \end{bmatrix} &= \begin{bmatrix} 1/s_x & 0 & u_0 \\ 0 & 1/s_y & v_0 \\ 0 & 0 & 1 \end{bmatrix} \begin{bmatrix} f & 0 & 0 & 0 \\ 0 & f & 0 & 0 \\ 0 & 0 & 1 & 0 \end{bmatrix} \begin{bmatrix} R & T \\ 0 & 1 \end{bmatrix} \begin{bmatrix} X_w \\ Y_w \\ Z_w \\ 1 \end{bmatrix} \\ &= \begin{bmatrix} f/s_x & 0 & u_0 & 0 \\ 0 & f/s_y & v_0 & 0 \\ 0 & 0 & 1 & 0 \end{bmatrix} \begin{bmatrix} R & T \\ 0 & 1 \end{bmatrix} \begin{bmatrix} X_w \\ Y_w \\ Z_w \\ 1 \end{bmatrix} = M_1 M_2 W = MW \end{aligned} \tag{10-8}$$

式（10-8）中，M为3×4的投影矩阵，有时也将M_1称为内参矩阵，M_2称为外参矩阵。因此，式（10-8）可以表示为式（10-9）。

$$Z_c\begin{bmatrix}u\\v\\1\end{bmatrix}=MW=\begin{bmatrix}m_{11}&m_{12}&m_{13}&m_{14}\\m_{21}&m_{22}&m_{23}&m_{24}\\m_{31}&m_{32}&m_{33}&m_{34}\end{bmatrix}\begin{bmatrix}X_w\\Y_w\\Z_w\\1\end{bmatrix} \tag{10-9}$$

将式（10-9）展开成方程的形式，如式（10-10）所示。

$$\begin{cases}Z_c u=m_{11}X_w+m_{12}Y_w+m_{13}Z_w+m_{14}\\Z_c v=m_{21}X_w+m_{22}Y_w+m_{23}Z_w+m_{24}\\Z_c=m_{31}X_w+m_{32}Y_w+m_{33}Z_w+m_{34}\end{cases} \tag{10-10}$$

将式（10-10）中第一和第二个方程分别除以第三个方程，消去Z_c，整理得到如式（10-11）所示的方程。

$$\begin{cases}m_{11}X_w+m_{12}Y_w+m_{13}Z_w-m_{31}uX_w-m_{32}uY_w-m_{33}uZ_w=um_{34}\\m_{21}X_w+m_{22}Y_w+m_{23}Z_w-m_{31}vX_w-m_{32}vY_w-m_{33}vZ_w=vm_{34}\end{cases} \tag{10-11}$$

在式（10-11）中，只包括了真实世界的三维坐标(X_w,Y_w,Z_w)和对应的图像坐标(u,v)。变换矩阵M有十二个参数，对于每个确定的标定点，都能够得到式（10-11），如果已知(X_w,Y_w,Z_w)和(u,v)，选取足够多的标定点（至少6个标定点），则可以求解矩阵M，从而求解出内参矩阵M_1和外参矩阵M_2。

10.1.2 镜头畸变

以上坐标转换过程为线性标定过程，没有考虑镜头畸变造成的影响，是一个完整的从三维世界坐标到二维图像坐标的转换过程。镜头在制造、安装过程中不可避免地会出现误差，由于这种镜头畸变，导致投影到成像平面后，坐标(x,y)将会发生变化。镜头畸变主要有径向畸变、偏心畸变以及薄棱镜畸变。径向畸变是指由于光学镜头的径向曲率变化引起的沿着矢径方向的变化导致的图像变形；偏心畸变是单个镜头的光轴没有完全对齐造成的图像变形；薄棱镜畸变指镜头制造误差和成像元件制造误差引起的图像变形。

在大部分的机器视觉应用中，镜头畸变都可以近似为基于除法模型的径向畸变。设$r^2=x^2+y^2$，这种除法模型表示的径向畸变引起的坐标变化可以表示为如式（10-12）所示。

$$\begin{bmatrix}x'\\y'\end{bmatrix}=\frac{1}{1+\sqrt{1-4k(x^2+y^2)}}\begin{bmatrix}x\\y\end{bmatrix}=\frac{1}{1+\sqrt{1-4kr^2}}\begin{bmatrix}x\\y\end{bmatrix} \tag{10-12}$$

式（10-12）中，参数k称为径向畸变系数。如果$k<0$，称为桶形畸变，如果$k>0$，称为枕形畸变。图10.2显示了这种畸变引起的图像变形情况。除法模型可以方便地进行畸变校正。在通过图像坐标进行世界坐标的转换时，可以通过式（10-13）实现。

$$\begin{bmatrix}x\\y\end{bmatrix}=\frac{1}{1+k(x'^2+y'^2)}\begin{bmatrix}x'\\y'\end{bmatrix}=\frac{1}{1+kr'^2}\begin{bmatrix}x'\\y'\end{bmatrix} \tag{10-13}$$

式中，$r'^2=x'^2+y'^2$。

对于某些情况如果只用径向畸变不够精确，需要加上偏心畸变。这时除法模型可能不够精确，但是，可以采用多项式模型进行畸变校正。多项式畸变校正模型如式（10-14）所示。

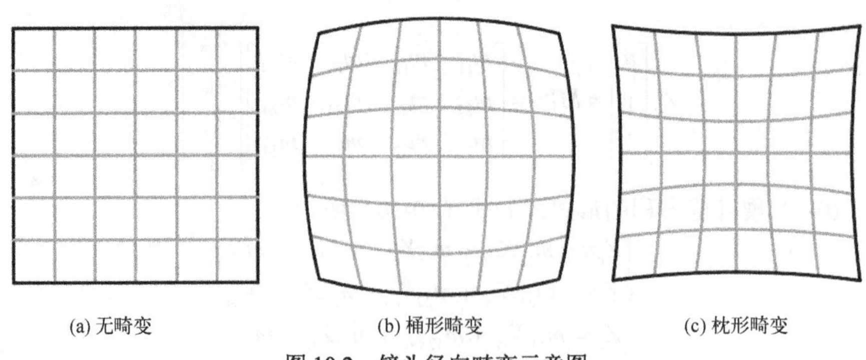

图 10.2　镜头径向畸变示意图

$$\begin{cases} x = x'(1+k_1r'^2+k_2r'^4+k_3r'^6+\cdots\cdots)+(p_1(r'^2+2x'^2)+2p_2x'y')(1+p_3r'^2+\cdots\cdots) \\ x = y'(1+k_1r'^2+k_2r'^4+k_3r'^6+\cdots\cdots)+(2p_1x'y'+p_2(r'^2+2y'^2))(1+p_3r'^2+\cdots\cdots) \end{cases} \tag{10-14}$$

式（10-14）中，k_i 是径向畸变系数；p_i 是偏心畸变系数，通常，取 k_1、k_2、k_3、p_1、p_2，更高阶项对结果的影响可以忽略。如果对除法模型的校正因子展开为几何级数，可以得到式（10-15）所示的结果。

$$\frac{1}{1+kr'^2}=\sum_{i=0}^{\infty}(-kr'^2)^i=1-kr'^2+k^2r'^4-k^3r'^6+\cdots\cdots \tag{10-15}$$

可以看出，如果令 $k_i=(-k)^i$，则除法模型就是没有偏心畸变的多项式模型。结合式（10-7）像平面坐标向图像坐标的转换方式，如果加上镜头畸变校正，则式（10-7）应该修改为式（10-16）所示形式。

$$\begin{cases} u = x'/s_x+u_0 \\ v = y'/s_y+v_0 \end{cases} \tag{10-16}$$

因此，加上畸变校正系数 k，摄像机的内参应该是 f、k、s_x、s_y、u_0、v_0 六个参数。对于针孔摄像机而言，摄像机标定即为标定六个内参和六个外参。它们决定了摄像机的方位以及世界坐标系下的三维坐标向图像坐标系下的二维坐标投影关系。

10.2　标定过程

标定过程就是确定摄像机内参和外参的过程。从 10.1 节标定原理可以知道，必须知道世界坐标系下三维坐标与图像二维坐标之间的对应关系。为了准确满足这种对应关系，一般采用容易提取特征的标定板来实现。标定板相对于世界坐标系的位置可以方便地确定，比如，通常情况下直接将世界坐标系的原点设置在标定板的中心位置。

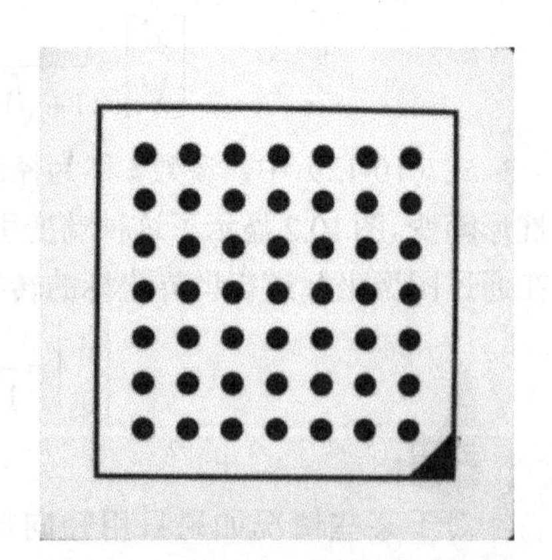

图 10.3　HALCON 中使用的标定板

标定板上的标志通常做成圆或方格形状。圆形形状可以准确地提取中心坐标，而方格形状也可以准确提取角点位置坐标。采用标定板还有一个好处是可以方便地确定标定板上的标识在图像中的对应关系。图 10.3 是

HALCON 中使用的标定板示意图。

设标定板上的标识在世界坐标系下的坐标为 M_i，在对应图像上提取的坐标为 m_i。如果给定摄像机外参和内参的初始值，则可以通过世界坐标与图像坐标之间的投影变换关系，求解 M_i 对应在图像上的坐标。设 L 表示世界坐标与图像坐标之间的投影变换关系，摄像机的参数用向量 c 表示，即 $c=(f,k,s_x,s_y,u_0,v_0)$。则标定过程为式（10-17）所示的优化过程。

$$d(c)=\sum_{i}^{k}(m_i-L(M_i,c))^2 \rightarrow \min \tag{10-17}$$

式（10-17）中，k 代表标识的数量，如图 10.3 中圆形标志的数量。式（10-17）的优化过程是一个非线性优化过程。因此，选择好的初始值非常重要。摄像机的内参初始值可以通过其说明书得到，摄像机的外参初始值可以通过标志点投影得到的椭圆尺寸得到。

式(10-17)不能得到摄像机的所有参数。对于内参而言，f、s_x、s_y 具有相同的缩放因子，而外参在 z 轴上的距离 t_z 与内参 f 同样也有相同的缩放因子。如图 10.4 和图 10.5 所示。因此，参数 f、s_x、s_y、t_z 不能得到唯一解。为了解决该问题，通常在优化过程中保持 s_y 不变。同时，采用多幅图像进行标定。

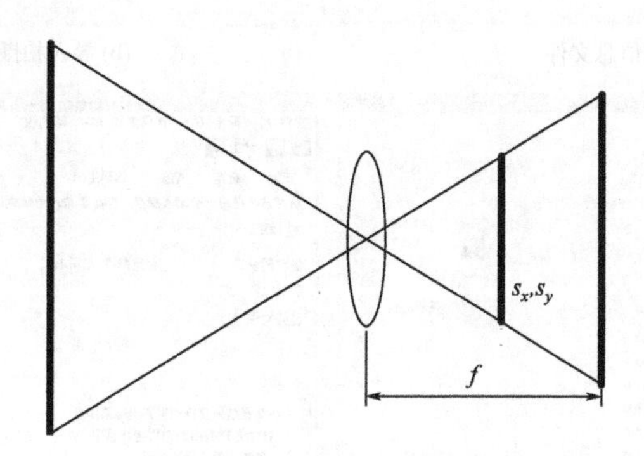

图 10.4　f、s_x、s_y 具有相同的缩放因子

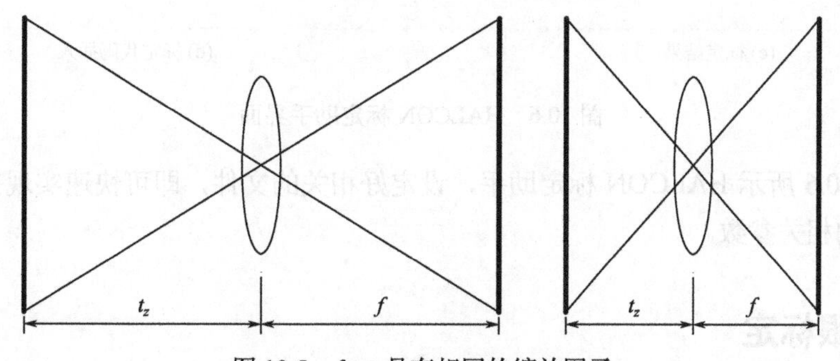

图 10.5　f、t_z 具有相同的缩放因子

除了采用多幅图像进行标定之外，还需要保证标定板图像要完全在图像视野范围内。此外，所拍摄的图像需要保证相互之间不能平行。一般在标定板水平放置的时候采集一幅图像，在四个角落位置分别绕 x、y、z 轴旋转一定角度并采集一幅图像来进行标定。设采集的图像数量为 n，因此，式（10-17）的优化模型修改为式（10-18）所示。如果采集的图像数量越多，式（10-18）将得到更加准确的摄像机参数。

$$d(c)=\sum_{j=1}^{n}\sum_{i}^{k}(m_{i,j}-L(M_i,c))^2 \to \min \tag{10-18}$$

虽然上述的标定过程比较复杂，但是，在 HALCON 中已经做好了相关的模块，可以利用 HALCON 提供的标定助手，快速完成摄像机的标定过程。图 10.6 是 HALCON 提供的标定助手界面。

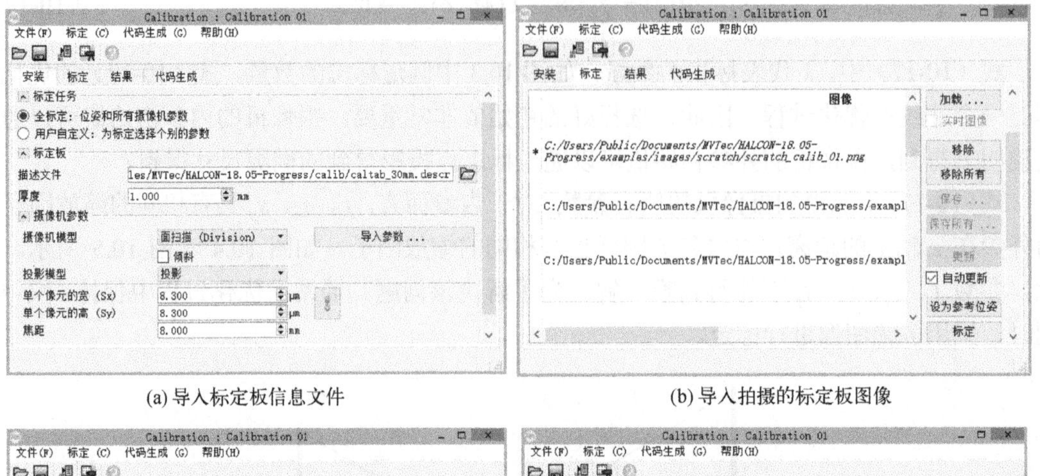

(a) 导入标定板信息文件　　(b) 导入拍摄的标定板图像

(c) 标定结果

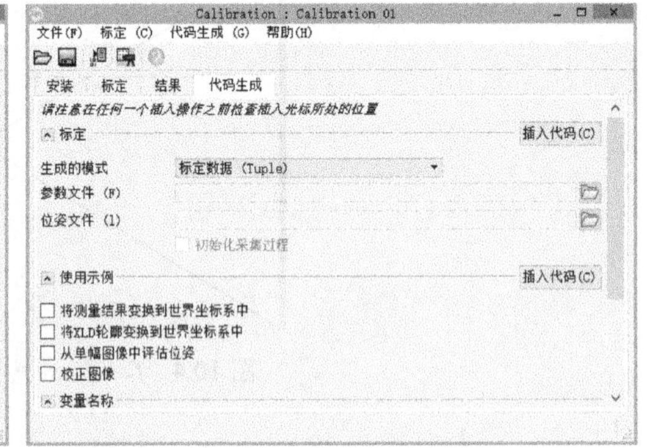

(d) 标定代码插入

图 10.6　HALCON 标定助手界面

通过图 10.6 所示 HALCON 标定助手，设定好相关的文件，即可快速实现摄像机标定，得到摄像机的相关参数。

10.3　手眼标定

手眼标定的目的是确定摄像机与机器人之间的坐标转换关系。如果结合摄像机标定的结果，则可以得到图像坐标系中的坐标在机器人坐标系中的位置，从而实现利用视觉引导进行机器人定位抓取等任务。手眼标定有两种形式：一种是摄像机安装在机器人末端工具上，与机器人末端工具一起运动，称为眼在手上（eye in hand）；另一种称为眼在手外（eye to hand），是摄像机安装在固定的位置，不随机器人末端工具运动。

10.3.1 眼在手上

眼在手上的标定方式如图 10.7 所示，摄像机安装在机器人末端工具上，摄像机与末端工具一起运动，因此，末端工具坐标与摄像机坐标之间是刚性连接的，两者之间的变换只有旋转和平移，并且，这种变换是固定的。在这种标定中，标定板是固定不动的。眼在手上的标定需要确定几个变换关系。设机器人基坐标系到末端工具坐标系之间的变换矩阵为 A，标定板坐标系与摄像机坐标系之间的变换矩阵为 B，末端工具坐标系与摄像机坐标系之间的变换矩阵为 X，机器人基坐标系与标定板坐标系之间的变换关系为 C。

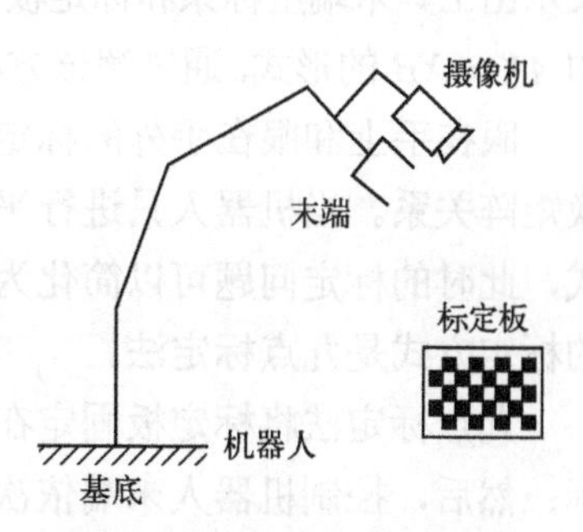

图 10.7　眼在手上的标定方式

虽然摄像机和标定板之间的变换关系对于摄像机处理每个位置都是不一样的，但是通过摄像机标定，可以得到摄像机的外参，这个外参也就是变换矩阵 B，因此，矩阵 B 是已知量。从机器人正运动学中，可以得到变换矩阵 A，不管末端工具处于什么位置，变换矩阵 A 也是已知量。而末端工具坐标系与摄像机坐标系之间的变换矩阵 X 是不变的，也是眼在手上需要求解的变换矩阵。由此，标定板与机器人基坐标之间的变换关系 C 可以表示为 A、B 和 X 之间的关系。为了计算变换矩阵 X，让机器人末端运动两个位置，并且摄像机在两个位置都可以看见标定板。则有如下关系：

$$A_1XB_1^{-1}=A_2XB_2^{-1} \tag{10-19}$$

对式（10-19）进行变换，可以得到式（10-20）。

$$A_2^{-1}A_1X=XB_2^{-1}B_1 \tag{10-20}$$

式（10-20）形如 $AX=XB$ 的样式。通过求解式（10-20），则可以得到 X，也就是末端工具坐标系与摄像机坐标系之间的变换矩阵，从而完成眼在手上的标定。

10.3.2 眼在手外

眼在手外的标定方式与眼在手上的标定方式是类似的。对于手眼标定，首先需要明确的是求解哪个变换关系。例如，眼在手上的时候，末端工具与摄像机之间的关系是不变的，也就是需要求解的变换矩阵。对于眼在手外而言，摄像机和机器人基坐标之间的变换关系是恒定的，因此，求解变成了摄像机坐标系与机器人基坐标系之间的变换矩阵。此外，标定板通常固定在工具末端，与末端工具一起运动。如图 10.8 所示。

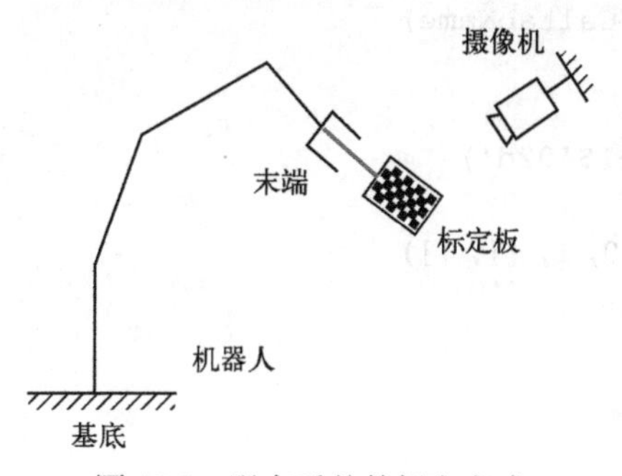

图 10.8　眼在手外的标定方式

对于眼在手外的情况，设机器人基坐标系与摄像机坐标系之间的变换矩阵为 X，末端工具坐标系与机器人基坐标系之间的变换矩阵为 A，标定板与摄像机之间的坐标变换矩阵为 B。工具末端坐标系和标定板坐标系之间是固定不变的刚性连接。因此，将机器人运动到两个位置，分别用两次的 A 、X 、B 局部表示出工具末端坐标系和标定板坐标系之间的变换矩阵，则和式（10-20）类似的结果，也是形如 $AX = XB$ 的形式。通过解该方程，得到机器人基坐标系与摄像机坐标系之间的变换矩阵 X 。

眼在手上和眼在手外的标定方式，都是借助标定板，得到摄像机与机器人之间的坐标变换矩阵关系。当机器人只进行平面抓取时，机器人只考虑平移，这也是工业应用中常见的方式，此时的标定问题可以简化为平面图像的目标像素点集与机器人在平面的点对关系，常用的标定方式是九点标定法。

九点标定法将标定板固定在某个位置，让摄像机拍摄标定板，得到对应九个点的像素坐标；然后，控制机器人末端依次移动到标定板上的九个点，记录下每个点对应在机器人坐标系下的坐标，从图像上得到的九个点的像素坐标与每个点在机器人坐标系下的坐标一一对应；最后，通过仿射变换，求解九个点对之间的变换矩阵，则完成标定。根据标定结果，对于实际拍摄的目标对象，只要通过图像识别出某个特征点，然后利用求解的变换矩阵，可以直接得到该点在机器人坐标系下的位置。

10.4 利用摄像机标定进行长度测量实例

实例 10-1：划痕长度检测示例

```
    read_image (Image, 'scratch/scratch_perspective')
    *得到图像大小
    get_image_size(Image, Width, Height)
    dev_display(Image)
    *标定板描述文件，在 HALCON 安装目录下，也可以自己制作
    CaltabName := 'caltab_30mm.descr'
    *生成标定的初始参数
    gen_cam_par_area_scan_division (0.012, 0, 0.0000055, 0.0000055, Width / 2,
Height / 2, Width, Height, StartCamPar)
    *创建标定数据模型
    create_calib_data ('calibration_object', 1, 1, CalibDataID)
    *设置标定相机参数
    set_calib_data_cam_param (CalibDataID, 0, [], StartCamPar)
    *设置标定板数据
    set_calib_data_calib_object (CalibDataID, 0, CaltabName)
    NumImages := 12
    for I := 1 to NumImages by 1
    read_image (Image, 'scratch/scratch_calib_' +I$'02d')
    *查找标定板上的目标
        find_calib_object (Image, CalibDataID, 0, 0, I, [], [])
    endfor
    *摄像机标定
    calibrate_cameras (CalibDataID, Error)
    *得到标定后的摄像机内参
    get_calib_data (CalibDataID, 'camera', 0, 'params', CamParam)
```

```
    *得到标定后的摄像机外参
    get_calib_data (CalibDataID, 'calib_obj_pose', [0,1], 'pose', PoseCalib)
    dev_open_window (0, Width +5, Width, Height, 'black', WindowHandle2)
    *外参 z 轴旋转角度 90°
    tuple_replace (PoseCalib, 5, PoseCalib[5] -90, PoseCalibRot)
    *设置变换原点
    set_origin_pose (PoseCalibRot, -0.04, -0.03, 0.00075, Pose)
    *像素距离
    PixelDist := 0.00013
    *获得与姿势相对应的齐次变换矩阵
    pose_to_hom_mat3d (Pose, HomMat3D)
    *生成一个描述图像平面与世界坐标系的平面 z = 0 之间映射的投影图
    gen_image_to_world_plane_map (Map, CamParam, Pose, Width, Height, Width, 
Height, PixelDist, 'bilinear')
    read_image(Image,'scratch/scratch_perspective')
    *对图像进行映射
    map_image (Image, Map, ModelImageMapped)
    *对映射后的图像进行处理，得到划痕
    fast_threshold (ModelImageMapped, Region, 0, 80, 20)
    fill_up (Region, RegionFillUp)
    erosion_rectangle1 (RegionFillUp, RegionErosion, 5, 5)
    reduce_domain (ModelImageMapped, RegionErosion, ImageReduced)
    fast_threshold (ImageReduced, Region1, 55, 100, 20)
    dilation_circle (Region1, RegionDilation1, 2.0)
    erosion_circle (RegionDilation1, RegionErosion1, 1.0)
    connection (RegionErosion1, ConnectedRegions)
    select_shape  (ConnectedRegions,  SelectedRegions,  ['area','ra'],  'and', 
[40,15], [2000,1000])
    count_obj (SelectedRegions, NumScratches)
    dev_display (ModelImageMapped)
    for I := 1 to NumScratches by 1
        dev_set_color ('yellow')
        select_obj (SelectedRegions, ObjectSelected, I)
        skeleton (ObjectSelected, Skeleton)
        gen_contours_skeleton_xld (Skeleton, Contours, 1, 'filter')
        dev_display (Contours)
        length_xld (Contours, ContLength)
        area_center_points_xld (Contours, Area, Row, Column)
    *显示划痕的长度
    disp_message (WindowHandle2, 'L= ' +(ContLength * PixelDist * 100)$'.4' +'
cm', 'window', Row -10, Column +20, 'yellow', 'false')
    endfor
    clear_calib_data (CalibDataID)
```

图 10.9 是实例 10-1 的运行结果，其中，图 10.9（a）是原始图像，图 10.9（b）是校正之后的图像，并在其上显示了划痕测量的结果。单位已经变成了世界坐标系下的长度单位。

(a) 原图像　　　　(b) 变换后的图像以及测量结果

图 10.9　实例 10-1 的运行结果

该实例来自 HALCON 的利用标定进行测量的示例，并对其进行了精简和修改。该实例通过摄像机标定结果，计算划痕的长度。

摄像机标定可以得到摄像机的内参和外参矩阵参数，通过标定的摄像机内参和外参，可以对图像进行畸变校正，也可以确定摄像机标定是确定图像坐标和世界坐标的关系，是进行精确测量的基础。但是，这种坐标关系只能求解二维平面上的坐标，不能得到被测物体与摄像机之间的距离，即摄像机坐标系的 z 坐标。尽管如此，摄像机坐标系中的 x 和 y 坐标是可以得到的，如果将被测量对象放在一个已知的平面上，也就得到了物体在世界坐标系下的尺寸。虽然摄像机坐标系下的 z 坐标不可求，同时，在大多数情况下，也没有必要通过式（10-1)的逆变换转换到世界坐标系下，只需要将摄像机坐标系下的点看成世界坐标系下的点即可。通过式（10-6）和式（10-7）以及摄像机的畸变矫正参数，可以最终计算得到摄像机坐标下的点坐标，此时的 z 坐标可以认为等于 0。

手眼标定可以得到摄像机与机器人之间的坐标转换关系。这种标定方式为摄像机和机器人之间建立联系，当需要利用视觉引导机器人进行定位抓取等工作时，需要利用手眼标定来建立这种变换关系。在工业应用中，对于平面物体的定位，常简化为更简单的方式，即九点标定法。直接计算标定板在图像坐标系和机器人坐标系下的二维坐标之间的仿射变换矩阵。

第三部分　机器视觉应用

机器视觉能够实现如产品表面质量检测、条形码、二维码识别、字符识别、视觉引导定位、产品分类等任务，其应用的行业非常广泛，如机械、电子、半导体、食品安全、交通、监控、制药、医学、地理、农业以及军工等。可以说，几乎所有需要人工检测的地方，都可以用机器视觉代替。

该部分主要介绍关于机器视觉的典型应用，包括检测、模式识别、视觉测量等方面的应用。最后，介绍了如何结合 C#与 HALCON 编程来搭建离线机器视觉系统，以及结合工业摄像机搭建在线机器视觉检测系统。

第11章 缺陷检测

11.1 缺陷类别

机器视觉广泛应用于产品缺陷检测中。产品缺陷检测可以说是机器视觉最主要的应用。产品缺陷有很多种，不同行业的产品缺陷也有很大区别。比如制药行业的药片残缺；印刷或打印字符中的字符笔画缺陷；产品包装上的脏污；织物上的瑕疵；镜片、手机外壳、屏幕表面的划痕；金属零件表面的擦伤等等。总的来说，缺陷检测大致可以分为以下几类：

（1）产品残缺检测

产品残缺类缺陷主要是指相对于正常产品而言，缺陷产品出现了部分或全部缺失。如前所述的药片出现部分残缺；字符笔画出现残缺；PCB 板上的印刷电路断裂或部分缺失等。对于这类缺陷，往往提取感兴趣区域比较方便，因此，可以通过提取感兴趣区域，然后与正常产品进行比较来实现。但是难点也很明显，比如药片残缺，缺失面积的大小不容易判断；字符笔画残缺的情况，如果要与没有残缺的笔画进行比较，两者之间能否对齐对结果影响很大。其它类型的残缺检测也有类似的问题。

（2）产品表面擦伤、划痕检测

产品表面擦伤、划痕检测等缺陷检测也是常见的视觉缺陷检测类型。该类缺陷的检测需要注意光源的选择和光源照射角度与摄像机安装角度的配合问题，一般采用低角度的光源照射，由此可以凸显出划痕，从而方便后续感兴趣区域的提取。擦伤、划痕等检测常见于镜片、产品外壳、显示屏表面以及金属零件等产品。该类缺陷检测的难点在于感兴趣区域的划痕提取较难，同时算法适应性可能不够，因为划痕类别、大小等不确定，同时还可能受到表面脏污的影响，从而导致判断错误。

（3）产品脏污、异物、瑕疵检测

产品表面脏污、异物以及瑕疵等检测也是常见的缺陷类型。如产品外包装表面的脏污；输液袋、饮料等产品中悬浮的异物；同一产线上某一产品中混杂的异物；织物上的颜色瑕疵等。产品脏污、异物以及瑕疵等缺陷，相对于正常产品而言，在多数情况下，在图像上的表现比较明显。因此，可以比较方便地提取缺陷区域，但是，这些缺陷往往没有规律可循。即使在同一产线上对同一种产品进行检测，脏污、瑕疵的面积可大可小，异物种类可能繁多，由此导致设计的算法可能不能适应各种缺陷。因此，在实际应用中，需要尽量搜集各种缺陷类型，多次调试图像算法，让图像处理算法适用更多的缺陷情况。

11.2 药片缺陷检测

图 11.1 是制药行业的药片缺陷检测。对于这类产品的检测，由于检测对象的位置比较固定，因此，只要知道其中一个检测对象的位置，就可以以此为参考，找出所有位置的目标对象，然后再进一步判断是否存在缺陷。

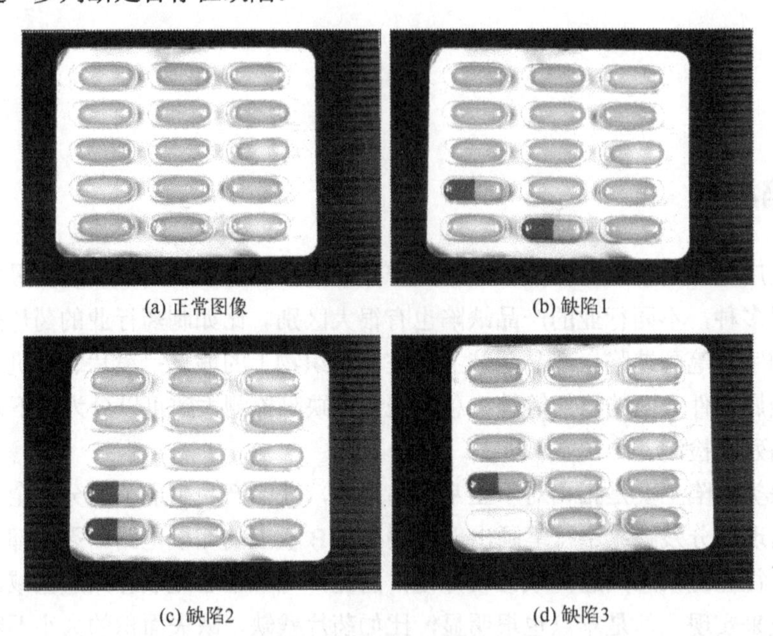

(a) 正常图像　(b) 缺陷1

(c) 缺陷2　(d) 缺陷3

图 11.1　药片缺陷检测

从图 11.1 中可以看出，整个药板与背景之间的差别比较明显，每个药片相对于药板的位置也是固定的。因此，可以先从图像中分离出药板，然后根据位置关系找出每个药片的位置，最后判断是否存在缺陷。由于药板可能存在倾斜的情况，所以，在从图像中分离出药板之后，还需要对药板进行倾斜校正，让其处于水平位置，从而方便进一步的检测。倾斜校正可以在得到倾斜角度之后，采用仿射变换实现。由于正常药片和有缺陷的药片区别比较大，因此，直接采用面积大小即可判断是否有缺陷。下面是完整的源代码。

```
dev_close_window ()
dev_update_off ()
read_image (ImageOrig, 'blister/blister_reference')
dev_open_window_fit_image (ImageOrig, 0, 0, -1, -1, WindowHandle)
set_display_font (WindowHandle, 14, 'mono', 'true', 'false')
dev_set_draw ('margin')
dev_set_line_width (3)
* 对彩色图像进行通道分离，选择第一通道进行处理
access_channel (ImageOrig, Image1, 1)
*二值化处理，得到药板区域
```

```
threshold (Image1, Region, 90, 255)
*转换区域的形状
shape_trans (Region, Blister, 'convex')
*得到区域的方向和面积中心
orientation_region (Blister, Phi)
area_center (Blister, Area1, Row, Column)
*进行仿射变换
vector_angle_to_rigid (Row, Column, Phi, Row, Column, 0, HomMat2D)
affine_trans_image (ImageOrig, Image2, HomMat2D, 'constant', 'false')
gen_empty_obj (Chambers)
*取出每个药片的位置
for I := 0 to 4 by 1
    Row := 88 +I * 70
    for J := 0 to 2 by 1
        Column := 163 +J * 150
        gen_rectangle2 (Rectangle, Row, Column, 0, 64, 30)
        concat_obj (Chambers, Rectangle, Chambers)
    endfor
endfor
affine_trans_region (Blister, Blister, HomMat2D, 'nearest_neighbor')
difference (Blister, Chambers, Pattern)
union1 (Chambers, ChambersUnion)
orientation_region (Blister, PhiRef)
PhiRef := rad(180) +PhiRef
area_center (Blister, Area2, RowRef, ColumnRef)
* 依次检测每一张图像
Count := 6
for Index := 1 to Count by 1
    read_image (Image, 'blister/blister_' +Index$'02')
    threshold (Image, Region, 90, 255)
    connection (Region, ConnectedRegions)
    select_shape (ConnectedRegions, SelectedRegions, 'area', 'and', 5000, 
9999999)
    shape_trans (SelectedRegions, RegionTrans, 'convex')
    * 得到方向和仿射变换中心，用于后面的仿射变换
    orientation_region (RegionTrans, Phi)
    area_center (RegionTrans, Area3, Row, Column)
     vector_angle_to_rigid (Row, Column, Phi, RowRef, ColumnRef, PhiRef, 
HomMat2D)
     affine_trans_image (Image, ImageAffineTrans, HomMat2D, 'constant', 
'false')
    * 分割药片
    reduce_domain (ImageAffineTrans, ChambersUnion, ImageReduced)
    decompose3 (ImageReduced, ImageR, ImageG, ImageB)
    var_threshold (ImageB, Region, 7, 7, 0.2, 2, 'dark')
    connection (Region, ConnectedRegions0)
    closing_rectangle1 (ConnectedRegions0, ConnectedRegions, 3, 3)
    fill_up (ConnectedRegions, RegionFillUp)
    select_shape (RegionFillUp, SelectedRegions, 'area', 'and', 1000, 99999)
    opening_circle (SelectedRegions, RegionOpening, 4.5)
    connection (RegionOpening, ConnectedRegions)
    select_shape (ConnectedRegions, SelectedRegions, 'area', 'and', 1000, 
99999)
```

```
        shape_trans (SelectedRegions, Pills, 'convex')
        * 分别对每个药片进行判断是否有缺陷
        count_obj (Chambers, Number)
        gen_empty_obj (WrongPill)
        gen_empty_obj (MissingPill)
        for I := 1 to Number by 1
            select_obj (Chambers, Chamber, I)
            intersection (Chamber, Pills, Pill)
            area_center (Pill, Area, Row1, Column1)
          *根据面积大小进行判断是否存在缺陷
            if (Area > 0)
                min_max_gray (Pill, ImageB, 0, Min, Max, Range)
                if (Area < 3800 or Min < 60)
                    concat_obj (WrongPill, Pill, WrongPill)
                endif
            else
                concat_obj (MissingPill, Chamber, MissingPill)
            endif
        endfor
        dev_clear_window ()
        dev_display (ImageAffineTrans)
        dev_set_color ('forest green')
        count_obj (Pills, NumberP)
        count_obj (WrongPill, NumberWP)
        count_obj (MissingPill, NumberMP)
        dev_display (Pills)
        if (NumberMP > 0 or NumberWP > 0)
            disp_message (WindowHandle, 'Not OK', 'window', 12, 12 +600, 'red',
'true')
        else
            disp_message (WindowHandle, 'OK', 'window', 12, 12 +600, 'forest green',
'true')
        endif
        * 显示检测结果信息
        Message := '# Correct pills: ' + (NumberP -NumberWP)
        Message[1] := '# Wrong pills  :  ' +NumberWP
        Message[2] := '# Missing pills:  ' +NumberMP
        Colors := gen_tuple_const (3, 'black')
        if (NumberWP > 0)
            Colors[1] := 'red'
        endif
        if (NumberMP > 0)
            Colors[2] := 'red'
        endif
        disp_message (WindowHandle, Message, 'window', 12, 12, Colors, 'true')
        dev_set_color ('red')
        dev_display (WrongPill)
        dev_display (MissingPill)
        if (Index < Count)
            disp_continue_message (WindowHandle, 'black', 'true')
        endif
    endfor
```

图 11.2 是药片缺陷检测结果。

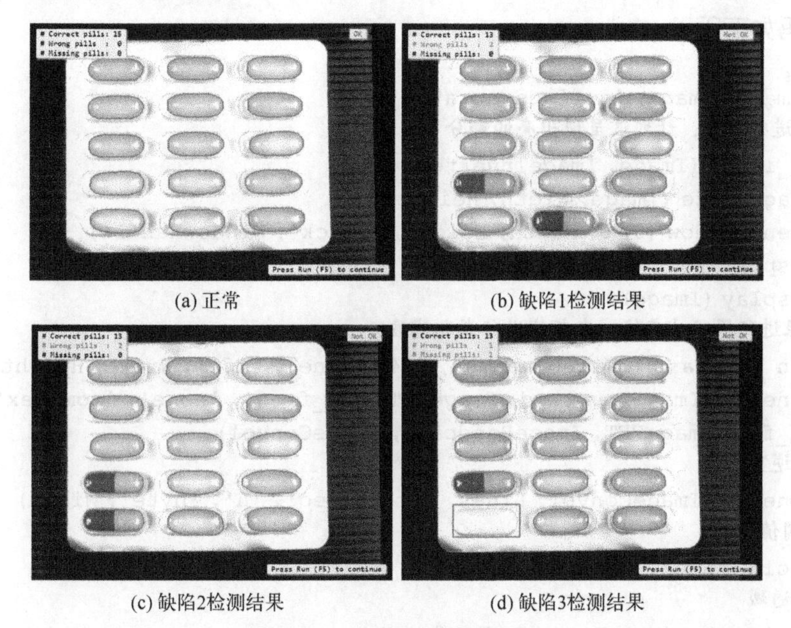

(a) 正常　(b) 缺陷1检测结果

(c) 缺陷2检测结果　(d) 缺陷3检测结果

图 11.2　药片缺陷检测结果

从图 11.2 看出，机器视觉正确检测出了药片缺陷。整个算法设计包括了阈值分割、形态学运算、通道分离以及仿射变换等操作，结合一些辅助算子，如连通域统计、方向计算、面积统计等，最后通过面积大小进行判断，实现了药片缺陷的检测。

11.3 划痕缺陷检测

图 11.3 是划痕检测的原图。划痕发生在某些产品表面，在图像上表现形式为连续曲线，与没有划痕的区域相比，两者之间有边界，其灰度值有一定的区别，灰度值区别的大小与划痕的深浅有一定关系。对于这类缺陷的检测，光源安装方式比较重要，通常光源采用低角度照射，有两种方式：一种是让划痕在图像中呈现出亮的部分，也就是让镜头接收划痕部分的反射光；另一种则相反，让划痕部分的反射光尽量不进入镜头。两者的图像处理方法是类似的，不管哪种方式，都是尽量凸显出划痕与正常区域的区别。

图 11.3　划痕检测原图

划痕在图像中呈现出高频特征，也就是频域的高频分量。因此，检测思路也很清晰明了，如果在空域进行检测，可以采用梯度信息，通过边缘检测的方式，提取出划痕区域；也可以在频域中进行检测，通过频域高通滤波，去掉低频信号，剩下的高频信号就是划痕区域。具体的实现代码如下所示：

```
read_image (Image, 'surface_scratch')
*对图像进行反转，让划痕呈现出亮的部分
invert_image (Image, ImageInverted)
get_image_size (Image, Width, Height)
dev_open_window (0, 0, Width, Height, 'black', WindowHandle)
set_display_font (WindowHandle, 16, 'mono', 'true', 'false')
dev_display (Image)
* 对图像进行傅里叶变换，在频域进行卷积滤波
gen_sin_bandpass (ImageBandpass, 0.4, 'none', 'rft', Width, Height)
rft_generic (ImageInverted, ImageFFT, 'to_freq', 'none', 'complex', Width)
convol_fft (ImageFFT, ImageBandpass, ImageConvol)
*傅里叶逆变换
rft_generic (ImageConvol, Lines, 'from_freq', 'n', 'byte', Width)
* 进行阈值分割
threshold (Lines, Region, 5, 255)
*得到连通域
connection (Region, ConnectedRegions)
*根据面积大小选择区域
select_shape (ConnectedRegions, SelectedRegions, 'area', 'and', 5, 5000)
*形态学膨胀运算
dilation_circle (SelectedRegions, RegionDilation, 5.5)
union1 (RegionDilation, RegionUnion)
reduce_domain (Image, RegionUnion, ImageReduced)
*提取图像中的线
lines_gauss (ImageReduced, LinesXLD, 0.8, 3, 5, 'dark', 'false', 'bar-
shaped', 'false')
union_collinear_contours_xld (LinesXLD, UnionContours, 40, 3, 3, 0.2,
'attr_keep')
*根据长度选择
select_shape_xld (UnionContours, SelectedXLD, 'contlength', 'and', 15, 1000)
gen_region_contour_xld (SelectedXLD, RegionXLD, 'filled')
union1 (RegionXLD, RegionUnion)
dilation_circle (RegionUnion, RegionScratches, 10.5)
* 显示结果
dev_set_draw ('margin')
dev_set_line_width (3)
dev_set_colored (12)
dev_display (Image)
dev_display (RegionScratches)
```

图 11.4 是划痕缺陷检测结果。该缺陷的检测方法采用的是频域增强的方法，通过傅里叶变换，然后在频域内进行滤波，保留了高频信号，最后再进行傅里叶逆变换，利用阈值分割，结合形态学运算以及一些辅助算子，得到划痕区域。

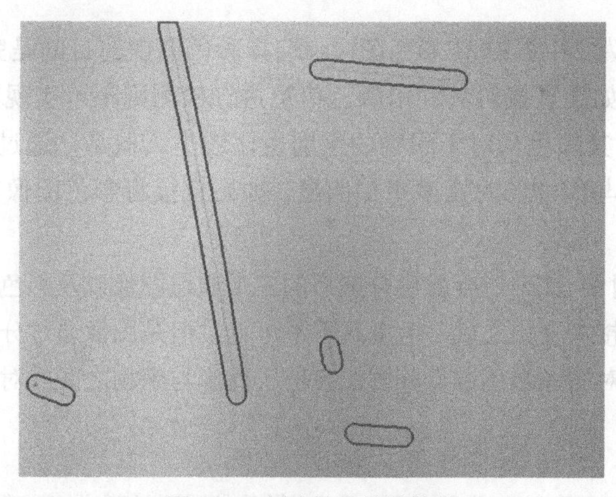

图 11.4　划痕缺陷检测结果

11.4　织物瑕疵缺陷检测

织物在生产过程中，不可避免会产生各种污染，由此在织物上留下瑕疵，瑕疵的存在影响织物的美观。在生产过程中，需要将织物中的瑕疵检测出来。如图 11.5 所示为织物上的黄斑。

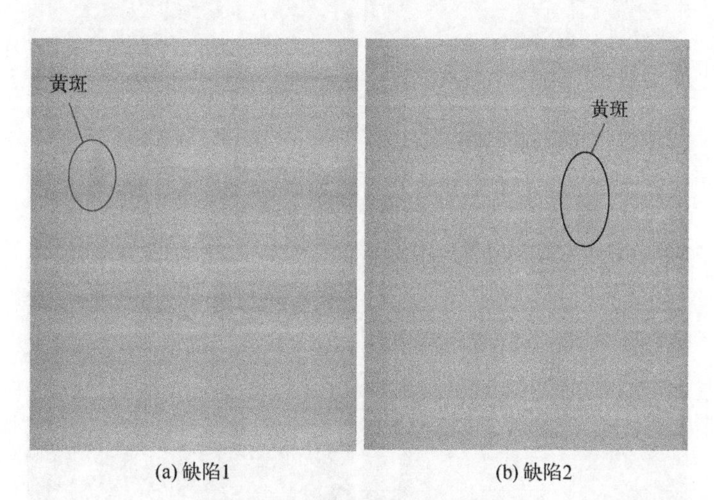

(a) 缺陷1　　(b) 缺陷2

图 11.5　织物瑕疵缺陷示意图

织物中的瑕疵与织物之间形成了比较明显的颜色区别。为了凸显这种区别，通常采用彩色相机进行图像采集。织物一般比较长，在生产线上运动，无法用面阵相机进行图像采集。因此，需要用线阵相机采集图像。在用线阵相机采集图像的时候，需要保证线阵相机的行频与织物的运动速度相适应，保证采集的图像不会变形。

在此类应用中，织物作为柔性材料，在运动过程中会有明显的振动。因此，相机的安装位置很重要，需要保证线阵相机在采集图像的位置织物不会振动或振动很小。通常通过额外的添加机械装置来保证织物在图像采集位置比较平稳地运动。对于视觉图像处理方面，该应用主要用到了彩色图像分解、代数运算、阈值分割等算法。

织物采集的图像为24位RGB彩色图像。选择彩色图像的目的是突出织物与瑕疵之间的颜色区别，但是，如果直接对其利用颜色信息进行检测则不可实现，因为，在多数情况下，即使存在瑕疵，其颜色相对于织物的区别也比较小。但是，通过颜色分解可以发现，瑕疵在某些通道上，与织物的对比度更加明显，如果直接将彩色图像灰度化，则会弱化这种区别。

图11.6显示了对图11.5进行颜色分解后的三个通道图像以及彩色图像直接灰度化后的图像。可以看出，直接灰度化之后，瑕疵几乎不可见，但是图像通过分解后，在第三通道上瑕疵更加明显。通过对图像颜色进行分解，突出了瑕疵与织物之间的对比度，对后续的瑕疵提取更加有利。

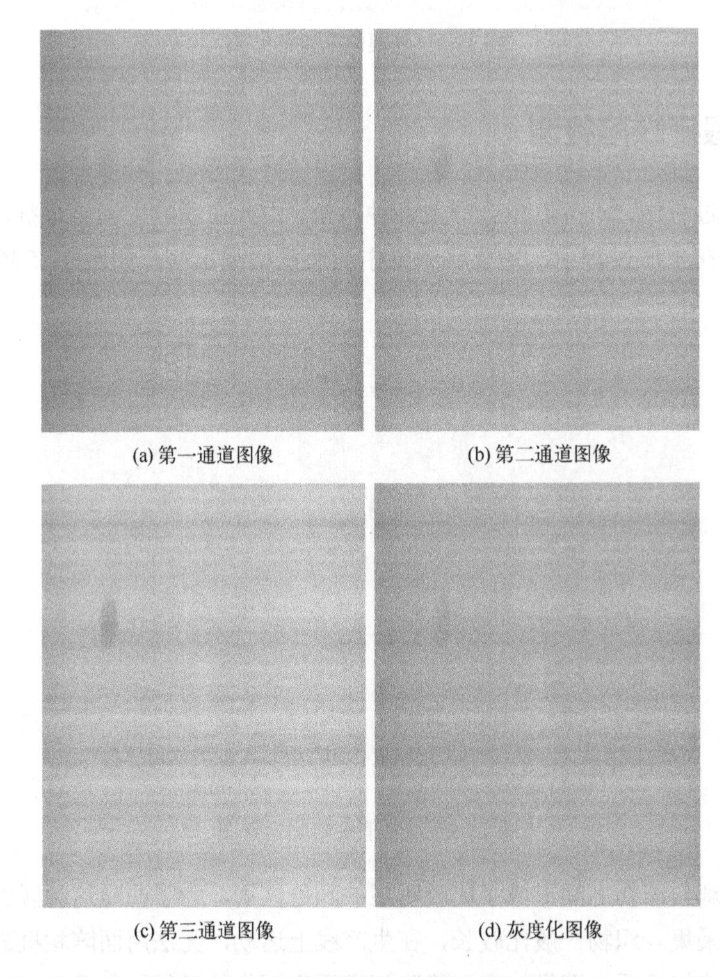

图11.6　分解后的图与直接灰度化的图

在本应用中，采用的算法比较简单。但是，对于具体的视觉检测需求，有一点需要明确，即采用哪些算法并没有固定的模板，即使对于同一张图像，也可以采用不同的算法实现相同的结果。本实例只是演示了其中一种，目的是明确机器视觉在实际工业中强大的解决问题的能力。具体的代码实现如下：

```
dev_close_window ()
dev_open_window(0, 0, 512, 512, 'black', WindowHandle)
dev_set_color('white')
*选择文件夹中的图像
list_files ('Textile', ['files','follow_links'], ImageFiles)
tuple_regexp_select (ImageFiles, ['\\.(tif|bmp)$','ignore_case'], ImageFiles)
for Index := 0 to |ImageFiles| -1 by 1
    read_image (Image, ImageFiles[Index])
    decompose3(Image, Image1, Image2, Image3)
    *图像相减
    sub_image(Image3,Image1,ImageSub, 1, 128)
    *阈值处理
    threshold (ImageSub, Regions1, 117, 138)
    connection(Regions1, ConnectedRegions)
    fill_up(ConnectedRegions, RegionFillUp)
    area_center(RegionFillUp, Area, Row, Column)
    select_shape (RegionFillUp, SelectedRegions, 'area', 'and', 100, 500000)
    count_obj(SelectedRegions, Number)
    union1(SelectedRegions, RegionUnion)
    if(Number>0)
        dev_display(Image)
        dev_display(RegionUnion)
        disp_message (WinHD, 'NG', 'window', 12, 12 +400, 'red', 'true')
    endif
    stop()
endfor
```

该织物瑕疵检测中，选择了四张图像，最后通过阈值分割得到了黄斑瑕疵区域。该应用采用了较为简单的算法实现，还有其他的方法也可以实现瑕疵检测，请读者自行思考。图 11.7 是织物瑕疵处理结果。

图 11.7（a)~(d）是原始图像，图 11.7（e)~(h）是通道分离后的第三通道图像，图 11.7（i)~(l）是阈值分割结果，可以看出，所采用的方法即使对于不同的图像也适用，可以实现该类织物图像的瑕疵检测。

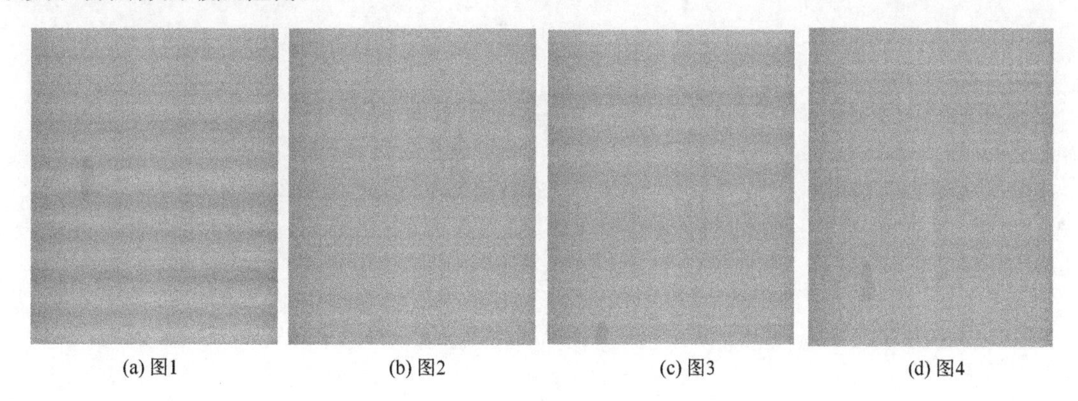

(a) 图1　(b) 图2　(c) 图3　(d) 图4

图 11.7

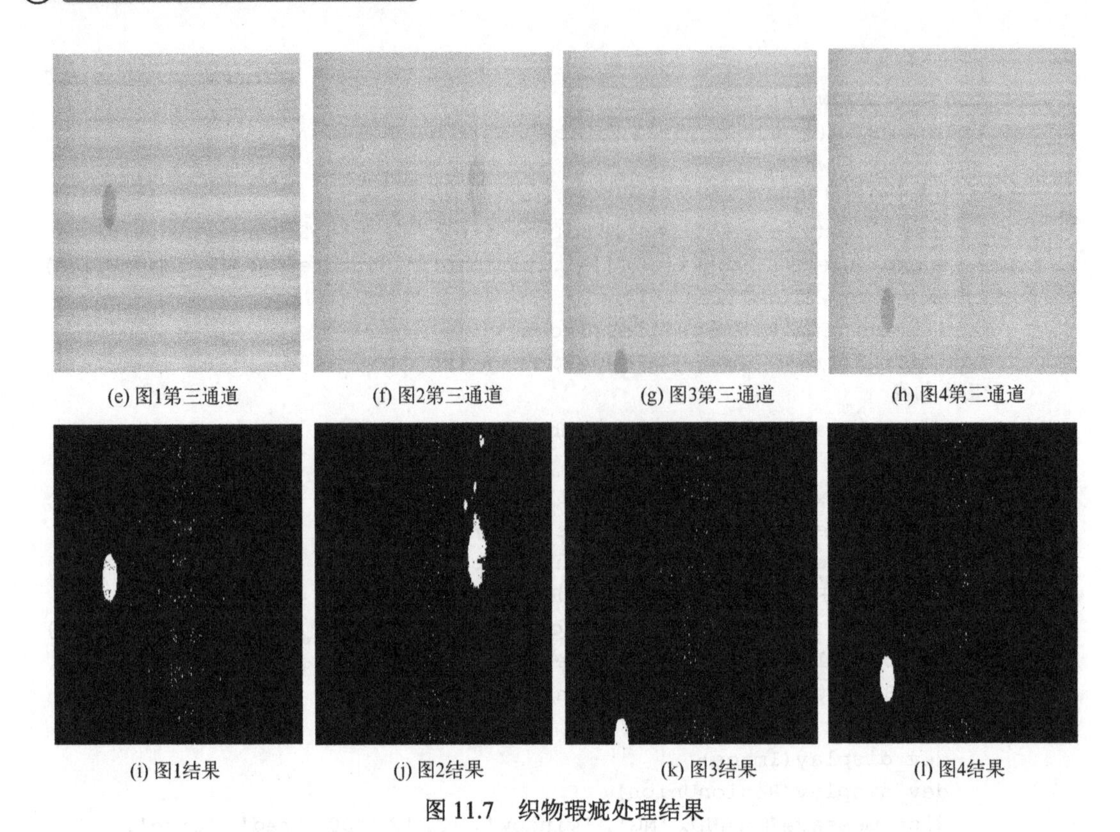

图 11.7　织物瑕疵处理结果

第12章 模式识别

模式识别是根据样本的特征，将样本划分到一定的类别中。具体在机器视觉中的模式识别，主要指采用视觉手段识别各种产品，包括字符识别、条码/二维码识别以及产品分类等。当前识别所采用的方法主要是各种机器学习方法，如第9章所介绍的k-近邻、多层感知机、支持向量机以及卷积神经网络等。很多人采用的深度学习方法也是机器学习的一种，上面提到的卷积神经网络就属于深度学习方法。整个识别过程可以分为两个阶段，第一阶段是训练，训练也是取样本特征并告诉计算机每种样本是什么类别；第二阶段是识别，即对于新输入的样本，利用已训练的样本来判断新样本的类别。

12.1 字符识别

字符识别的过程可以描述为如下步骤：

① 对于给定的训练样本，对样本中的字符进行分割，将每个字符独立出来。

② 对分割的每个字符给定唯一的标签，利用机器学习方法对每个字符进行训练，得到训练模型。

③ 读取训练模型和样本标签。

④ 对于给定的识别样本，采用与训练样本同样的方式进行字符分割。

⑤ 根据训练模型和样本标签，对识别样本中的字符进行识别。

12.1.1 产品上的序列号识别

在HALCON中，已经自带大量字符类型的训练模型。因此，对于很多类型的字符识别，可以直接调用HALCON自带的训练模型就可以识别了。该字符识别应用为HALCON自带的识别例子，利用HALCON已经训练好的模型对产品上的字符进行识别，原图如图12.1所示。该字符识别的难点在于字符分割方面。通过解读该应用，可以让读者理解字符识别的过程以及其中的难点。

图12.1 字符识别原图

识别图 12.1 中字符的完整源代码如下所示，其中对关键代码进行了注释。

```
*预训练模型名称，在 HALCON 的安装目录 ocr 下可以找到
FontName := 'Industrial_0-9A-Z_NoRej'
*读取图像
read_image (Image, 'engraved')
get_image_size (Image, Width, Height)
dev_close_window ()
dev_open_window (0, 0, Width, Height, 'black', WindowHandle)
set_display_font (WindowHandle, 20, 'mono', 'true', 'false')
dev_display (Image)
disp_continue_message (WindowHandle, 'black', 'true')
stop ()
*进行字符分割
gray_range_rect (Image, ImageResult, 7, 7)
invert_image (ImageResult, ImageInvert)
threshold (ImageResult, Region, 128, 255)
connection (Region, ConnectedRegions)
*根据面积对区域进行过滤，只保留字符区域
select_shape (ConnectedRegions, SelectedRegions, 'area', 'and', 1000, 99999)
*对分割的字符进行排序
sort_region (SelectedRegions, SortedRegions, 'first_point', 'true', 'column')
dev_set_colored (6)
dev_set_draw ('margin')
dev_set_shape ('original')
dev_set_line_width (2)
dev_display (ImageResult)
dev_display (SortedRegions)
disp_continue_message (WindowHandle, 'black', 'true')
stop ()
dev_set_shape ('rectangle1')
dev_display (Image)
dev_display (SortedRegions)
shape_trans (SortedRegions, RegionTrans, 'rectangle1')
area_center (RegionTrans, Area, Row, Column)
MeanRow := mean (Row)
count_obj (SortedRegions, Number)
*读取训练模型
read_ocr_class_mlp (FontName, OCRHandle)
for I := 1 to Number by 1
    *依次取出每个已经排序好的字符区域
    select_obj (SortedRegions, ObjectSelected, I)
    *调用训练模型进行字符识别
    do_ocr_single_class_mlp (ObjectSelected, ImageInvert, OCRHandle, 1,
Class, Confidence)
    *显示识别结果
    disp_message (WindowHandle, Class, 'image', MeanRow -80, Column[I -1] -
10, 'yellow', 'false')
endfor
```

图 12.2 是字符分割结果，在字符识别中，字符分割是关键，相对于印刷等字符而言，工业产品上的字符由于受到各种因素的影响，导致分割往往比较困难。因此，在工业字符识别中，首先需要解决的问题是如何设计分割算法，保证在连续检测的时候，也能准确地分割出每张图像中的字符。

图 12.3 是字符最终的识别结果。通常情况下，如果能正确分割出每个字符，识别结果是比较理想的。本应用中直接调用已经训练好的模型，采用多层感知机进行识别。在识别中，需要注意的问题是对分割出的字符区域进行排序，因为字符分割之后，每个区域并没有顺序之分，只有排序之后才能保证识别出的结果顺序与图像显示的字符一致。排序的方法有很多种，比如根据每个字符区域的左上角坐标位置进行排序。如果字符有倾斜的情况，排序有可能出现错误，此时，可以先将图像进行倾斜校正。

图 12.2　字符分割结果

图 12.3　字符识别结果

12.1.2　点阵字符识别

点阵字符是相对于连续笔画的字符而言的。点阵字符是由点阵喷码机喷印在产品上的。这种字符的特点是字符有很多离散的点组成，每个字符都是由很多独立的点构成，由此造成的识别难度在于字符分割比连续的字符要困难很多。图 12.4 所示即为点阵字符图像。

点阵字符中，每个字符由多个点构成，为了将每个字符分割出来，需要利用图像处理手段先将每个字符进行连通处理，保证每个字符为一个独立区域，通常利用形态学方法可以实现。此外，在处理时，需要注意两个字符之间的间距有可能影响分割结果，如果字符间距太小，有可能被认为是同一个字符中的点阵。对于这种工业字符而言，还有一个特点需要注意，由于在喷印之前已经调整好了喷码机中的字符大小和间距，因此，喷印后每个字符的宽度以及字符之间的间距通常是固定的，利用该

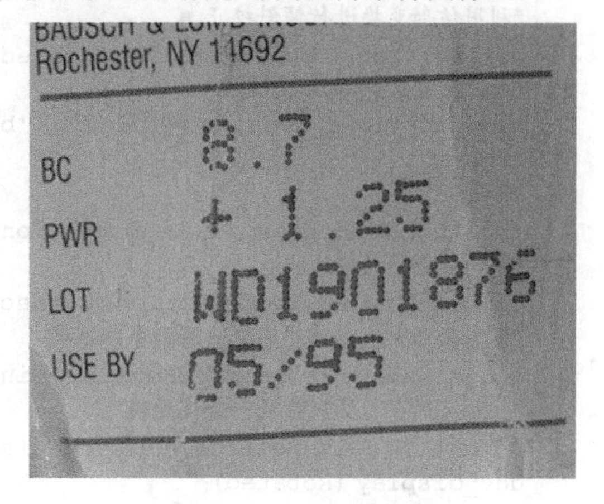

图 12.4　点阵字符图像

特点，对于某些不易分割的字符，尤其是相邻距离比较小的字符，可以采用固定间距的方式实现字符分割。下面是该图像进行分割和识别的完整代码，利用预训练的模型和多层感知机进行字符识别。该应用对于点阵字符的分割和识别具有很好的借鉴意义。因此，为了便于读者理解，对代码进行了比较详细的注释。

```
    read_image (Needle, 'needle1')
    *关闭窗口
    dev_close_window ()
    *得到图像大小
    get_image_size (Needle, Width, Height)
    *根据图像大小打开一个窗口
    dev_open_window (0, 0, 2*Width, 2*Height, 'black', WindowID)
    *设置显示字体
    set_display_font (WindowID, 16, 'mono', 'true', 'false')
    dev_display (Needle)
    *在窗口上显示点击键盘上按键“F5”继续运行的信息
    disp_continue_message (WindowID, 'black', 'true')
    stop ()
    *设置字符区域的矩形大小
    Row1 := 50
    Column1 := 90
    Row2 := 250
    Column2 := 370
    Px := Column1 + (Column2 -Column1) / 2
    Py := Row1 + (Row2 -Row1) / 2
    *根据上面设置的矩形大小得到点阵字符区域
    gen_rectangle1 (Rectangle1, Row1, Column1, Row2, Column2)
    * 获取字符方向，用于倾斜校正
    text_line_orientation  (Rectangle1,  Needle,  35,  -0.523599,  0.523599,
OrientationAngle)
    *生成单位阵
    hom_mat2d_identity (HomMat2DIdentity)
    *生成旋转变换矩阵
    hom_mat2d_rotate (HomMat2DIdentity, -OrientationAngle, Px, Py, HomMat2DRotate)
    *利用仿射变换进行倾斜校正
    affine_trans_image (Needle, Rotated, HomMat2DRotate, 'constant', 'false')
    dev_display (Rotated)
    disp_continue_message (WindowID, 'black', 'true')
    stop ()
    *分割
    threshold (Rotated, RawSegmentation, 0, 105)
    *得到分割后的连通域
    connection (RawSegmentation, ConnectedRegions)
    *根据面积大小过滤连通域，得到字符区域
    select_shape (ConnectedRegions, MinSizeRegions, 'area', 'and', 6, 99999)
    *将所有的字符区域组成一个连通域
    union1 (MinSizeRegions, RemovedNoise)
    dev_display (Rotated)
    *设置显示颜色
```

```
dev_set_color ('green')
*设置显示模式为填充模式
dev_set_draw ('fill')
dev_display (RemovedNoise)
disp_continue_message (WindowID, 'black', 'true')
stop ()
*将字符区域从旋转校正后的图像中剪切出来
clip_region (RemovedNoise, RawSegmentation, 53, 75, 260, 356)
dev_display (Rotated)
dev_display (RawSegmentation)
disp_continue_message (WindowID, 'black', 'true')
stop ()
*圆形结构形态学闭运算
closing_circle (RawSegmentation, ClosedPatterns, 6)
*矩形结构形态学开运算
opening_rectangle1 (ClosedPatterns, SplitPatterns, 1, 5)
*得到连通域
connection (SplitPatterns, ConnPatterns)
*过滤面积不满足的小区域
select_shape (ConnPatterns, CharCandidates, 'area', 'and', 150, 5999)
*将每个连通域的形状转换为水平放置的矩形形式
shape_trans (CharCandidates, CharBlocks, 'rectangle1')
dev_set_draw ('margin')
dev_set_line_width (2)
dev_display (Rotated)
dev_display (CharBlocks)
disp_continue_message (WindowID, 'black', 'true')
stop ()
*采用固定宽度和高度的方式进行分割
partition_rectangle (CharBlocks, CharCandidates, 25, 100)
*将分割结果和旋转校正后的图像求交，得到每个字符区域
intersection (CharCandidates, RawSegmentation, Characters)
*闭运算，保证每个字符区域是连通的
closing_circle (Characters, IntermedCharacters, 2.5)
dev_set_colored (12)
dev_display (Rotated)
dev_set_draw ('fill')
dev_display (IntermedCharacters)
disp_continue_message (WindowID, 'black', 'true')
stop ()
gen_empty_obj (Characters)
*得到字符连通域数量
count_obj (IntermedCharacters, NumIntermediate)
dev_display (Rotated)
*再次取出每个字符连通域，过滤掉可能不满足要求的区域，并放在元组中
for i := 1 to NumIntermediate by 1
    dev_set_color ('red')
    select_obj (IntermedCharacters, Char, i)
    dev_display (Char)
    connection (Char, CharParts)
    select_shape (CharParts, CharCandidates, 'area', 'and', 40, 99999)
    union1 (CharCandidates, Char)
```

```
        dev_set_color ('green')
        dev_display (Char)
        concat_obj (Characters, Char, Characters)
    endfor
    *根据区域高度旋转区域
    select_shape (Characters, Heigh, 'height', 'and', 24, 50)
    *对区域进行排序
    sort_region (Heigh, FinalCharacters, 'character', 'true', 'row')
    *显示相关的设置
    dev_set_color ('red')
    dev_set_draw ('margin')
    dev_display (Rotated)
    dev_display (FinalCharacters)
    dev_set_color ('green')
    dev_set_line_width (3)
    dev_set_shape ('rectangle1')
    dev_display (FinalCharacters)
    dev_set_shape ('original')
    dev_set_line_width (1)
    dev_set_draw ('fill')
    *读取预训练模型 DotPrint_NoRej，在 HALCON 安装目录下可以找到该文件
    read_ocr_class_mlp ('DotPrint_NoRej', OCRHandle)
    *利用多层感知机识别字符
    do_ocr_multi_class_mlp  (FinalCharacters,  Rotated,  OCRHandle,  Class,
Confidence)
    *字符区域的最小包围矩形
    smallest_rectangle1 (FinalCharacters, Row11, Column1, Row2, Column21)
    *根据每个字符区域的最小包围矩形位置，设置识别结果在窗口上的显示位置
    disp_message (WindowID, Class, 'image', Row2, Column1, 'green', 'false')
    dev_update_window ('on')
```

对于点阵字符的识别，往往字符分割是难点。该应用中，首先提取字符区域进行了倾斜校正；然后利用阈值处理、连通域提取、形态学运算等各种处理算法，实现了点阵字符分割，最后利用多层感知机进行识别。点阵字符分割结果如图 12.5 所示，识别结果如图 12.6 所示。

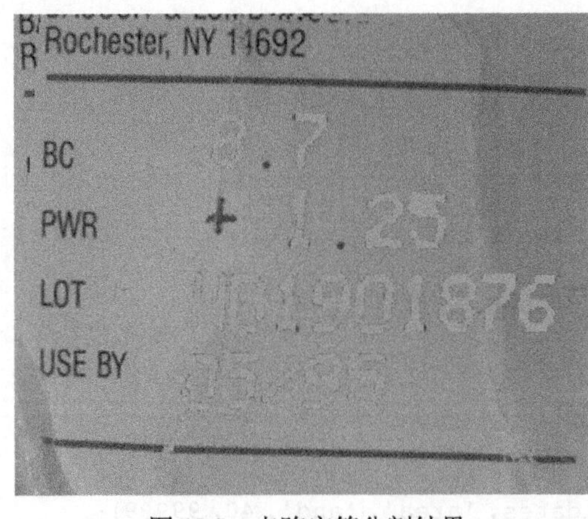

图 12.5　点阵字符分割结果

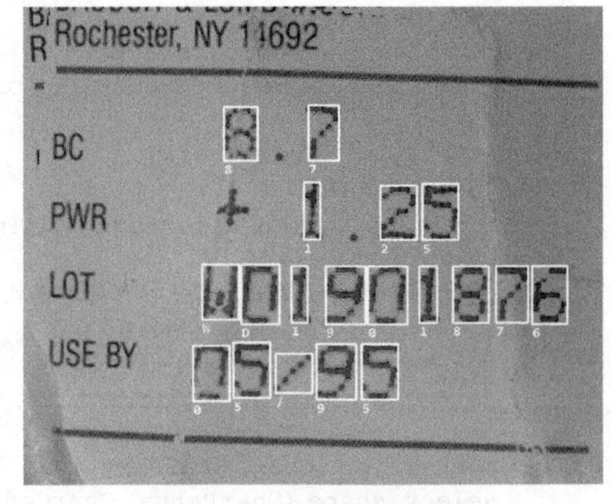

图 12.6　点阵字符识别结果

视觉在线检测中，由于生产线的运动，导致采集的每张图像都可能呈现出不同的结果，这种变化可能很小，用肉眼很难区分。但是，对于图像处理算法而言，则完全可能出现不同的检测结果。对于点阵字符的识别尤其如此，由于点阵字符本身变化比较多，实现字符分割的步骤也比较多，可能一个小的变化就导致分割结果错误，从而导致识别结果错误。因此，对于此类识别，应该尽量搜集多的测试样本，然后才可能设计出稳定的分割算法。

12.2 条形码及二维码识别

条形码和二维码在产品中是常见的一种标注方式。条形码和二维码的类型也比较多，常见的条形码如EAN-13、UPC-A、Code-128、Code-39、EAN/UCC-128、ITF-14等。二维码类型如PDF417、QR Code、Code 49、Code 16K、Code One等。条形码和二维码都是按一定规则组织的符号，用于表示一些特定的信息。

12.2.1 条形码识别

条形码是由黑白相间的、粗细不均的线条组成的。对于条形码的识别，首先需要保证条形码图像的清晰度。对于清晰度不够的条形码，或者有损坏或者有杂点的情况，需要先通过一些算法进行处理，然后再进行识别。在工业应用中，如果采用HALCON识别条形码是比较容易的事情。考虑到当前工业产品中有大量的条形码需要识别，在此，以HALCON的一个识别条形码的例子来说明如何进行条形码识别，如图12.7所示。具体的识别代码如下：

```
    get_system ('clip_region', Information)
    set_system ('clip_region', 'true')
    read_image (Image, 'circular_barcode')
    get_image_size (Image, Width, Height)
    dev_close_window ()
    dev_open_window (0, 0, Width / 2, Height / 2, 'black', WindowHandle)
    dev_set_colored (12)
    dev_display (Image)
    set_display_font (WindowHandle, 14, 'mono', 'true', 'false')
    stop ()
    * 对图像进行处理，分割出条形码区域
    threshold (Image, Region, 0, 100)
    closing_circle (Region, Region, 3.5)
    connection (Region, ConnectedRegions)
    select_shape (ConnectedRegions, Ring, ['width','height'], 'and', [550,550],
[750,750])
    shape_trans (Ring, OuterCircle, 'outer_circle')
    complement (Ring, RegionComplement)
    connection (RegionComplement, ConnectedRegions)
    select_shape  (ConnectedRegions, InnerCircle, ['width','height'], 'and',
[450,450], [650,650])
    smallest_circle (Ring, Row, Column, OuterRadius)
    smallest_circle (InnerCircle, InnerRow, InnerColumn, InnerRadius)
    dev_set_color ('green')
```

```
dev_set_draw ('margin')
dev_set_line_width (3)
dev_display (Image)
dev_display (OuterCircle)
dev_display (InnerCircle)
stop ()
WidthPolar := 1440
HeightPolar := round(OuterRadius -InnerRadius -10)
*由于条形码在圆环上，对条形码进行极坐标变换
polar_trans_image_ext (Image, PolarTransImage, Row, Column, rad(360), 0, OuterRadius -5, InnerRadius +5, WidthPolar, HeightPolar, 'bilinear')
invert_image (PolarTransImage, ImageInvert)
zoom_image_factor (ImageInvert, ImageZoomed, 1, 2, 'weighted')
*创建条形码识别模型
create_bar_code_model ([], [], BarCodeHandle)
*设置识别模型相关参数
set_bar_code_param (BarCodeHandle, 'element_size_min', 1.5)
set_bar_code_param (BarCodeHandle, 'meas_thresh', 0.3)
*识别条形码
find_bar_code (ImageZoomed, SymbolRegions, BarCodeHandle, 'Code 128', DecodedDataStrings)
dev_set_window_extents (-1, -1, WidthPolar / 2, HeightPolar)
dev_display (ImageZoomed)
dev_display (SymbolRegions)
set_system ('clip_region', Information)
disp_message (WindowHandle, DecodedDataStrings, 'image', 10, 180, 'black', 'true')
stop ()
zoom_region (SymbolRegions, SymbolRegions, 1, 0.5)
polar_trans_region_inv (SymbolRegions, CodeRegionCircular, Row, Column, rad(360), 0, OuterRadius -5, InnerRadius +5, WidthPolar, HeightPolar, Width, Height, 'nearest_neighbor')
dev_set_window_extents (-1, -1, Width / 2, Height / 2)
dev_display (Image)
dev_display (CodeRegionCircular)
disp_message (WindowHandle, DecodedDataStrings, 'window', 12, 12, 'black', 'true')
```

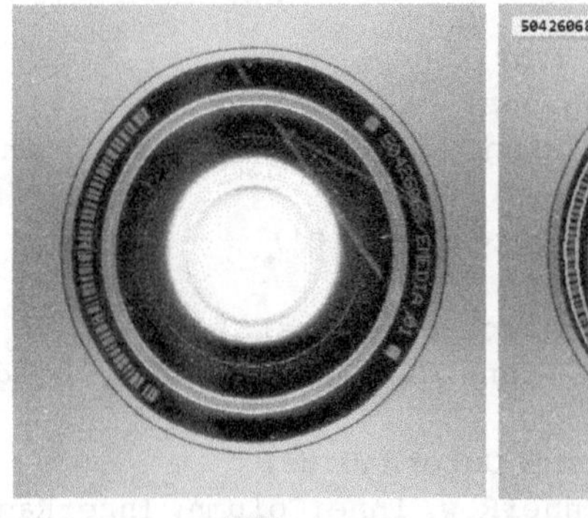

(a) 原图

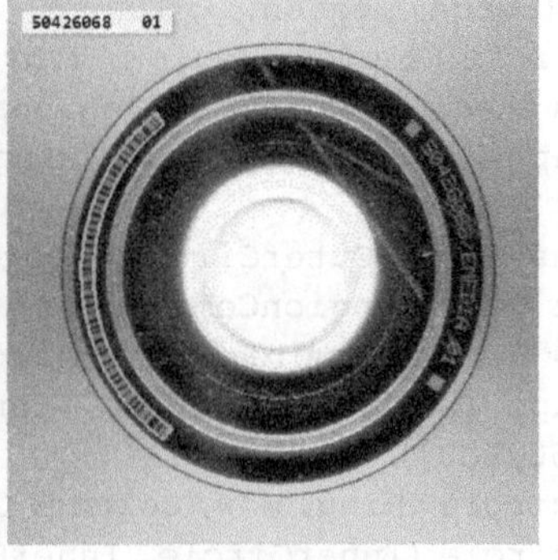

(b) 条形码识别结果

图 12.7　条形码识别

相对于条形码处于水平位置而言，图 12.7 中的条形码在圆环上。因此，不能直接调用 HALCON 的条形码识别算子识别，而是首先通过极坐标变换，将条形码变换到水平位置，然后再进行识别。而为了保证变换后条形码不会变形，需要先找出变换中心，即图中圆的中心。因此，通过阈值处理、形态学运算等，分割出条形码所在圆环区域，再进行极坐标变换。完成条形码识别之后，再进行极坐标逆变换，得到图 12.7 所示结果。

12.2.2 二维码识别

二维码是用特定的几何图形按一定规律在平面上分布的、黑白相间的图形。在代码编制上，利用构成计算机内部逻辑基础的“0”“1”的概念，使用若干个与二进制相对应的几何形体来表示文字数值信息。相对于条形码而言，二维码的信息更加丰富。每种码制有其特定的字符集，每个字符占有一定的宽度，并且具有一定的校验功能等。同时，二维码通常有特定的定位标记，所以二维码不管是从何种方向读取都可以被辨识，即使图像有旋转变化也不影响识别结果。此外，相对于条形码而言，二维码还具有纠错能力，即使二维码存在一定的损坏，也能够进行识别。在工业中，二维码已经开始了广泛的应用。在 HALCON 中，识别二维码与识别条形码一样方便，下面是 HALCON 提供的识别二维码的实例代码。其中共有 5 张图像，某些图像的清晰度不够，但是不影响最终的识别结果。图 12.8 是部分图像的识别结果。

```
    dev_close_window ()
    ImageFiles := 'ecc200/ecc200_cpu_0'
    ImageNum := 5
    read_image (Image, ImageFiles +'01')
    dev_open_window_fit_image (Image, 0, 0, -1, -1, WindowHandle)
    set_display_font (WindowHandle, 16, 'mono', 'true', 'false')
    dev_set_line_width (3)
    dev_set_color ('green')
    * 创建二维码识别模型
    create_data_code_2d_model ('Data Matrix ECC 200', [], [], DataCodeHandle)
    *循环读取图像，识别二维码
    for Index := 1 to ImageNum by 1
        read_image (Image, ImageFiles +Index$'.2d')
        *识别二维码
        find_data_code_2d (Image, SymbolXLDs, DataCodeHandle, [], [], Result-
Handles, DecodedDataStrings)
        dev_display (Image)
        dev_display (SymbolXLDs)
        dev_disp_text ('Image ' +Index +' of ' +ImageNum, 'window', 12, 12,
'black', [], [])
        dev_disp_text (DecodedDataStrings, 'window', 40, 12, 'black', [], [])
        if (|DecodedDataStrings| == 0)
            dev_disp_text ('No data code found.\nPlease adjust the parameters.',
'window', 40, 12, 'red', [], [])
        endif
        if (Index < ImageNum)
```

```
        dev_disp_text ('Press Run (F5) to continue', 'window', 'bottom', 'right',
'black', [], [])
        stop ()
    endif
endfor
```

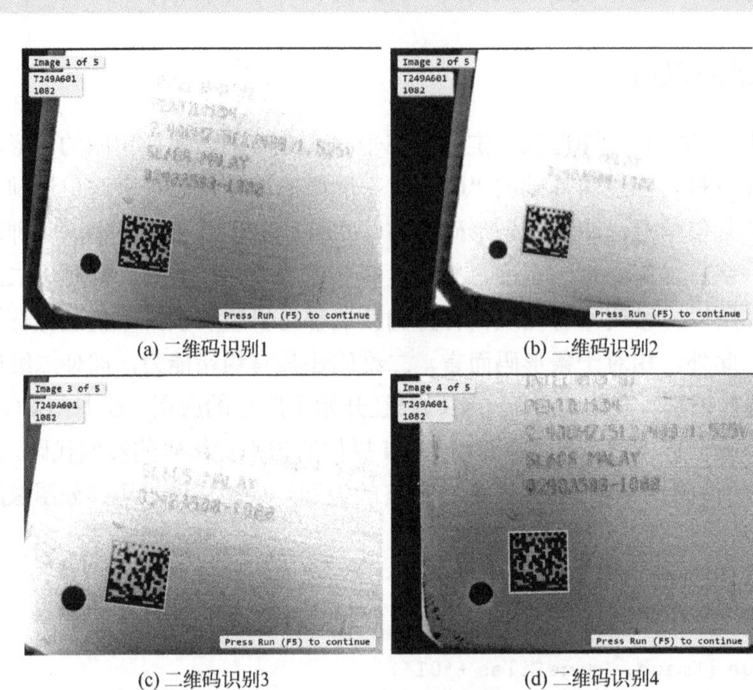

(a) 二维码识别1　(b) 二维码识别2

(c) 二维码识别3　(d) 二维码识别4

图 12.8　二维码识别结果

12.3　产品分类

产品分类也是机器视觉常见任务之一。由于某些原因，在工业生产中，可能存在多个产品混合在一起的情况，在进行包装时，需要将不同的产品分开。因此，利用机器视觉对这些产品进行识别和判断，将同一类的产品利用机器手抓取放在某个指定的地方。在机器视觉中，常用的分类方法有三种：第一种是传统的特征判断方法，即分割目标对象之后，提取目标对象的某种特征，根据提取的特征来判断目标对象的类别；第二种是利用传统的机器学习方法，首先对样本中的目标进行分割，然后进行训练，最后利用训练模型来对目标对象进行分类；第三种是利用深度学习的方式进行训练和分类。不管哪种分类方法，都需要先将目标对象分割出来，其本质都是提取目标对象的特征进行分类。

12.3.1　利用多层感知机对金属零件分类

金属零件在生产过程中，经常存在多种的零件混在一起放置的情况，这些零件可能属于同一类型，但是大小不一，也可能完全属于不同类型，因此，有必要将这些零件区分开来。

对于这类产品的分类，一个好处是产品之间的区别比较大，要么是尺寸大小有区别，要么是形状有区别。而且，通常这类产品放在某个指定的位置进行分类。因此，光源和相机镜头的安装比较方便，拍摄出来的图像也比较清晰，从而方便对目标对象进行分割和特征提取。下面的分类应用演示了如何实现金属零件的分类，采用了多层感知机对样本进行训练，最终完成了分类。该应用完整演示了如何从图像分割出目标对象，如何对样本进行训练。该应用由一个主函数 main 和一个子函数 segment 组成。

```
    *main 函数
    dev_close_window ()
    dev_open_window (0, 0, 640, 480, 'black', WindowHandle)
    set_display_font (WindowHandle, 16, 'mono', 'true', 'false')
    dev_set_colored (6)
    dev_set_draw ('margin')
    dev_set_line_width (3)
    * 常见多层感知机分类
    create_ocr_class_mlp (110, 110, 'constant', 'moments_central', ['circle',
'hexagon','polygon'], 10, 'normalization', 10, 42, OCRHandle)
    * 添加训练图像。
    FileNames :=
['nuts_01','nuts_02','nuts_03','washers_01','washers_02','washers_03','retainers_
01', 'retainers_02','retainers_03']
    *训练图像中的目标对象类别
    ClassNamesImage := ['hexagon','hexagon','hexagon','circle','circle','ci-
rcle','polygon','polygon','polygon']
    *依次读取图像并进行分割，然后写入训练文件
    for J := 0 to |FileNames| -1 by 1
        read_image (Image, 'rings/' +FileNames[J])
        dev_display (Image)
        dev_set_colored (6)
        *分割图像的子函数
        segment (Image, Objects)
        dev_display (Objects)
        dev_set_color ('black')
        *得到分割后的目标对象数量
        count_obj (Objects, NumberObjects)
        for k := 1 to NumberObjects by 1
        *依次遍历每个目标对象
            select_obj (Objects, ObjectSelected, k)
            * 写入训练文件
            *Write the samples to a train file
            if (J == 0 and k == 1)
                 write_ocr_trainf (ObjectSelected, Image, ClassNamesImage[J],
'train_metal_parts_ocr.trf')
            else
                append_ocr_trainf (ObjectSelected, Image, ClassNamesImage[J],
'train_metal_parts_ocr.trf')
```

```
          endif
       endfor
       disp_message (WindowHandle, 'Add Samples to Class ' +ClassNamesImage[J],
'window', 12, 12, 'black', 'true')
       disp_continue_message (WindowHandle, 'black', 'true')
       stop ()
    endfor
    dev_clear_window ()
    dev_set_color ('black')
    disp_message (WindowHandle, 'Training...', 'window', 12, 12, 'black',
'true')
    *训练多层感知机模型
    trainf_ocr_class_mlp (OCRHandle, 'train_metal_parts_ocr.trf', 200, 1, 0.01,
Error1, ErrorLog1)
    disp_message (WindowHandle, 'Training... completed', 'window', 12, 12,
'black', 'true')
    disp_continue_message (WindowHandle, 'black', 'true')
    stop ()
    dev_set_draw ('fill')
    *依次读取图像进行分类
    for J := 1 to 4 by 1
       read_image (Image, 'rings/mixed_' +J$'02d')
       dev_display (Image)
        disp_message (WindowHandle, 'Image' +J, 'window', 12, 12, 'black',
'true')
       disp_continue_message (WindowHandle, 'black', 'true')
       stop ()
       dev_set_color ('black')
       * 调用分割函数对图像进行分割，得到每个目标对象
       segment (Image, Objects)
       count_obj (Objects, NumberObjects)
       for k := 1 to NumberObjects by 1
          *依次取出每个目标对象
          select_obj (Objects, ObjectSelected, k)
          *利用前面训练好的模型对目标对象进行分类
          do_ocr_single_class_mlp (ObjectSelected, Image, OCRHandle, 1, Class,
Confidence)
          *根据不同的类别，给目标对象赋予不同的颜色
          if (Class == 'circle')
             dev_set_color ('blue')
          endif
          if (Class == 'hexagon')
             dev_set_color ('coral')
          endif
          if (Class == 'polygon')
             dev_set_color ('green')
          endif
          dev_display (ObjectSelected)
       endfor
```

```
    disp_continue_message (WindowHandle, 'black', 'true')
    stop ()
endfor
* 分类结束，清空分类器
clear_ocr_class_mlp (OCRHandle)
dev_clear_window ()
子函数 segment 的代码如下所示:
*分割图像的子函数 segment (Image, Objects)，需要单独创建该子函数。
*通过菜单“函数”→“创建新函数”完成
binary_threshold (Image, Region, 'max_separability', 'dark', UsedThreshold)
connection (Region, ConnectedRegions)
fill_up (ConnectedRegions, Regions)
return ()
```

程序部分训练图像如图 12.9 所示。

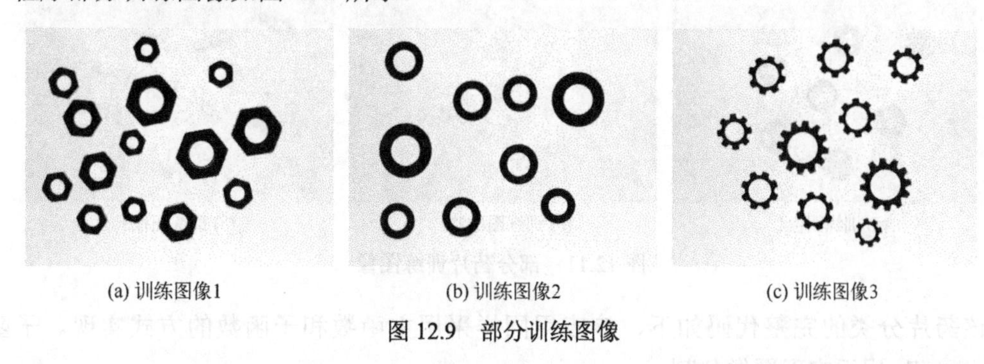

(a) 训练图像1　(b) 训练图像2　(c) 训练图像3

图 12.9　部分训练图像

在该应用中，程序分类结果用不同的颜色表示不同的类别，部分分类结果图像如图 12.10 所示。

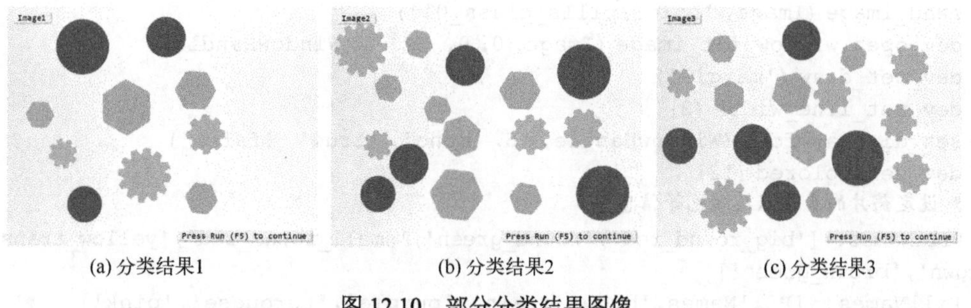

(a) 分类结果1　(b) 分类结果2　(c) 分类结果3

图 12.10　部分分类结果图像

多层感知机属于有监督机器学习方法，在进行训练时，需要明确分类目标的种类和数量，并且给定明确的标签，程序中的 ClassNamesImage 变量即为目标对象的类别标签，分割后的目标对象加入训练集时，需要保证每个对象与类别标签一一对应，否则，训练结果得到的模型将是错误的模型，分类结果也将是错误的。

12.3.2　利用支持向量机对药品分类

支持向量机和多层感知机类似，也是一种有监督机器学习方法。支持向量机也是一种常用的分类方法。

从前面的多层感知机分类应用中可以看出，特征分类可以分为两个步骤：首先是训练，然后是分类。在训练的时候，为训练样本中出现的每个目标对象创建分类器，有的时候训练图像中只有一种目标对象，有时候训练图像中包含很多已知类型的目标对象，这时，在训练之前，需要先对图像进行分割，得到每一个目标对象，并给每个目标对象一种类型标签。此时，在分类阶段，一般采用与训练时相同的分割方法，先对图像进行目标对象分割。训练过程也是提取特征的过程，分类时将采用训练时相同的特征描述方式。

图 12.11 是部分药片的训练图像。虽然支持向量机和多层感知机一样，即使对于少量样本的训练，也能够达到比较高的分类准确率。但是，在选择训练样本时，还是需要尽量保证各种类型的样本都参与到训练中，这样可以避免没有出现过的目标对象分类不准确的情况。

(a) 训练图像1

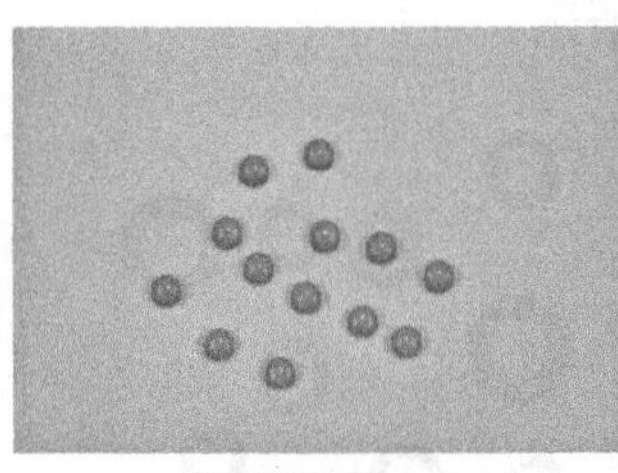
(b) 训练图像2

(c) 训练图像3

图 12.11　部分药片训练图像

该药片分类的完整代码如下，该应用同样采用主函数和子函数的方式实现。子函数 **segment_pills** 用于实现图像分割。

```
    dev_close_window ()
    read_image (Image, 'color/pills_class_01')
    dev_open_window_fit_image (Image, 0, 0, -1, -1, WindowHandle)
    dev_set_draw ('margin')
    dev_set_line_width (2)
    set_display_font (WindowHandle, 16, 'mono', 'true', 'false')
    dev_set_colored (12)
    * 设定药片的名称以及颜色等信息
    PillNames := ['big_round_red','round_green','small_round_red','yellow_trans',
'brown','brown_green']
    PillNames := [PillNames,'brown_grain','purple','turquese','pink']
    PillColors :=
['#D08080','#ADC691','#FFB0A1','#D5C398','#B59C87',  '#BCB-3B8','#B7ACA1',
'#908E99','#97B9BC','#C0ABA9']
    query_feature_group_names (AvailableGroupNames)
    query_feature_names_by_group (AvailableGroupNames, AvailableFeatureNames,
AvailableCorrespondingGroups)
    FeatureGroups := ['region','color']
    get_feature_names (FeatureGroups, FeatureNames)
    get_feature_lengths (FeatureNames, FeatureLengths)
    *创建分类器
```

```
   create_class_train_data (sum(FeatureLengths), ClassTrainDataHandle)
   set_feature_lengths_class_train_data (ClassTrainDataHandle, FeatureLengths, 
FeatureNames)
   * 依次读取图像进行训练
   for I := 1 to 10 by 1
      read_image (Image, 'color/pills_class_' +I$'.2d')
      *调用分割子函数
      segment_pills (Image, Pills)
      dev_display (Image)
      dev_set_color ('white')
      dev_display (Pills)
      disp_message (WindowHandle, 'Collecting ' +PillNames[I -1] +' samples', 
'window', 12, 12, 'black', 'true')
      count_obj (Pills, Number)
      *计算特征
      calculate_features (Pills, Image, FeatureNames, Features)
      *将计算的特征加入训练数据集中
      add_sample_class_train_data (ClassTrainDataHandle, 'feature_column', 
Features, I -1)
      dev_set_color (PillColors[I -1])
      dev_display (Pills)
      GroupList := sum('\'' +FeatureGroups +'\', ')
      tuple_str_first_n (GroupList, strlen(GroupList) -3, GroupList)
      Message := 'Calculate ' +|FeatureNames| +' features from following feature 
groups:'
       disp_message (WindowHandle, [Message,GroupList], 'window', 40, 12, 
'black', 'true')
      disp_continue_message (WindowHandle, 'black', 'true')
      stop ()
   endfor
   disp_message (WindowHandle, 'Selecting optimal features...', 'window', 90, 
12, 'black', 'true')
   *自动选择合适的特征进行训练
   select_feature_set_svm (ClassTrainDataHandle, 'greedy', [], [], SVMHandle, 
SelectedFeatures, Score)
   disp_message (WindowHandle, ['Selected:',SelectedFeatures], 'window', 120, 
12, 'black', 'true')
   disp_continue_message (WindowHandle, 'black', 'true')
   stop ()
   dev_set_line_width (4)
   dev_set_colored (12)
   for I := 1 to 3 by 1
      read_image (Image, 'color/pills_test_' +I$'.2d')
      dev_display (Image)
      segment_pills (Image, Pills)
      PillsIDs := []
      count_obj (Pills, NPills)
      for P := 1 to NPills by 1
         select_obj (Pills, PillSelected, P)
```

```
            *提取分类图像与训练图像相同的特征
            calculate_features (PillSelected, Image, SelectedFeatures, Features)
            *利用支持向量机进行分类
            classify_class_svm (SVMHandle, real(Features), 1, Class)
            PillsIDs := [PillsIDs,Class]
            dev_set_color (PillColors[Class])
            dev_display (PillSelected)
            area_center (PillSelected, Area, Row, Column)
             disp_message (WindowHandle, Class +1, 'image', Row, Column -10,
'black', 'true')
        endfor
        disp_message (WindowHandle, 'Classify image ' +I +' of 3 using following
features:', 'window', 12, 12, 'black', 'true')
        disp_message (WindowHandle, SelectedFeatures, 'window', 40, 12, 'black',
'true')
        if (I < 3)
            disp_continue_message (WindowHandle, 'black', 'true')
            stop ()
        endif
    endfor
    子函数 segment_pills 的代码如下所示:
    decompose3 (Image, ImageR, ImageG, ImageB)
    threshold (ImageR, RegionR, 0, 60)
    threshold (ImageB, RegionB, 0, 100)
    union2 (RegionR, RegionB, RegionUnion)
    closing_circle (RegionUnion, RegionClosing, 2.5)
    connection (RegionClosing, ConnectedRegions)
    select_shape (ConnectedRegions, SelectedRegions, 'area', 'and', 150, 99999)
    fill_up (SelectedRegions, Pills)
    return ()
```

该应用的关键代码已经在上面进行了注释，主要包括设置训练对象的类型标签、创建SVM 分类器、图像分割、计算特征以及分类几个部分，这也是大部分图像分类的组成部分。应用中选择了三幅图像进行分类。最终的分类结果如图 12.12 所示。

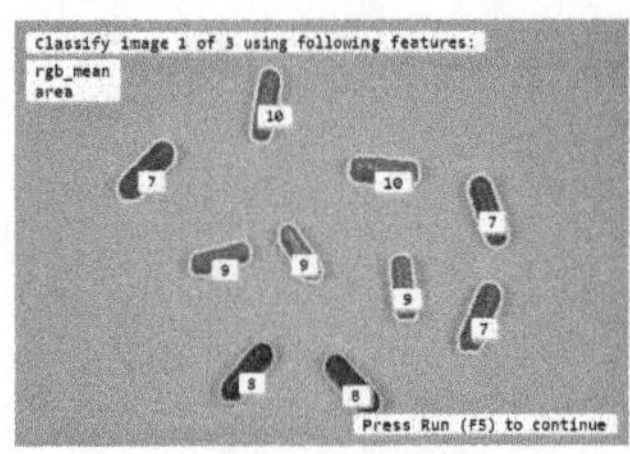

(a) 图像1分类结果

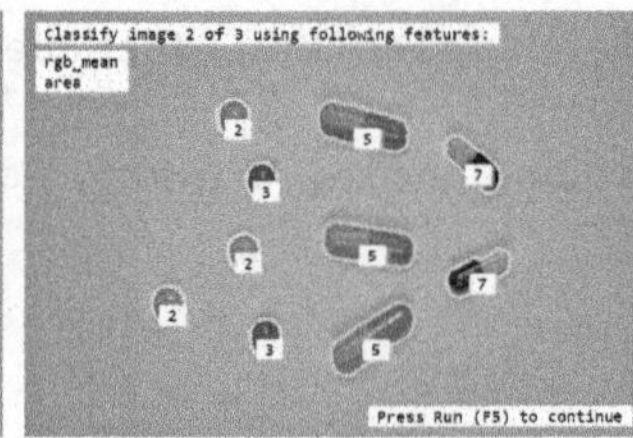

(b) 图像2分类结果

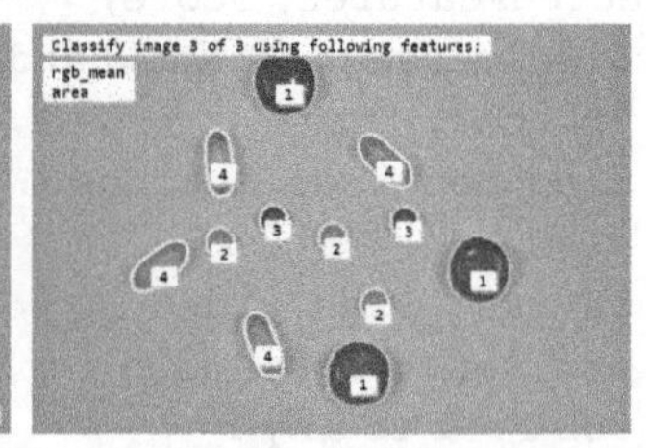

(c) 图像3分类结果

图 12.12　药片分类结果

在图像分类中，需要注意欠拟合和过拟合问题。可以简单地将欠拟合认为是因为训练图像太少，导致训练不充分，从而无法准确分类的问题；同样，过拟合也可以简单地认为是因为训练图像太多，导致训练过度而无法准确分类的问题。但是，具体需要多少训练图像是很难确定的。虽然在理论上有一些解决欠拟合和过拟合的方法，但在机器视觉的实际应用中，这些方法却很难满足实际要求，需要在实践中不停地调试才能找到一个合适的值，而且，训练样本的选择也将影响最终的分类结果，训练样本应该尽量包含各种可能的图像状态。

当前，采用深度学习的方式进行分类也是常用的方法。与传统的机器学习只需要少量训练样本相比，在利用深度学习进行分类时，需要保证有足够的训练样本。但是，在实际应用场景中，有时候很难搜集大量的训练样本，此时，需要慎重考虑是否采用该方法。比如，需要将正常产品和缺陷产品进行分类时，在实际生产中，有缺陷的产品往往很少，由于训练不充分，此时采用深度学习方法可能导致分类结果准确率不高。这也是当前利用小样本进行深度学习进行识别或分类的一个研究方向。

第13章 视觉测量

视觉测量也是机器视觉中的主要应用之一。视觉测量具有非接触性、测量精度高及自动化程度高等特点，从而广泛应用在产品测量中。视觉测量主要检测产品的外形尺寸，如长度、距离、圆弧（圆）的直径以及角度测量等。需要注意的是，相机与被检测对象之间不会相互平行，相机、镜头等生产存在误差，相机安装存在误差。因此，如果要测量图像上两点之间的像素距离对应在世界坐标系下的真实距离，需要利用第10章所讲的摄像机标定方法，对相机进行标定和畸变校正等操作，得到物体三维坐标对应在二维图像中的位置。本章主要介绍像素之间的几何量测量方法，因此，不考虑摄像机标定的问题。如果要得到真实物理距离，只需要在测量之前先进行相机标定，再对图像映射之后测量像素之间的几何量即可。

13.1 芯片引脚距离测量

在所有的视觉测量中，都需要保证图像质量满足要求，即测量对象与背景有明显的区别。为了让这种区别更加明显，也为了保证测量精度，在满足安装位置的条件下，尽量采用背光照明的方式对测量对象进行打光，光源照明应该采用平行光，这样可以得到明显的物体边界。同时，为了满足物体与镜头之间的距离发生变化时也不影响测量结果，采用远心镜头是比较可靠的选择。

图13.1 芯片引脚测量原始图像

距离测量是一种长度测量方式。如果是一条线的长度测量，通常先提取对应的线，然后直接统计其像素数量即可，因此，在这里不再介绍。距离测量一般指两点之间、点线之间或者平行线之间的距离等。

图13.1是芯片引脚测量的原始图像。在该测量中，需要知道每个引脚的宽度，两个引脚之间的距离及引脚的高度。

在HALCON中，已经提供了方便测量的算子measure_pairs和measure_pos用于这种距离测量。该算子通过计算灰度轮廓的一阶导数的局部极值来得到边界。因为这种测量仅对代表缝隙的边缘感兴趣，而且图像被测量区域与背景区域的对比度明显，所以往往只需要简单的二值化操作即可得到边缘信息。具体的测量过程有两个步骤，首先是自定测量的矩形区域，然后调用测量算子 measure_pairs 或 measure_pos 即可完成测量。

如果在测量之前需要在图像中寻找目标对象，则需要采用一些图像处理方法，如形状匹配等，先定位测量区域。完整的测量代码如下所示：

```
dev_close_window ()
read_image (Image, 'ic_pin')
get_image_size (Image, Width, Height)
dev_open_window (0, 0, Width / 2, Height / 2, 'black', WindowHandle)
set_display_font (WindowHandle, 14, 'mono', 'true', 'false')
dev_display (Image)
disp_continue_message (WindowHandle, 'black', 'true')
stop ()
Row := 47
Column := 485
Phi := 0
Length1 := 420
Length2 := 10
dev_set_color ('green')
dev_set_draw ('margin')
dev_set_line_width (3)
*生成测量矩形区域
gen_rectangle2 (Rectangle, Row, Column, Phi, Length1, Length2)
*提取垂直于矩形的直边
gen_measure_rectangle2 (Row, Column, Phi, Length1, Length2, Width, Height,
'nearest_neighbor', MeasureHandle)
disp_continue_message (WindowHandle, 'black', 'true')
stop ()
dev_update_pc ('off')
dev_update_var ('off')
n := 100
count_seconds (Seconds1)
for i := 1 to n by 1
    *测量引脚的宽度和两个引脚之间的距离
measure_pairs (Image, MeasureHandle, 1.5, 30, 'negative', 'all', RowEdgeFirst,
ColumnEdgeFirst, AmplitudeFirst, RowEdgeSecond, ColumnEdgeSecond, AmplitudeSecond,
PinWidth, PinDistance)
endfor
count_seconds (Seconds2)
Time := Seconds2 -Seconds1
disp_continue_message (WindowHandle, 'black', 'true')
stop ()
dev_set_color ('red')
disp_line  (WindowHandle, RowEdgeFirst, ColumnEdgeFirst, RowEdgeSecond,
ColumnEdgeSecond)
avgPinWidth := sum(PinWidth) / |PinWidth|
avgPinDistance := sum(PinDistance) / |PinDistance|
numPins := |PinWidth|
dev_set_color ('yellow')
disp_message (WindowHandle, 'Number of pins: ' +numPins, 'image', 200, 100,
'yellow', 'false')
```

```
    disp_message (WindowHandle, 'Average Pin Width:  ' +avgPinWidth, 'image',
260, 100, 'yellow', 'false')
    disp_message (WindowHandle, 'Average Pin Distance:  ' +avgPinDistance,
'image', 320, 100, 'yellow', 'false')
    disp_continue_message (WindowHandle, 'black', 'true')
    stop ()
    Row1 := 0
    Column1 := 600
    Row2 := 100
    Column2 := 700
    dev_set_color ('blue')
    disp_rectangle1 (WindowHandle, Row1, Column1, Row2, Column2)
    stop ()
    dev_set_part (Row1, Column1, Row2, Column2)
    dev_display (Image)
    dev_set_color ('green')
    dev_display (Rectangle)
    dev_set_color ('red')
    disp_line (WindowHandle, RowEdgeFirst, ColumnEdgeFirst, RowEdgeSecond,
ColumnEdgeSecond)
    disp_continue_message (WindowHandle, 'black', 'true')
    stop ()
    dev_set_part (0, 0, Height -1, Width -1)
    dev_display (Image)
    disp_continue_message (WindowHandle, 'black', 'true')
    stop ()
    dev_set_color ('green')
    Row := 508
    Column := 200
    Phi := -1.5708
    Length1 := 482
    Length2 := 35
    *生成测量矩形区域
    gen_rectangle2 (Rectangle, Row, Column, Phi, Length1, Length2)
    *提取垂直于矩形的直边
    gen_measure_rectangle2 (Row, Column, Phi, Length1, Length2, Width, Height,
'nearest_neighbor', MeasureHandle)
    stop ()
    *测量引脚的高度
    measure_pos (Image, MeasureHandle, 1.5, 30, 'all', 'all', RowEdge,
ColumnEdge, Amplitude, Distance)
    PinHeight1 := RowEdge[1] -RowEdge[0]
    PinHeight2 := RowEdge[3] -RowEdge[2]
    dev_set_color ('red')
    disp_line (WindowHandle, RowEdge, ColumnEdge -Length2, RowEdge, ColumnEdge
+Length2)
    disp_message (WindowHandle, 'Pin Height:  ' +PinHeight1, 'image', RowEdge[1]
+40, ColumnEdge[1] +100, 'yellow', 'false')
    disp_message (WindowHandle, 'Pin Height:  ' +PinHeight2, 'image', RowEdge[3]
-120, ColumnEdge[3] +100, 'yellow', 'false')
    dev_set_draw ('fill')
    dev_set_line_width (1)
```

上述代码中，关键代码位置已经添加注释。具体测量结果如图 13.2 所示。

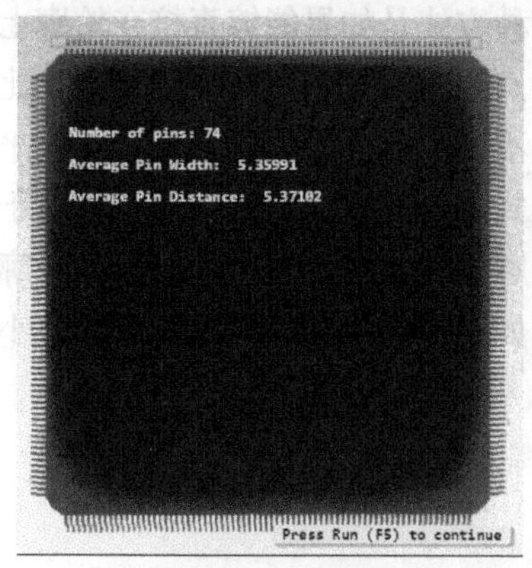

(a) 引脚宽度和距离

(b) 引脚高度

图 13.2 引脚参数测量结果

在这个应用中，算子 measure_pairs 和 measure_pos 是测量的关键。该算子将对边缘自动配对。参数 Transition 用于设置查找配对从黑色到白色之间的转换。参数 Threshold 用于将图像进行二值化。对于测量图像而言，往往背景与测量对象之间的对比度比较大，因此，该值的设置范围也比较宽。算子 gen_rectangle2 用于设置测量的矩形区域。在实际应用中，测量区域通常会有所变动，因此，应该采用一定的算法自动寻找测量区域。

13.2 圆弧测量

对于圆弧类的尺寸测量，如果是测量距离，采用 measure_pairs 和 measure_pos 或者 distance_pp 算子及类似的算子可以实现，其使用方法与引脚测量的应用类似。在此就不再累述。在实际应用中，我们通常更想知道圆弧或圆的圆心和直径，对于椭圆也是类似的要求。在这种情况下，采用的方法更多的是通过圆拟合的方式来得到相应圆弧的参数。因此，首先需要提取圆弧的边界，然后进行圆拟合就可以了。实际产品中，往往是多条圆弧相切连在一起的情况，此时，需要先将每条圆弧单独分割出来。如图 13.3 所示图像中的圆弧参数测量，这在金属零件加工中是常见的现象。

对于此类测量，关键是准确分割出图像边界，然后准确分割出每一段圆弧，最后进行圆弧拟合即可得到相应的参数，对于椭圆的操作也是采用类似的方式。对于图像边界的分割和几何特征拟合方法，前面已经介绍了。假设已经提取出了边界轮廓，这里主要说明如何进行轮廓分割，将多个联合的几何基元分割为独立的几何特征。

图 13.3 圆弧参数测量原图

通常，轮廓点由直线、圆弧以及椭圆弧等几何元素组成。对于直线的分割，常用的方法是利用多边形来拟合轮廓，如果对轮廓进行递归细分，当得到的线段到各自对应的轮廓段的最大距离小于用户自己设定的阈值时，则得到轮廓上的每条线段。对于直线和圆弧连接部分，一种方法是如果能够直接在轮廓上找出两者相连位置的点，则可以直接实现分割，相连位置的点通常具有一些明显的特征，比如两条直线采用圆弧连接的情况，在圆弧的切线方向上一些不连续的点。如果直线和圆弧平滑连接，或者两个圆弧平滑连接，则可以通过计算曲率的方式，得到不同的几何元素，对于椭圆的分割也是类似的。另一种更好的方法是可以直接将轮廓进行多边形拟合，所有的轮廓都将拟合为线段，然后判断这些线段能否合并为圆或椭圆，如果拟合为圆或椭圆的误差更小，则将这部分线段对应的轮廓拟合为圆或椭圆。

图 13.3 圆弧参数测量完整代码如下：

```
read_image (Image, 'double_circle')
dev_close_window ()
get_image_size (Image, Width, Height)
dev_open_window (0, 0, Width, Height, 'black', WindowHandle)
*图像阈值分割
fast_threshold (Image, Region, 0, 120, 7)
*将区域缩小到其边界
boundary (Region, RegionBorder, 'inner')
*相对于其最小的周围矩形剪裁区域
clip_region_rel (RegionBorder, RegionClipped, 5, 5, 5, 5)
dilation_circle (RegionClipped, RegionDilation, 2.5)
reduce_domain (Image, RegionDilation, ImageReduced)
* 提取亚像素轮廓
edges_sub_pix (ImageReduced, Edges, 'canny', 2, 20, 60)
*将轮廓分割为直线和圆
segment_contours_xld (Edges, ContoursSplit, 'lines_circles', 5, 4, 3)
count_obj (ContoursSplit, Number)
dev_display (Image)
dev_set_draw ('margin')
dev_set_color ('white')
dev_update_window ('off')
for I := 1 to Number by 1
    select_obj (ContoursSplit, ObjectSelected, I)
    get_contour_global_attrib_xld (ObjectSelected, 'cont_approx', Attrib)
    *圆拟合
    if (Attrib > 0)
        fit_circle_contour_xld (ObjectSelected, 'ahuber', -1, 2, 0, 3, 2, Row,
Column, Radius, StartPhi, EndPhi, PointOrder)
        gen_circle_contour_xld (ContCircle, Row, Column, Radius, 0, rad(360),
'positive', 1.0)
        dev_display (ContCircle)
    endif
endfor
dev_set_colored (12)
dev_set_line_width (3)
dev_display (ContoursSplit)
```

以上代码中的关键代码已经进行了注释。算子 segment_contours_xld 实现了轮廓分割，此处设定的分割类型为直线和圆。fit_circle_contour_xld 算子实现了圆拟合，拟合时同时得到的半径和圆心等信息，同时也就是原图上的圆弧参数。圆弧参数测量结果如图 13.4 所示。

图 13.4 圆弧参数测量结果

视觉测量在机械行业的应用尤其广泛，利用视觉测量可以代替传统的人工测量，能够大大提高测量速度和精度，提升企业的自动化或智能化水平。在利用视觉进行测量的时候，有几个方面需要注意：首先，根据测量精度要求，选择合适相机，保证图像的分辨率能达到测量要求；其次，正确的光源形状和打光方式，确保能把测量对象凸显出来，最理想的是背光照明；最后，测量需要得到真实的物理尺寸，因此，摄像机标定对结果有重要影响。

第 14 章　机器视觉系统搭建

HALCON 作为一个图像处理平台，并不是一个完整的机器视觉系统，该平台主要完成视觉图像处理算法设计。为了搭建一个完整的机器视觉系统，通常需要借助第三方编程语言实现。利用 HALCON 软件平台上实行图像处理算法，然后将算法导出到其他语言中，在第三方编程语言中进行机器视觉系统框架的搭建以及相关功能的实现。HALCON 支持的导出语言包括 C#、C、C++、vb 等编程语言。本章主要介绍如何利用 HALCON 和 C#进行视觉系统开发，包括搭建一个离线视觉字符识别系统和在线图像采集系统。

14.1　HALCON 与 C#混合编程开发离线字符识别系统

一个视觉系统的开发，需要注意几点：首先，算法的稳定性，视觉系统所设计的视觉图像处理算法至少要能够适应产线上同一种产品的稳定检测，因此该要求需要对图像处理算法熟练掌握；其次，系统参数可方便调整，视觉系统在实验环境所设计的算法或参数并不一定能够适应现场的光照条件，为了能够快速响应现场要求，通常需要在现场再次对视觉系统进行调试，尤其是算法参数的调整，因此，应该将可能影响视觉系统检测效果的参数开放出来，以方便现场工程师进行调整修改，该要求需要对系统框架的搭建熟练掌握，对系统的功能进行模块划分，修改某一个模块不会影响其他模块的功能；然后，能够快速响应需求，快速开发，因此，选择一种简单快捷的编程语言是最合适的；最后，还需要考虑视觉系统的易用性和操作方便性，尽量降低现场使用人员的操作难度。

对于机器视觉系统而言，首要的功能是满足检测要求；其次是系统稳定可靠，能够利用最简单的方法实现检测要求是最好的设计。机器视觉系统主要用于工业中的缺陷检测、识别、定位、测量等方面。系统设计首先满足功能要求和稳定运行，在界面美观方面的要求是其次。在此推荐采用 HALCON 与 C#的 winform 程序混合编程实现视觉系统。该方式简单方便，能够快速搭建稳定的视觉系统。如果对其它编程语言更加熟悉，也可以选择其它方式搭建视觉系统。下面以一个简单的字符识别例子，说明采用 HALCON 与 visual studio 2015 集成环境中的 C#语言进行 winform 程序混合编程实现视觉系统的具体过程。

14.1.1　算法设计

该离线字符识别系统采用 SVM 进行训练和识别。为了简化起见，只选择了 3 张图像作为训练图像，2 张图像作为测试图像。图 14.1 和图 14.2 分别是所采用的训练图像和测试图像。

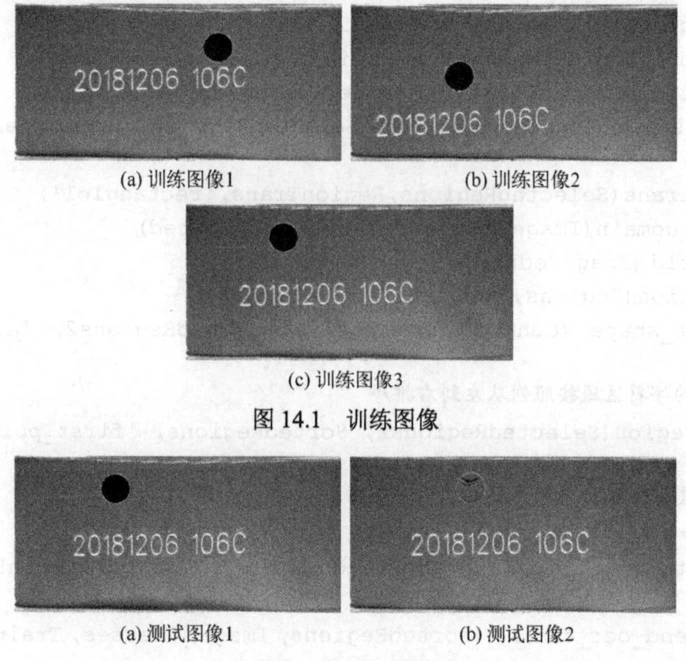

(a) 训练图像1　(b) 训练图像2

(c) 训练图像3

图 14.1　训练图像

(a) 测试图像1　(b) 测试图像2

图 14.2　测试图像

在识别系统中，通常把训练部分和识别部分分为两个独立的部分。因此，在设计算法时，训练程序和识别程序也是两个独立的程序。在系统开发的时候，训练和识别是两个功能模块。有时候可能只提供识别功能模块，训练在 HALCON 中完成，这时只需要把训练结果的分类器模型文件给识别系统即可。在本离线识别系统中，为了简化起见，不将训练功能放在识别系统中，此功能读者可以按照识别功能的制作方式自行添加。

（1）字符训练算法设计

该应用中，只是为了演示如何进行系统开发，因此，选择了比较简单的字符进行训练和识别。完整的字符训练程序如下所示，其中对关键代码进行了注释。程序中涉及的文件路径请读者根据自己电脑上的路径进行修改。

```
    Classes := []
    *将要训练的所有字符依次放入元组中，排序方式为图像中字符的排列方式
    Classes := ['2','0','1','8','1','2','0','6','1','0','6','C']
    TrainFile := 'E:/character recognition/train_characters_ocr.trf'
    *读取训练图像文件夹
    list_files ('E:/character recognition/train', ['files','follow_links'],
ImageFiles)
    tuple_regexp_select  (ImageFiles,  ['\\.(tif|tiff|gif|bmp|jpg|jpeg)$','
ignore_case'], ImageFiles)
    for I := 0 to |ImageFiles| -1 by 1
        read_image (Image, ImageFiles[I])
        *对图像进行处理，得到每个字符区域
```

```
        threshold(Image, Region, 100, 255)
        gen_rectangle1(Rectangle, 0, 0, 1, 50)
        dilation1(Region,Rectangle, RegionDilation, 1)
        connection(RegionDilation, ConnectedRegions)
        select_shape (ConnectedRegions, SelectedRegions, 'area', 'and', 13379.6,
50000)
        shape_trans(SelectedRegions,RegionTrans,'rectangle1')
        reduce_domain(Image, RegionTrans, ImageReduced)
        threshold (ImageReduced, Regions, 68, 255)
        connection(Regions, ConnectedRegions1)
         select_shape  (ConnectedRegions1, SelectedRegions2, 'area', 'and',
128.7, 1000)
        *对提取的字符区域按照列从左到右排序
         sort_region(SelectedRegions2, SortedRegions, 'first_point', 'true',
'column')
        *将每幅图像分割出来的字符整体加入训练集
        if (I == 0 )
           write_ocr_trainf (SortedRegions, Image, Classes, TrainFile)
        else
           append_ocr_trainf (SortedRegions, Image, Classes, TrainFile)
        endif
        *也可以采用下面的方式，分别将每个分割出来的字符加入训练集
        *count_obj (SortedRegions, Number)
        *for J :=1 to Number by 1
        *     select_obj (SortedRegions, ObjectSelected, J)
        *     if (I == 0 and J == 1)
        *        write_ocr_trainf (ObjectSelected, Image, Classes[J -1], TrainFile)
        *     else
         *           append_ocr_trainf  (ObjectSelected, Image, Classes[J -1],
TrainFile)
        *     endif
        *endfor
    endfor
    *读取训练样本信息
    read_ocr_trainf_names(TrainFile,CharacterNames, CharacterCount)
    *创建 svm 分类器
    create_ocr_class_svm(8,10,'constant','default',CharacterNames,'rbf',
0.02, 0.05, 'one-versus-one', 'normalization', 10, OCRHandle)
    *进行 svm 训练
    trainf_ocr_class_svm(OCRHandle,TrainFile,0.001, 'default')
    *将训练结果保存在指定文件中，共识别时用
    write_ocr_class_svm(OCRHandle,'E:/character recognition/svmModel.osc')
```

以上程序完成字符训练，训练结果放在'E:/character recognition/svmModel.osc'路径下，识别时，只需要读取该训练结果。该应用中，采用的是 SVM 方法进行训练，因此，识别时也需要采用 SVM 方法。

（2）字符识别算法设计

字符识别中，首先需要对字符进行分割和排序，对应的图像处理方式通常与训练时一致。对分割和排序之后的字符，直接调用训练模型即可完成识别。下面是完成的识别代码，其中关键代码已经进行了注释。

```
*从保存的 svm 训练文件中读取 svm 分类器
read_ocr_class_svm('E:/character recognition/svmModel.osc',OCRHandle)
*读取需要识别的图像
read_image (Image, 'E:/character recognition/test/4.bmp')
*对图像进行处理，得到每个字符区域，通常处理方式和训练时的处理方式一致
threshold(Image, Region, 80, 255)
gen_rectangle1(Rectangle, 0, 0, 1, 50)
dilation1(Region,Rectangle, RegionDilation, 1)
connection(RegionDilation, ConnectedRegions)
select_shape (ConnectedRegions, SelectedRegions, 'area', 'and', 13379.6, 
50000)
shape_trans(SelectedRegions,RegionTrans,'rectangle1')
reduce_domain(Image, RegionTrans, ImageReduced)
threshold (ImageReduced, Regions, 68, 255)
connection(Regions, ConnectedRegions1)
select_shape (ConnectedRegions1, SelectedRegions2, 'area', 'and', 100, 
10000)
*对提取的字符区域按照列从左到右排序
sort_region(SelectedRegions2, SortedRegions, 'first_point', 'true', 
'column')
*利用训练的 svm 分类器模型，对排序之后的字符区域进行识别，recognitionResult 保存识
别结果
do_ocr_multi_class_svm(SortedRegions,Image,OCRHandle, recognitionResult)
*也可以采用下面注释的方式，依次识别每个字符
*count_obj(SortedRegions, Number)
*for J :=1 to Number by 1
     *select_obj (SortedRegions, ObjectSelected, J)
     *dev_display(ObjectSelected)
     *do_ocr_multi_class_svm(SortedRegions,Image,OCRHandle, recognitionResult)
*endfor
```

识别程序完成之后，在 HALCON 中选择菜单“文件”→“导出”，出现图 14.3 所示的对话框。在该对话框中第二行选择导出的类型，第一行选择导出的文件路径并命名导出文件的名称。在“导出范围”中选择“程序”，在“函数属性”中将所有框都选中，在“窗口导出”中选择“使用导出模板”，在“编码”中选择“原始”，然后点击“导出”按钮，将会在指定路径下生成该文件，由此完成图像处理算法的导出。本例中，选择的导出路径为 E:\character recognition，因此在该目录下将会看到 recognition.cs 文件，也可以用写字板打开该文件进行查看。接下来需要在 C#中完成图像算法的集成。

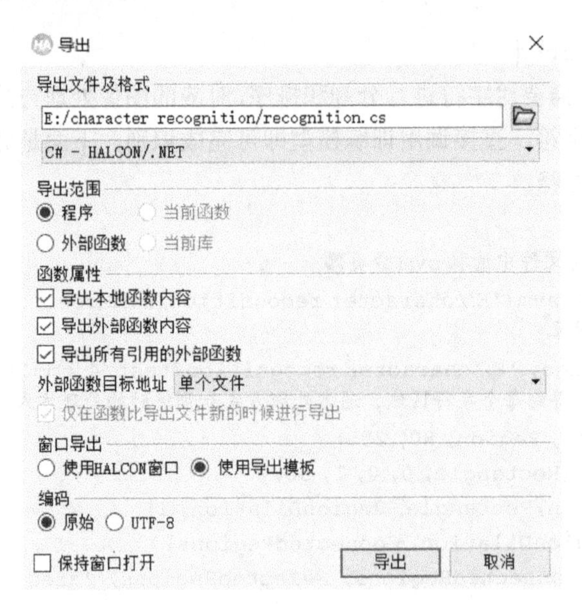

图 14.3　HALCON 算法导出界面

14.1.2　系统设计与算法集成

打开 visual studio 2015，选择“新建项目”，出现图 14.4 所示的对话框。

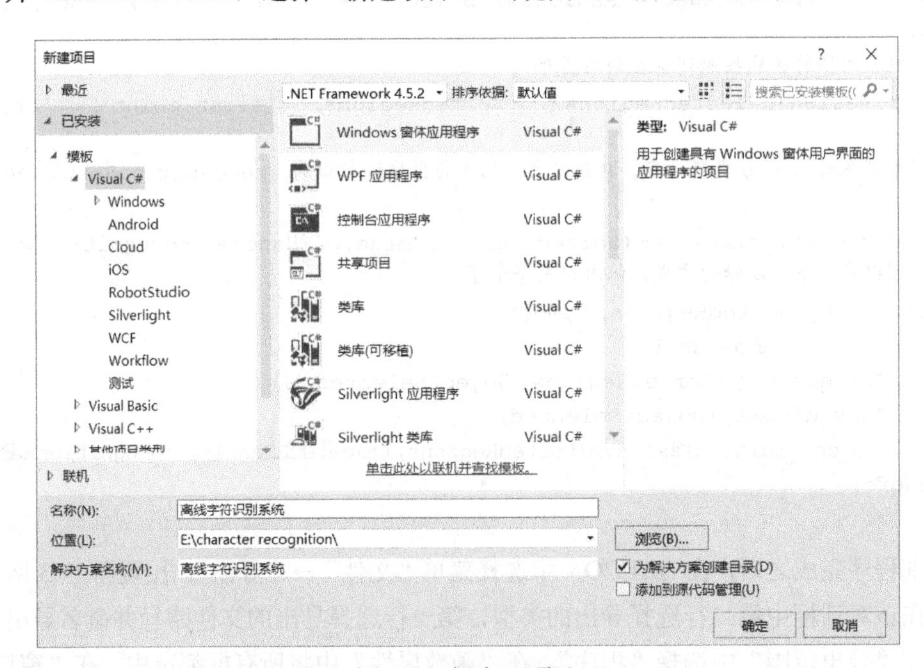

图 14.4　新建 C#项目

在图 14.4 中左边选择 C#项目，中间的对话框中选择“Windows 窗体应用程序”，在下面的名称栏输入项目名称，本系统为“离线字符识别系统”，在位置栏输入项目保存的位置。单击“确定”按钮，完成项目的创建，出现图 14.5 所示的界面。

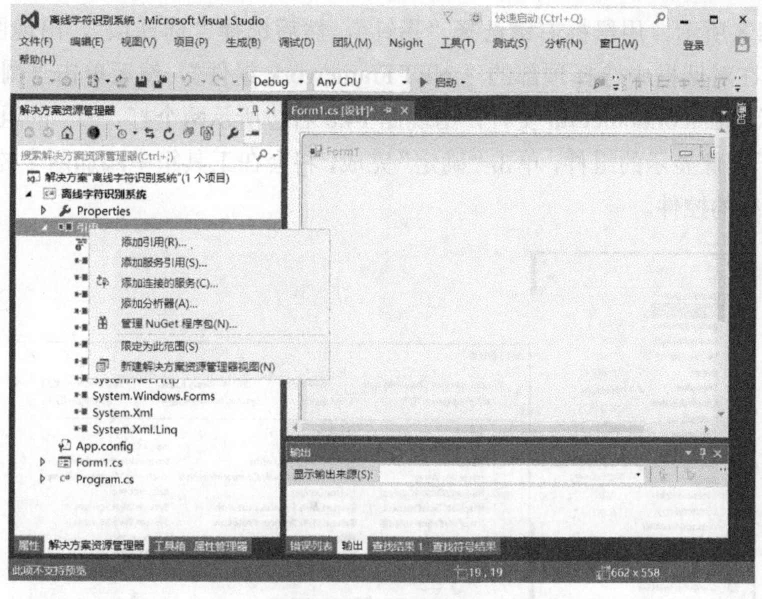

图 14.5　项目界面

在图 14.5 中的“解决方案资源管理器”中，鼠标右键选择“引用”，单击“添加引用”，单击“浏览”，选择 HALCON 安装目录中的 halcondotnet.dll 文件，如图 14.6 所示。图 14.7 所示为添加引用的对话框，添加完成之后，单击“确定”完成。

选择要引用的文件...

此电脑 › 本地磁盘 (D:) › Program Files › MVTec › HALCON-18.05-Progress › bin › dotnet35

组织 ▾　新建文件夹

快速访问
Desktop
下载
文档
图片

名称	修改日期	类型	大小
halcondotnet.dll	2018/7/14 星期...	应用程序扩展	1,446 KB
halcondotnetxl.dll	2018/7/14 星期...	应用程序扩展	1,446 KB
hdevenginedotnet.dll	2018/7/14 星期...	应用程序扩展	64 KB
hdevenginedotnetxl.dll	2018/7/14 星期...	应用程序扩展	64 KB

图 14.6　HALCONdotnet.dll 文件所在位置

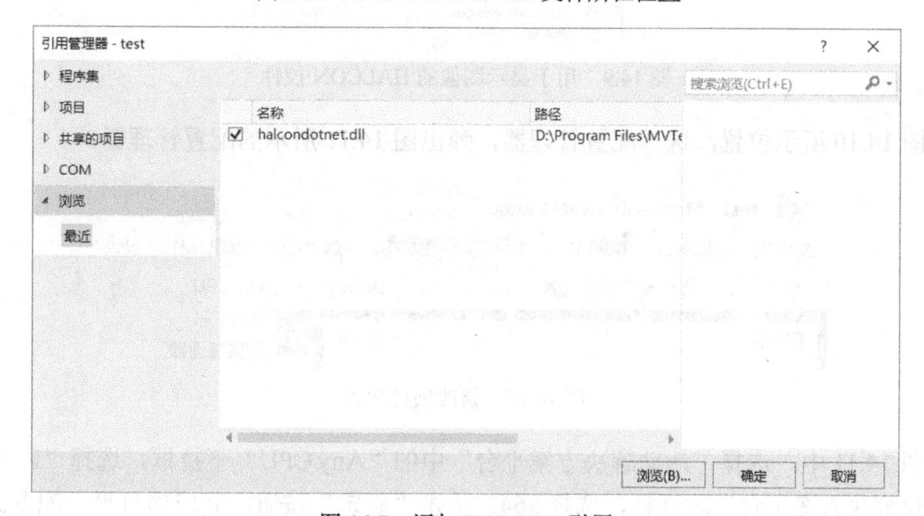

图 14.7　添加 HALCON 引用

按照图 14.8 所示，用鼠标右键选择“指针”，然后选择“选择项”，出现图 14.8 右边所示的对话框。在对话框中选择顶部的“.NET Framework 组件”，然后单击“浏览”按钮，选择图 14.6 所示的 halcondotnet.dll 文件，出现图 14.8 右边所示两个打“☑”的组件，此组件是 HALCON 用于图像显示的组件，单击“确定”完成，将会在工具箱中添加两个控件。如图 14.9 所示为最后两行的控件。

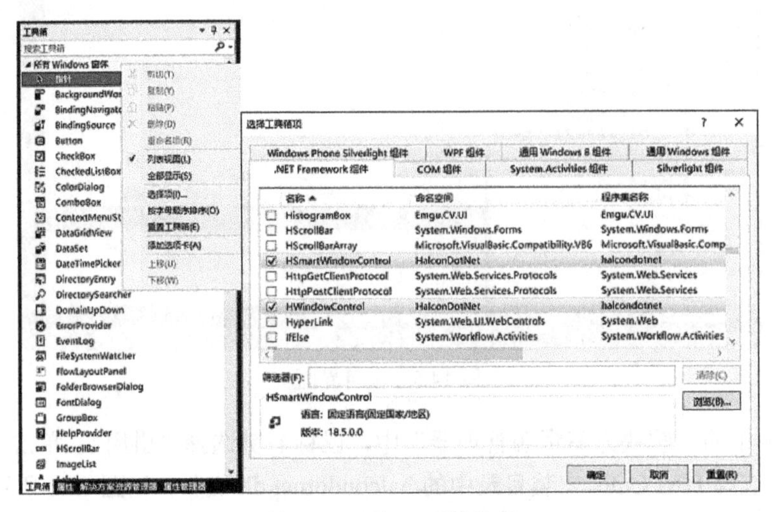

图 14.8　添加工具箱控件

图 14.9　用于显示图像的 HALCON 控件

在图 14.10 所示位置，选择配置管理器，弹出图 14.11 所示的配置管理器。

图 14.10　修改项目配置

在图 14.11 中，选择“活动解决方案平台”中的“Any CPU”下拉框，选择“新建”，出现“新建解决方案平台”对话框，选择 x64。单击“确定”按钮，完成项目平台配置。

配置管理器
活动解决方案配置(C):
Debug
活动解决方案平台(P):
Any CPU
项目上下文(选定要生成或部署的项目配置)(R):
项目
配置
平台
生成
部署
test
Debug
Any CPU
新建解决方案平台
键入或选择新平台(P):
x64
从此处复制设置(S):
Any CPU
创建新的项目平台(C)
确定
取消
关闭

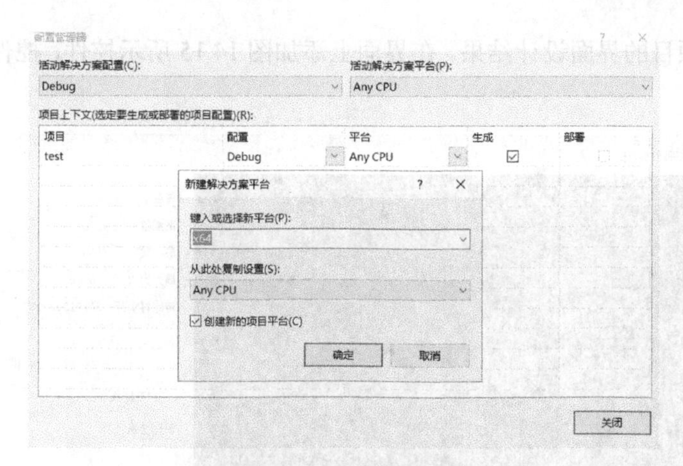

图 14.11　配置管理器

在 HALCON 的安装目录中，找到 halcon.dll 文件，如图 14.12 所示。将 halcon.dll 文件复制到项目文件中，位置如图 14.13 所示。

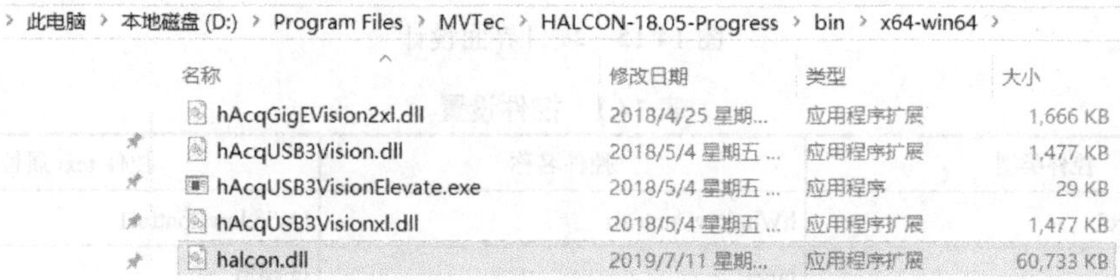

此电脑 › 本地磁盘 (D:) › Program Files › MVTec › HALCON-18.05-Progress › bin › x64-win64 ›
名称
修改日期
类型
大小
hAcqGigEVision2xl.dll　2018/4/25 星期...　应用程序扩展　1,666 KB
hAcqUSB3Vision.dll　2018/5/4 星期五 ...　应用程序扩展　1,477 KB
hAcqUSB3VisionElevate.exe　2018/5/4 星期五 ...　应用程序　29 KB
hAcqUSB3Visionxl.dll　2018/5/4 星期五 ...　应用程序扩展　1,477 KB
halcon.dll　2019/7/11 星期...　应用程序扩展　60,733 KB

图 14.12　halcon.dll 文件所在位置

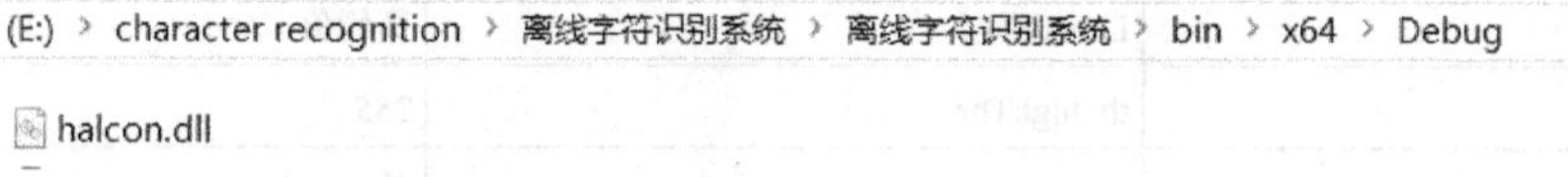

(E:) › character recognition › 离线字符识别系统 › 离线字符识别系统 › bin › x64 › Debug
halcon.dll

图 14.13　halcon.dll 文件放置位置

注意，如果安装的 HALCON 是 x86 的版本，需要复制 x86 的 halcon.dll 文件到对应的项目位置，而且，图 14.11 的新建项目的平台也应该选择 x86 平台，两者不可混淆。

鼠标右键选择项目“离线字符识别系统”，然后选择“添加”→“现有项”，选择导出的 recognition.cs 文件，将该文件加入项目中，见图 14.14。至此，项目的准备工作完成。

解决方案资源管理器
Form1.cs [设计]
搜索解决方案资源管理器(Ctrl+;)
Form1
解决方案"test"(1 个项目)
生成(U)
重新生成(E)
清理(N)
查看(W)
分析(Z)
发布(B)...
限定为此范围(S)
新建解决方案资源管理器视图(N)
添加(D)
管理 NuGet 程序包(N)...
新建项(W)...　Ctrl+Shift+A
现有项(G)...　Shift+Alt+A

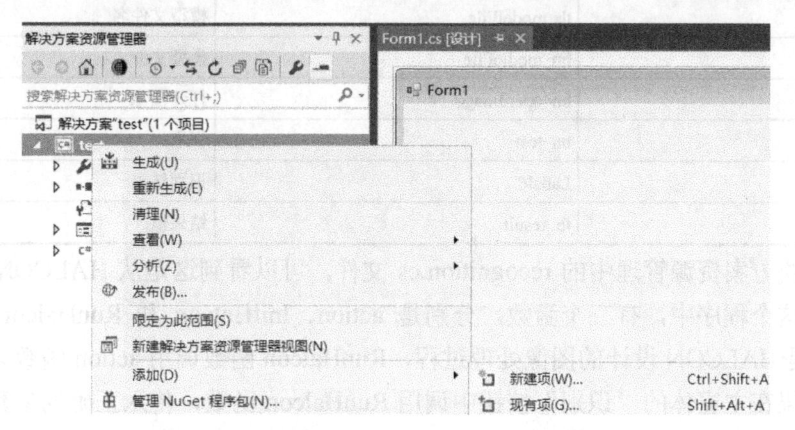

图 14.14　添加导出的 recognition 文件到项目中

图 14.15 是项目的界面设计结果。在界面上添加图 14.15 所示控件，控件的设置如表 14.1 所示。

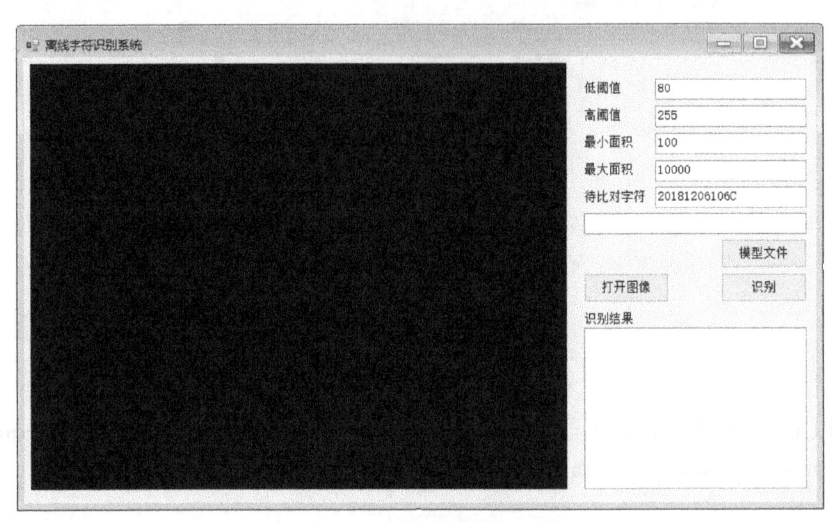

图 14.15　项目界面设计

表 14.1　控件设置

控件类型	控件名称	控件 text 属性
hWindowControl	hWindowControl1	hWindowControl1
label	label1	低阈值
TextBox	tb_lowThr	80
label	Label2	高阈值
TextBox	tb_highThr	255
label	Label3	最小面积
TextBox	tb_minArea	100
label	Label4	最大面积
TextBox	tb_maxArea	10000
label	Label5	待比对字符
TextBox	tb_recogChar	20181206106C
TextBox	tb_modelFile	模型文件名
Button	bn_modleFile	模型文件
Button	bn_openImage	打开图像
Button	bn_test	识别
label	Label6	识别结果
TextBox	tb_result	结果值

双击解决方案资源管理中的 recognition.cs 文件，可以看到这是从 HALCON 中导出的算法程序。在这个程序中，有三个函数，分别是 action、InitHalcon 和 RunHalcon 函数。其中 action 函数是 HALCON 设计的图像处理过程，RunHalcon 函数调用 action 函数来执行图像处理过程，如果在主窗体的“识别”按钮中调用 RunHalcon 函数，传入正确的参数，即可完成整个图像处理过程。此外，也可以在“识别”按钮直接调用 action 函数来完成图像处理过程。

在本例中，直接从“识别”按钮调用 action 函数。由于需要将参数传入 action 函数中，因此，需要对 action 函数进行修改。修改完成 action 函数后，完成的 recognition.cs 如下所示：

```
using System;
using HalconDotNet;
public partial class HDevelopExport
{
    public HTuple hv_ExpDefaultWinHandle;
    public void action(HTuple hv_OCRHandle, HObject ho_Image, int lowThr,
int highThr, int minArea, int maxArea, ref string recognitionResult)
    {
        HObject ho_Region, ho_Rectangle;
        HObject ho_RegionDilation, ho_ConnectedRegions, ho_SelectedRegions;
        HObject ho_RegionTrans, ho_ImageReduced, ho_Regions, ho_Connected-
Regions1;
        HObject ho_SelectedRegions2, ho_SortedRegions;
        HTuple hv_recognitionResult = new HTuple();
        //对图像进行处理，得到每个字符区域，通常处理方式和训练时的处理方式一致
        HOperatorSet.Threshold(ho_Image, out ho_Region, lowThr, highThr);
        HOperatorSet.GenRectangle1(out ho_Rectangle, 0, 0, 1, 50);
        HOperatorSet.Dilation1(ho_Region, ho_Rectangle, out ho_RegionDila-
tion, 1);
        HOperatorSet.Connection(ho_RegionDilation, out ho_ConnectedRegions);
        HOperatorSet.SelectShape(ho_ConnectedRegions, out ho_SelectedRegions,
"area","and", 13379.6, 50000);
        HOperatorSet.ShapeTrans(ho_SelectedRegions, out ho_RegionTrans, "rec-
tangle1");
        HOperatorSet.ReduceDomain(ho_Image, ho_RegionTrans, out ho_Image-
Reduced);
        HOperatorSet.Threshold(ho_ImageReduced, out ho_Regions, lowThr, highThr);
        HOperatorSet.Connection(ho_Regions, out ho_ConnectedRegions1);
        HOperatorSet.SelectShape(ho_ConnectedRegions1, out ho_Selected-
Regions2, "area","and", minArea, maxArea);
        //对提取的字符区域按照列从左到右排序
        HOperatorSet.SortRegion(ho_SelectedRegions2, out ho_SortedRegions,
"first_point",
            "true", "column");
        //利用训练的 svm 分类器模型，对排序之后的字符区域进行识别，recognition-
Result 保存识别结果
        HOperatorSet.DoOcrMultiClassSvm(ho_SortedRegions, ho_Image, hv_
OCRHandle, out hv_recognitionResult);
        //返回识别结果
        recognitionResult = string.Join("", hv_recognitionResult);
    }
}
```

双击设计界面上的“模型文件”按钮“打开图像”按钮和“识别”按钮，打开 Form1.cs 的程序编辑界面，如图 14.16 所示。

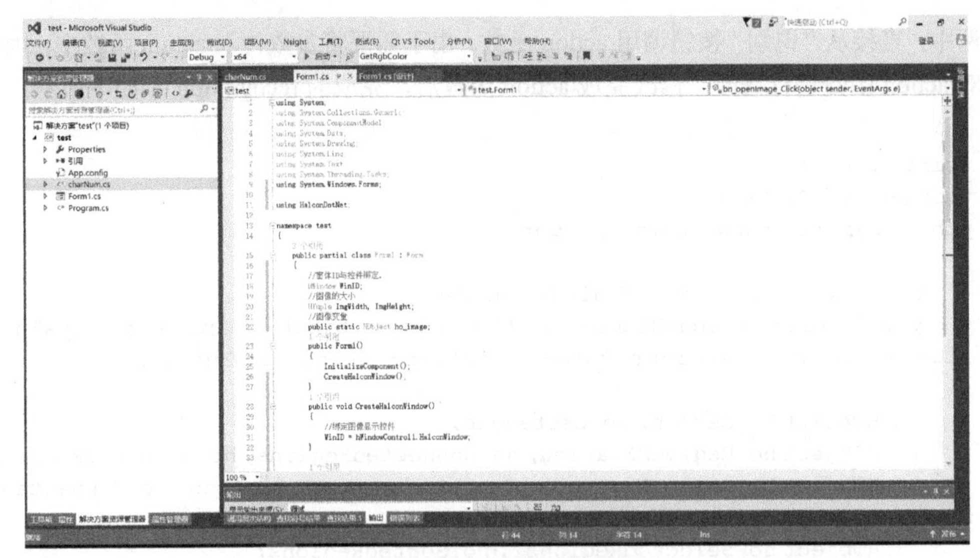

图 14.16　程序编辑界面

在 Form1.cs 中完成如下代码：

```
using System;
using System.Collections.Generic;
using System.ComponentModel;
using System.Data;
using System.Drawing;
using System.Linq;
using System.Text;
using System.Threading.Tasks;
using System.Windows.Forms;
using HalconDotNet;
namespace 离线字符识别系统
{
    public partial class Form1 : Form
    {
        //窗体 ID 与控件绑定，
        HWindow WinID;
        //图像的大小
        HTuple ImgWidth, ImgHeight;
        //图像变量
        public static HObject ho_image;
        HTuple hv_OCRHandle = new HTuple();
        public Form1()
        {
            InitializeComponent();
            CreateHALCONWindow();
        }
        public void CreateHALCONWindow()
        {
            //绑定图像显示控件
            WinID = hWindowControl1.HalconWindow;
        }
```

```
        private void bn_modleFile_Click(object sender, EventArgs e)
        {
            OpenFileDialog ofDlg = new OpenFileDialog();
            ofDlg.Filter = "模型文件 |*.osc";
            if (ofDlg.ShowDialog() == DialogResult.OK)
            {
                tb_modelFile.Text = ofDlg.FileName;
                string modelFile = ofDlg.FileName;
                HOperatorSet.ReadOcrClassSvm(modelFile, out hv_OCRHandle);
            }
        }
        private void bn_openImage_Click(object sender, EventArgs e)
        {
            OpenFileDialog ofDlg = new OpenFileDialog();
           ofDlg.Filter = "所有图像文件 | *.bmp; *.pcx; *.png; *.jpg; *.gif;*.tif;
*.ico; *.dxf; *.cgm; *.cdr; *.wmf; *.eps; *.emf";
            if (ofDlg.ShowDialog() == DialogResult.OK)
            {
                HTuple ImagePath = ofDlg.FileName;
                HOperatorSet.ReadImage(out ho_image, ImagePath);
                    HOperatorSet.GetImageSize(ho_image, out ImgWidth, out
ImgHeight);
                WinID.DispObj(ho_image);
            }
        }
        private void tb_test_Click(object sender, EventArgs e)
        {
            int lowThr = int.Parse(tb_lowThr.Text);
            int highThr = int.Parse(tb_highThr.Text);
            int minArea = int.Parse(tb_minArea.Text);
            int maxArea = int.Parse(tb_maxArea.Text);
            string recognitionChar = tb_recogChar.Text;
            HDevelopExport HD = new HDevelopExport();
            string recognitionResult = "";
             HD.action(hv_OCRHandle,ho_image, lowThr, highThr,minArea,maxArea,
ref recognitionResult);
            if (recognitionChar != recognitionResult)
            {
                tb_result.AppendText(System.Environment.NewLine +"检测结果:
" +"  " +recognitionResult +"  " +"NG");
                tb_result.Select(tb_result.TextLength, 0);
                tb_result.ScrollToCaret();
            }
            else
            {
                tb_result.AppendText(System.Environment.NewLine +"检测结果:
" +"  " +recognitionResult +"  " +"OK");
                tb_result.Select(tb_result.TextLength, 0);
                tb_result.ScrollToCaret();
            }
        }
    }
}
```

以上是 Form1.cs 文件的完整代码，其中 HDevelopExport 是 action 函数的类。导出的 recognition.cs 文件默认为 HDevelopExport 类。尽管该类中有大量自动生成的代码，但是对其进行修改后，可以只保留 action 函数，其他的都可以删除。

程序运行结果如图 14.17 所示。

图 14.17　程序运行结果

以上是从利用 HALCON 记性算法设计到利用 C#进行系统开发的完整的离线字符识别系统开发过程。包括字符训练算法设计、字符识别算法设计、字符识别代码导出，以及利用 C#开发离线字符识别框架等过程以及所有的代码。由于只是演示如何进行系统开发，因此，对于视觉系统设计的一些细节并没有考虑，如系统的错误捕捉、图像处理结果的可视化显示等。但是，不影响读者理解如何进行系统开发。

在实时在线检测视觉系统中，通常也将训练过程作为一个功能模块放在识别系统中，方便现场调试工程师在用户现场进行模型训练，训练功能的开发与上面的开发过程类似，请读者自行完成。

14.2　搭建一个在线检测视觉图像采集系统

在线检测视觉系统与离线检测系统是类似的，唯一的区别在于图像采集方式。在线检测系统将从摄像机中实时采集图像进行检测，而离线检测系统是从已经采集的图像文件中进行检测。因此，此部分只说明如何进行在线图像采集及在线检测需要注意的关键地方，不再说明完整的在线视觉系统开发过程。具体的在线视觉检测系统请读者参考离线字符识别系统自行开发。

14.2.1　在线图像采集方法

在线检测需要实时采集摄像机图像并实时检测。在线检测中，系统需要控制摄像机的相关参数，比如曝光、延迟、帧率等。大多数情况下，在线检测是通过在产线上安装传感器，传感器触发信号通知摄像机采集图像并处理。通常的处理流程可以描述为以下步骤：

① 当产品流过产线时，传感器检测到有产品经过，则给摄像机信号，摄像机收到信号之后，开始采集图像。

② 将采集的图像传给图像处理算法函数，开始进行图像处理。

③ 处理完成，给出处理结果，视觉系统根据处理结果给执行机构发送信号。

④ 执行机构收到信号，根据信号决定执行动作。

⑤ 完成一个周期，重复①到④步骤，继续下一个周期的处理。

在整个过程中，图像采集是基础，图像采集通常有两种方式：一种是利用 HALCON 已经开发的图像获取助手进行采集；另一种是利用摄像机厂家的软件开发包（SDK）自行开发进行图像采集。

在 HALCON 中，已经实现了在线图像采集功能，通过其图像获取助手可以实现现有市面上大部分摄像机的图像采集。在此，以国内厂家大恒的摄像机来说明如何利用 HALCON 自带的图像获取助手实现图像采集。

首先，打开 HALCON 自带的图像获取助手，单击 HALCON 软件的菜单“助手”，如图 14.18 所示。单击“打开新的 Image Acquisition”菜单，出现图 14.19 所示对话框。

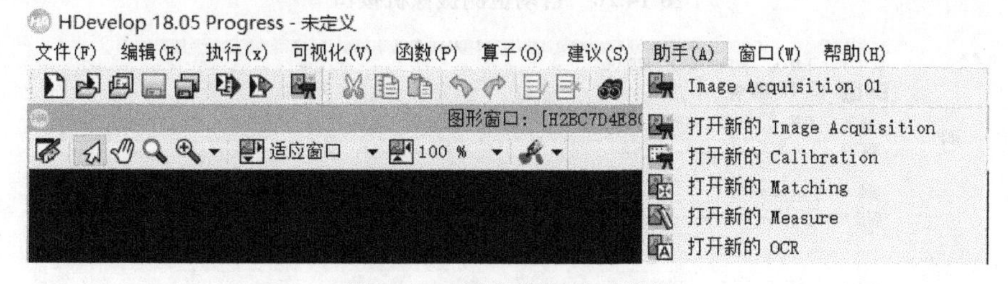

图 14.18　图像获取助手菜单

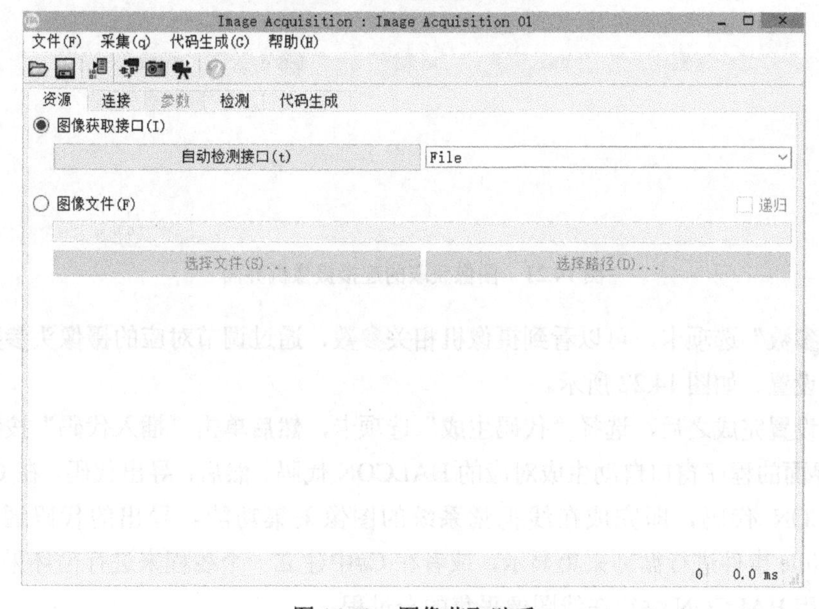

图 14.19　图像获取助手

在出现的对话框中单击“自动检测接口”，将自动检测连接在电脑上的摄像机。如果检测到有摄像机连接，则该对话框中的“连接”“参数”等界面上的功能将可用，选择“连接”选项卡后，分别单击“连接”按钮和“实时”按钮，摄像头开始采集图像。如图 14.20 和图 14.21 所示。

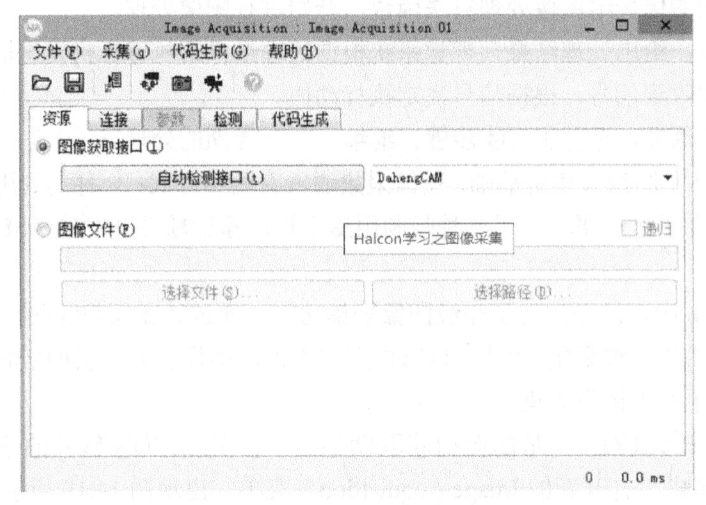

图 14.20　自动检测摄像机接口

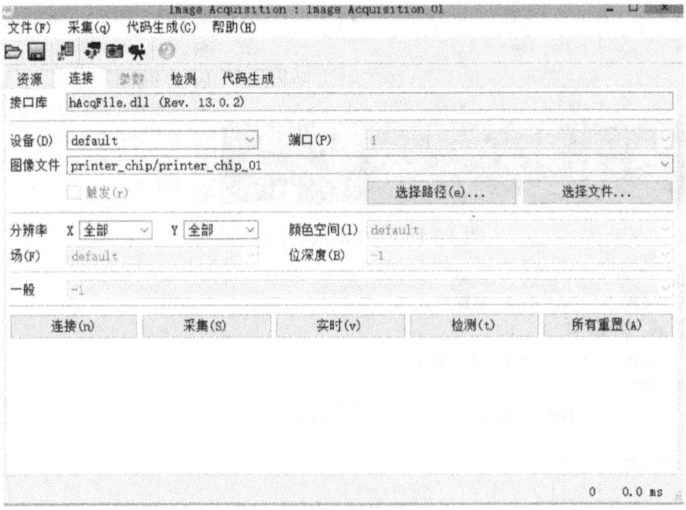

图 14.21　图像获取的连接摄像机界面

选择“参数”选项卡，可以看到摄像机相关参数，通过调节对应的摄像头参数，可以改变摄像机的设置。如图 14.22 所示。

当一切设置完成之后，选择“代码生成”选项卡，然后单击“插入代码”按钮，则会在 HALCON 界面的程序窗口自动生成对应的 HALCON 代码。然后，导出代码，在 C#中调用导出的 HALCON 代码，即完成在线视觉系统的图像采集功能。导出的代码通常在 C#的 Application.Idle 事件进行循环采集显示，或者在 C#中建立一个线程来进行循环采集显示。至此，即为利用 HALCON 进行在线图像采集的全过程。

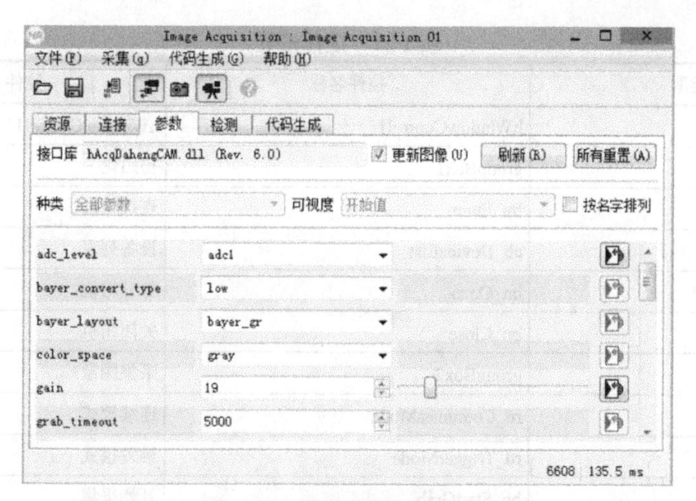

图 14.22　摄像机参数设置界面

14.2.2　利用摄像机 SDK 实现在线视觉系统图像采集

尽管使用 14.2.1 节的方式能快速实现在线图像采集功能，但是，该方式对摄像机的参数操作并不是很方便，而且，有可能某些品牌的摄像机，HALCON 并不能利用图像获取助手采集图像。另外，很多时候利用该助手获取图像对于在线检测并不方便，摄像机本身的某些功能在该助手中可能不可用，因此，在线检测视觉系统的图像采集更常见的是利用摄像机自身的软件开发包来实现。在此，以国内厂家海康威视的一款工业面阵摄像机来说明如何利用摄像机自带的 SDK 实现图像采集，并通过一个简单的二值化处理，来演示如何进行在线检测。

在线视觉图像采集系统主要包括摄像机打开、关闭、设置摄像机的图像采集模式、开始采集、停止采集等功能。如果要进行在线视觉检测，只需要对采集的实时图像添加图像处理函数即可完成。按照 14.1 节的离线字符识别系统一样的方式，在 C#中创建一个窗体应用程序，界面设计如图 14.23 所示。相关的控件设置见表 14.2。

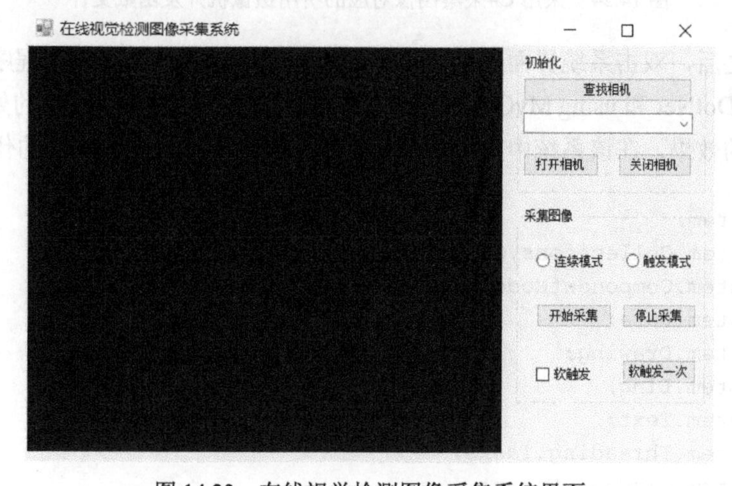

图 14.23　在线视觉检测图像采集系统界面

表 14.2　控件设置

控件类型	控件名称	控件 text 属性
hWindowControl	hWindowControl1	hWindowControl1
groupBox	groupBox1	初始化
Button	bn_Enum	查找相机
ComboBox	cb_DeviceList	设备列表
Button	bn_Open	打开相机
Button	bn_Close	关闭相机
groupBox	groupBox2	采集图像
RadioButton	rd_ContinuesMode	连续模式
RadioButton	rd_TriggerMode	触发模式
Button	bn_StartGrab	开始采集
Button	bn_StopGrab	停止采集
CheckBox	cb_SoftTrigger	软触发
Button	bn_TriggerExec	软触发一次
backgroundWorker	backgroundWorker1	控件

采用摄像机自带的 SDK，需要安装对应的软件开发包，系统界面设计完成之后，在项目中添加引用，由于需要用到 HALCON 中的函数，因此，按照上一节的方式添加对应的动态库引用文件。此外，这里用到了海康威视的软件开发包，需要添加海康威视的 MvCameraControl.Net.dll 文件，该文件在安装好对应的软件开发包之后，在安装目录下可以找到，如图 14.24 所示。

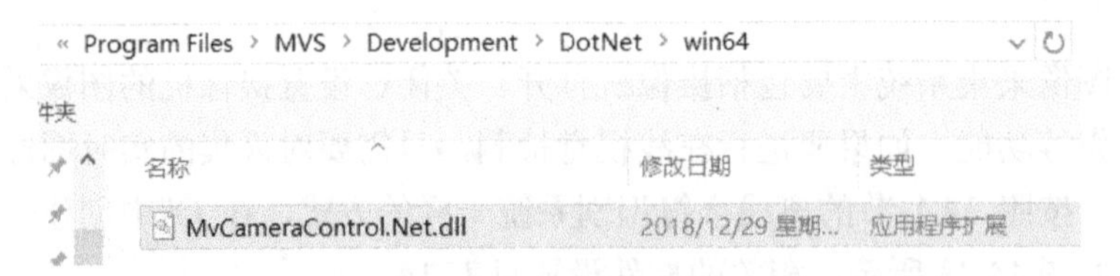

图 14.24　采用 C#采集图像对应的引用摄像机开发函数文件

引用完成之后，双击系统界面上的按钮，进入程序编辑界面。首先在程序编辑文件中添加 using HalconDotNet 和 using MvCamCtrl.NET。然后，依次添加每个按钮的处理函数。为了显示实时处理的效果，在该系统中，增加了简单的二值化处理功能。完整的代码如下：

```
using System;
using System.Collections.Generic;
using System.ComponentModel;
using System.Data;
using System.Drawing;
using System.Linq;
using System.Text;
using System.Threading.Tasks;
using System.Windows.Forms;
```

```
using HalconDotNet;
using MvCamCtrl.NET;
using System.Runtime.InteropServices;
namespace 在线视觉检测图像采集系统
{
    public partial class Form1 : Form
    {
        MyCamera.MV_CC_DEVICE_INFO_LIST m_pDeviceList;
        private MyCamera m_pMyCamera;
        static MyCamera.cbOutputExdelegate ImageCallback;
        bool m_bGrabbing;
        HWindow WinID;
        //可以用全局变量 static HImage hObject = new HImage();来接收摄像机图像,
        //也可以用采集图像函数内部用局部变量接收摄像机图像，两者选其一,
        //本示例中,在函数 ImageCallbackFunc 中采用 HImage hObject = new HImage();
局部变量接收摄像机图像。
        //static HImage hObject = new HImage();
        public Form1()
        {
            InitializeComponent();
            m_pDeviceList = new MyCamera.MV_CC_DEVICE_INFO_LIST();
            m_pMyCamera = new MyCamera();
            m_bGrabbing = false;
            CreateHALCONWindow();
            DeviceListAcq();
        }
        public void CreateHALCONWindow()
        {
            //绑定图像显示控件
            WinID = hWindowControl1.HalconWindow;
        }
        private void Form1_Load(object sender, EventArgs e)
        {
            #region //图像处理后台线程
            backgroundWorker1.WorkerReportsProgress = true;
            backgroundWorker1.WorkerSupportsCancellation = true;
            backgroundWorker1.DoWork += new DoWorkEventHandler(background-
Worker1_DoWork);
            Control.CheckForIllegalCrossThreadCalls = false;
            #endregion
        }
        void backgroundWorker1_DoWork(object sender, DoWorkEventArgs e)
        {
            if (m_bGrabbing == true)
            {
                HImage hObject = e.Argument as HImage;
                if (hObject != null)
```

```
                {
                    HObject ho_Region = new HObject();
                    HOperatorSet.Threshold(hObject, out ho_Region, 128, 255);
                    HOperatorSet.ClearWindow(WinID);
                    if (ho_Region != null)
                        WinID.DispObj(ho_Region);
                }
            }
        }
        private void bn_Enum_Click(object sender, EventArgs e)
        {
            DeviceListAcq();
        }
        private void DeviceListAcq()
        {
            int nRet;
            System.GC.Collect();
            cb_DeviceList.Items.Clear();
            nRet = MyCamera.MV_CC_EnumDevices_NET(MyCamera.MV_GIGE_DEVICE
| MyCamera.MV_USB_DEVICE, ref m_pDeviceList);
            if (MyCamera.MV_OK != nRet)
            {
                MessageBox.Show("Enum Devices Fail");
                return;
            }
            for (int i = 0; i < m_pDeviceList.nDeviceNum; i++)
            {
                MyCamera.MV_CC_DEVICE_INFO device = (MyCamera.MV_CC_DEVICE_
INFO)Marshal.PtrToStructure(m_pDeviceList.pDeviceInfo[i], typeof(MyCamera.
MV_CC_DEVICE_INFO));
                if (device.nTLayerType == MyCamera.MV_GIGE_DEVICE)
                {
                    IntPtr buffer = Marshal.UnsafeAddrOfPinnedArrayElement
(device.SpecialInfo.stGigEInfo, 0);
                    MyCamera.MV_GIGE_DEVICE_INFO gigeInfo = (MyCamera.MV_
GIGE_DEVICE_INFO)Marshal.PtrToStructure(buffer,
typeof(MyCamera.MV_GIGE_DEVICE_INFO));
                    if (gigeInfo.chUserDefinedName != "")
                    {
                        cb_DeviceList.Items.Add("GigE: " +gigeInfo.chUser-
DefinedName +" (" +gigeInfo.chSerialNumber +")");
                    }
                    else
                    {
                        cb_DeviceList.Items.Add("GigE: " +gigeInfo.chManu-
facturerName +" " +gigeInfo.chModelName +" (" +gigeInfo.chSerialNumber +")");
                    }
```

```
                }
                else if (device.nTLayerType == MyCamera.MV_USB_DEVICE)
                {
                     IntPtr buffer = Marshal.UnsafeAddrOfPinnedArrayElement
(device.SpecialInfo.stUsb3VInfo, 0);
                       MyCamera.MV_USB3_DEVICE_INFO usbInfo = (MyCamera.MV_
USB3_DEVICE_INFO)Marshal.PtrToStructure(buffer,  typeof(MyCamera.MV_USB3_DEVICE_
INFO));
                    if (usbInfo.chUserDefinedName != "")
                    {
                            cb_DeviceList.Items.Add("USB: " +usbInfo.chUser-
DefinedName +" (" +usbInfo.chSerialNumber +")");
                    }
                    else
                    {
                        cb_DeviceList.Items.Add("USB: " +usbInfo.  chManufa-
cturerName +" " +usbInfo.chModelName +" (" +usbInfo.chSerialNumber +")");
                    }
                }
            }
            if (m_pDeviceList.nDeviceNum != 0)
            {
                cb_DeviceList.SelectedIndex = 0;
            }
        }
        private void bn_Open_Click(object sender, EventArgs e)
        {
            if (m_pDeviceList.nDeviceNum == 0 || cb_DeviceList.SelectedIndex
== -1)
            {
                MessageBox.Show("No device,please select");
                return;
            }
            int nRet = -1;
            //获取选择的设备信息
            MyCamera.MV_CC_DEVICE_INFO device =
                   (MyCamera.MV_CC_DEVICE_INFO)Marshal.PtrToStructure  (m_
pDeviceList.pDeviceInfo[cb_DeviceList.SelectedIndex],
                typeof(MyCamera. MV_CC_DEVICE_INFO));
            nRet = m_pMyCamera.MV_CC_CreateDevice_NET(ref device);
            if (MyCamera.MV_OK != nRet)
            {
                return;
            }
            //打开设备
            nRet = m_pMyCamera.MV_CC_OpenDevice_NET();
```

```
            if (MyCamera.MV_OK != nRet)
            {
                MessageBox.Show("Open Device Fail");
                return;
            }
            if (device.nTLayerType == MyCamera.MV_GIGE_DEVICE)
            {
                 int nPacketSize = m_pMyCamera.MV_CC_GetOptimal-PacketSize_
NET();
                if (nPacketSize > 0)
                {
                          nRet = m_pMyCamera.MV_CC_SetIntValue_NET("GevSCPS
PacketSize", (uint)nPacketSize);
                    if (nRet != MyCamera.MV_OK)
                    {
                          Console.WriteLine("Warning: Set Packet Size failed
{0:x8}", nRet);
                        return;
                    }
                }
                else
                {
                    Console.WriteLine("Warning: Get Packet Size failed {0:x8}",
nPacketSize);
                    return;
                }
            }
            //打开摄像机后，设置为连续模式抓取图像
            m_pMyCamera.MV_CC_SetEnumValue_NET("TriggerMode", (uint)MyCamera.
MV_CAM_TRIGGER_MODE.MV_TRIGGER_MODE_OFF);
        }
        private void bn_Close_Click(object sender, EventArgs e)
        {
            if (m_bGrabbing)
            {
                m_bGrabbing = false;
                //停止抓图
                m_pMyCamera.MV_CC_StopGrabbing_NET();
            }
            //关闭设备
            m_pMyCamera.MV_CC_CloseDevice_NET();
            m_bGrabbing = false;
        }
        private void bn_StartGrab_Click(object sender, EventArgs e)
        {
            int nRet = 0;
            //通过代理和回调函数的方式，进行实时图像抓取
```

```
                ImageCallback = new MyCamera.cbOutputExdelegate(ImageCall-
backFunc);
                nRet = m_pMyCamera.MV_CC_RegisterImageCallBackEx_NET(Image-
Callback, (IntPtr)0);
            if (0 != nRet)
            {
                return;
            }
            GCHandle.Alloc(ImageCallback);
            nRet = m_pMyCamera.MV_CC_StartGrabbing_NET();
            if (MyCamera.MV_OK != nRet)
            {
                return;
            }
            m_bGrabbing = true;
            return;
        }
        public void ImageCallbackFunc(IntPtr pData, ref MyCamera.MV_FRAME_
OUT_INFO_EX pFrameInfo, IntPtr pUser)
        {
            int width = pFrameInfo.nWidth;
            int height = pFrameInfo.nHeight;
            MyCamera.MvGvspPixelType enDstPixelType = pFrameInfo.enPixel-
Type;
            if (enDstPixelType == MyCamera.MvGvspPixelType.PixelType_Gvsp_
Mono8)
            {
                HImage hObject = new HImage();
                hObject.GenImage1("byte", width, height, pData);
                //hObject 为从摄像机得到的实时图像，在此添加对应的图像处理函数，即为
在线检测
                //可以通过 WinID.DispObj(hObject)直接显示相机图像
                //也可以通过 backgroundWorker1 后台控件将图像传递出来，
                //在 backgroundWorker1_DoWork 中进行显示、处理等操作，两者选其一。
                //WinID.DispObj(hObject);
                if (backgroundWorker1.IsBusy == false)
                    backgroundWorker1.RunWorkerAsync(hObject);
            }
        }
        private void bn_StopGrab_Click(object sender, EventArgs e)
        {
            int nRet = -1;
            //停止抓图
            nRet = m_pMyCamera.MV_CC_StopGrabbing_NET();
            if (nRet != MyCamera.MV_OK)
            {
                MessageBox.Show("Stop Grabbing Fail");
            }
```

```
                m_bGrabbing = false;
            }
            private void bn_TriggerExec_Click(object sender, EventArgs e)
            {
                int nRet;
                //触发命令
                nRet = m_pMyCamera.MV_CC_SetCommandValue_NET("TriggerSoftware");
                if (MyCamera.MV_OK != nRet)
                {
                    MessageBox.Show("Trigger Fail");
                }
            }
            private void rd_ContinuesMode_CheckedChanged(object sender, Event-
Args e)
            {
                int nRet = MyCamera.MV_OK;
                if (rd_ContinuesMode.Checked)
                {
                    nRet = m_pMyCamera.MV_CC_SetEnumValue_NET("TriggerMode", 0);
                    if (nRet != MyCamera.MV_OK)
                    {
                        MessageBox.Show("Set TriggerMode Fail");
                        return;
                    }
                    cb_SoftTrigger.Enabled = false;
                    bn_TriggerExec.Enabled = false;
                }
            }
             private void rd_TriggerMode_CheckedChanged(object sender, Event-
Args e)
            {
                int nRet = MyCamera.MV_OK;
                if (rd_TriggerMode.Checked)
                {
                    nRet = m_pMyCamera.MV_CC_SetEnumValue_NET("TriggerMode", 1);
                    if (nRet != MyCamera.MV_OK)
                    {
                        MessageBox.Show("Set TriggerMode Fail");
                        return;
                    }
                    if (cb_SoftTrigger.Checked)
                    {
                            nRet = m_pMyCamera.MV_CC_SetEnumValue_NET("Trigger-
Source", 7);
                        if (nRet != MyCamera.MV_OK)
                        {
                            MessageBox.Show("Set TriggerSource Fail");
```

```
                    return;
                }
                if (m_bGrabbing)
                {
                    bn_TriggerExec.Enabled = true;
                }
            }
            else
            {
                nRet = m_pMyCamera.MV_CC_SetEnumValue_NET("Trigger-
Source", 0);
                if (nRet != MyCamera.MV_OK)
                {
                    MessageBox.Show("Set TriggerSource Fail");
                    return;
                }
            }
            cb_SoftTrigger.Enabled = true;
        }
    }
    private void cb_SoftTrigger_CheckedChanged(object sender, EventAr-
gs e)
    {
        if (cb_SoftTrigger.Checked)
        {
            //触发源设为软触发
            m_pMyCamera.MV_CC_SetEnumValue_NET("TriggerSource", 7);
            if (m_bGrabbing)
            {
                bn_TriggerExec.Enabled = true;
            }
        }
        else
        {
            m_pMyCamera.MV_CC_SetEnumValue_NET("TriggerSource", 0);
            bn_TriggerExec.Enabled = false;
        }
    }
  }
}
```

以上是在线视觉检测图像采集系统的完整代码。摄像机采用网线接口传输图像数据，需要注意摄像机的 IP 地址与电脑的 IP 地址在同一个网段。当连上摄像机之后，单击“查找相机”按钮，可以找出连接在电脑上的摄像机，单击“打开相机”按钮，将打开摄像机，并设置为连续采集图像的方式，该方式得到的是视频图像。当选择“触发”模式并且没有选择软触发时，需要连接传感器，摄像机将根据传感器给出的信号进行图像采集，如果选中“软触发”模式，不需要传感器信号，当点击“软触发一次”按钮后，将采集一张图像。该在线图像采集系统采用回调函数的方式进行图像采集，在得到图像后，添加对应的图像处理算法，即在线视觉检测系统。本实例中，对在线采集的图像增加了简单的二值化处理功能，用以说明如何进行在线检测，读者可以参考该实例，自行设计自己的在线检测系统。

在线视觉检测系统中，系统的稳定至关重要。系统的稳定运行与多方面因素有关。完整的在线检测流程可以描述为图像采集、图像处理、结果输出到执行机构三个阶段。这是一个顺序执行的过程，这三个阶段相互关联，每个阶段出现问题都将影响整个视觉检测系统的稳定运行。在线检测通常采用硬触发的方式，由传感器给信号触发摄像机采集图像，然后进行检测。图像处理需要在系统的子线程中进行，这样可以避免系统出现“假死”现象。图像处理结果要及时发送给执行机构，保证执行机构在正确的时间准确执行剔除等功能。完善的在线视觉检测系统需要考虑多个处理阶段的有机配合，这需要视觉系统开发人员熟练掌握相关技术，包括软件开发技术、系统设计技术等，在线视觉检测系统开发是一门应用性比较强的技术，需要在应用开发中不断提高技术能力。

参考文献

[1] Carsten Steget，Markus Ulrich，Christian Wiedemann. 机器视觉算法与应用[M]. 杨少荣，吴迪靖，段德山，译. 北京：清华大学出版社，2005.

[2] Rafael C. Gonazlea，Richard E. Woods. 数字图像处理[M]. 2 版. 阮秋琦，阮宇智，等译. 北京：电子工业出版社，2007.

[3] 韩九强. 机器视觉技术及应用[M]. 北京：高等教育出版社，2009.

[4] 维视图像:http://www.microvision.com.cn/.

[5] 张铮，王艳平，薛桂香. 数字图像处理与机器视觉[M]. 北京：人民邮电出版社，2010.

[6] Kirsch R A. Computer determination of the constituent structure of biological images [J]. Computers and biomedical research，1971，4(3)：315-328.

[7] 白福忠. 视觉测量技术基础[M]. 北京：电子工业出版社，2013.

[8] 章毓晋. 图像理解与计算机视觉[M]. 北京：清华大学出版社，2000.

[9] 张广军. 机器视觉[M]. 北京:科学出版社，2005.

[10] 金伟其，胡威捷. 辐射度、光度与色度及其测量[M]. 北京：北京理工大学出版社，2006.

[11] 王庆有. CCD 应用技术[M]. 天津:天津大学出版社，2000.

[12] Kenneth R. Castleman. 数字图像处理[M]. 朱志刚，林学訚，石定机，等译. 北京：电子工业出版社，2002.

[13] 郑南宁. 计算机视觉与模式识别[M]. 北京：国防工业出版社，2006.

[14] 李文书，赵悦. 数字图像处理算法与应用[M]. 北京：北京邮电大学出版社，2012.

[15] HALCON 中文使用手册. 德国 Mvtec 公司，2011.

[16] Canny J. A computational approach to edge detection [J]. IEEE Transactions on pattern analysis and machine intelligence，1986 (6)：679-698.

[17] Sobel I. An isotropic 3×3 image gradient operator [J]. Machine vision for three-dimensional scenes，1990：376-379.

[18] Roberts L G. Machine perception of three-dimensional solids [D]. Massachusetts Institute of Technology，1963.

[19] Prewitt J M S. Object enhancement and extraction [J]. Picture processing and Psychopictorics，1970，10(1)：15-19.

[20] Lowe D G. Distinctive image features from scale-invariant keypoints [J]. International journal of computer vision，2004，60(2)：91-110.

[21] Bay H，Tuytelaars T，Van Gool L. Surf：Speeded up robust features [J]. Computer vision - ECCV 2006，2006：404-417.

[22] Marr D，Hildreth E. Theory of edge detection [J]. Proceedings of the Royal Society of London B：Biological Sciences，1980，207(1167)：187-217.

[23] Calonder M，Lepetit V，Strecha C，et al. Brief：Binary robust independent elementary features [J]. Computer Vision - ECCV 2010，2010：778-792.

[24] Rublee E，Rabaud V，Konolige K，et al. ORB：An efficient alternative to SIFT or SURF[C]//Computer Vision (ICCV)，2011 IEEE international conference on. IEEE，2011：2564-2571.

[25] Alahi A，Ortiz R，Vandergheynst P. Freak：Fast retina keypoint[C]//Computer vision and pattern recognition (CVPR)，2012 IEEE conference on. IEEE，2012：510-517.

[26] Leutenegger S, Chli M, Siegwart R Y. BRISK: Binary robust invariant scalable keypoints[C]//Computer Vision (ICCV), 2011 IEEE International Conference on. IEEE, 2011: 2548-2555.

[27] 齐宪标. 共生局部二值模式及其应用[D]. 北京：北京邮电大学，2015.

[28] 李文羽. 基于机器视觉和图像处理的色织物疵点自动检测研究[D]. 上海：东华大学，2014.

[29] 孙慧贤. 基于纹理分析的视觉检测方法与应用研究[D]. 长沙：国防科学技术大学，2010.

[30] Ojala T, Pietikainen M, Maenpaa T. Multiresolution gray-scale and rotation invariant texture classification with local binary patterns [J]. IEEE Transactions on pattern analysis and machine intelligence, 2002, 24(7): 971-987.

[31] Ojala T, Pietikäinen M, Harwood D. A comparative study of texture measures with classification based on featured distributions [J]. Pattern recognition, 1996, 29(1): 51-59.

[32] Qiao M, Wang T, Dong Y, et al. Real time Object Tracking based on Local Texture Feature with Correlation Filter[C]//Digital Signal Processing (DSP), 2016 IEEE International Conference on. IEEE, 2016: 482-486.

[33] 颜孙震，孙即祥. 矩不变量在目标识别中的应用研究[J]. 长沙：国防科技大学学报，1998，20(5)，75-80.

[34] Shi J, Ray N, Zhang H. Shape based local thresholding for binarization of document images [J]. Pattern Recognition Letters, 2012, 33(1): 24-32.

[35] 廖斌. 基于特征点的图像配准技术研究[D]. 长沙：国防科技大学，2008.

[36] C. STEGER. Similarity measures for occlusion, clutter, and illumination invariant object recognition. In B. RADIG, S. FLORCZYK, EDITOR, Pattern Recognition, Lecture Note Computer Science, Vol, 2191, pp, 148-154. Springer-Verlag, Berlin, 2001.

[37] Lowe D G. Distinctive image features from scale-invariant keypoints [J]. International journal of computer vision, 2004, 60(2): 91-110.

[38] 迟健男. 视觉测量技术[M]. 北京：机械工业出版社，2011.

[39] 马颂德，张正友. 计算机视觉——计算理论与算法基础[M]. 北京：科技出版社，1998.

[40] 邱茂林，马颂德，等. 计算机视觉中摄像机定标综述[J]. 自动化学报，2001，1：43-55.

[41] 胡国元，何平安，等. 视觉测量中的相机标定问题[J]. 光学与光电技术，2004，8：9-12.

[42] R. LENZ, D. FRITSCH. Accuracy of videometry with CCD sensors. ISPRS Journal of Photogrammetry and Remote Sensing, 1990, 45(2): 90-110.